新工科建设之路·计算机类规划教材

计算机系统基础
——基于 IA-32 体系结构

崔丽群　主编

于美娜　姜彦吉　刘　丽　副主编

电子工业出版社
Publishing House of Electronics Industry
北京·BEIJING

内 容 简 介

本书以高级语言程序的开发和运行过程为主线，采用循序渐进、深入浅出的方法，介绍与计算机系统相关的核心概念，将程序执行每个环节所涉及的硬件和软件关联起来，帮助读者建立一个完整的计算机系统层次结构框架。

本书采用 IA-32 体系结构的计算机系统，通过反汇编工具，将高级语言、汇编语言、机器代码及其执行进行关联，实现对程序的跟踪和调试。本书共分 7 章，主要内容包括计算机系统概述、数据的机器级表示与处理、层次结构存储系统、指令系统和程序的机器级表示、CPU 结构和程序执行、异常和中断及输入/输出系统。

本书概念清楚、通俗易懂、实例丰富，与当代计算机技术相结合，可作为高等院校的"计算机硬件技术""计算机组成原理"等课程的教材和参考书，也可以作为计算机及相关专业的计算机系统方面的基础教材或计算机技术人员的参考书。

未经许可，不得以任何方式复制或抄袭本书之部分或全部内容。

版权所有，侵权必究。

图书在版编目（CIP）数据

计算机系统基础：基于 IA-32 体系结构 / 崔丽群主编. —北京：电子工业出版社，2020.9

ISBN 978-7-121-39142-2

I. ①计… II. ①崔… III. ①计算机系统—高等学校—教材 IV. ①TP303

中国版本图书馆 CIP 数据核字（2020）第 106630 号

责任编辑：孟　宇

印　　刷：北京虎彩文化传播有限公司

装　　订：北京虎彩文化传播有限公司

出版发行：电子工业出版社

　　　　　北京市海淀区万寿路 173 信箱　　邮编：100036

开　　本：787×1092　1/16　印张：14.75　字数：370 千字

版　　次：2020 年 9 月第 1 版

印　　次：2025 年 2 月第 7 次印刷

定　　价：49.00 元

凡所购买电子工业出版社图书有缺损问题，请向购买书店调换。若书店售缺，请与本社发行部联系，联系及邮购电话：(010)88254888，88258888。

质量投诉请发邮件至 zlts@phei.com.cn，盗版侵权举报请发邮件至 dbqq@phei.com.cn。

本书咨询联系方式：mengyu@phei.com.cn。

为了满足计算机产业迅猛发展对专业人才的迫切需求，根据高等教育向应用型转型的要求，在充分调研计算机及相关专业的培养方案和课程体系，并重新规划教学课程体系和教学内容的基础上编写了本书。本书旨在培养学生的"系统思维"能力，使学生能从系统层面进行思考，深刻理解计算机系统的整体概念，并且具备软/硬件协同设计和程序优化设计等能力。

目前，国内计算机硬件课程设置大多按计算机系统横向划分，可分为"数字逻辑""计算机组成原理""汇编语言程序设计""微机原理与接口技术"等课程，总体课程学时较长。学生对整个计算机系统的认识过程就像"盲人摸象"，难以对计算机系统形成全面的认识。

本书内容整合"计算机组成原理""微机原理与接口技术""汇编语言程序设计"等课程的教学内容，以高级语言程序的开发和运行过程为主线，将该过程中每个环节所涉及的硬件和软件的基本概念关联起来，试图使学生建立一个完整的计算机系统层次结构框架、了解计算机系统的全貌和相关知识体系、初步理解计算机系统中的每个抽象层及其相互转换关系，以及对指令在硬件上的执行过程和指令的底层硬件执行机制有一定的认识和理解，从而提高读者在程序调试、性能优化、移植和健壮性保证等方面的能力，并为后续的课程打下坚实基础。

本书采用 IA-32 体系结构，从程序设计人员的视角出发，分析高级语言程序执行中所需的数据和程序（介绍 IA-32 指令系统，但是在程序应用方面采用 C 语言编程，将高级语言程序、汇编语言程序、机器代码及其执行连接起来）；在数据存储方面，分析如何构建层次化存储系统并改善应用程序性能；基于程序执行中出现的异常和中断，介绍如何实现控制和完成中断程序设计等内容；在完成输入/输出操作方面，介绍如何构建输入/输出硬件系统和利用输入/输出软件系统。

本书共 7 章，各章节内容如下。

➢ 第 1 章　计算机系统概述

介绍计算机系统的基本组成、计算机系统的层次结构和性能评价指标，通过一条汇编指令了解计算机的工作过程。

➢ 第 2 章　数据的机器级表示与处理

介绍程序中处理的数据在机器中的表示与处理，包括计算机中的编码、定点数和浮点数，采用 IEEE 754 标准完成浮点数的加/减运算，分析了 C 语言采用的整数和浮点数的数据类型，以及类型强制转换后数据的变化。

➢ 第 3 章　层次结构存储系统

介绍存储系统构建和存储的访问过程，引入当前计算机系统中存储系统的层次结构和存储器技术、CPU 和主存储器的连接方式、高速缓冲存储器的基本工作原理和地址映射、虚拟存储管理、IA-32 系统地址转换，分析了通过如何改善程序的时间局部性和空间局部性来提高应用程序的性能。

> 第 4 章　指令系统和程序的机器级表示

介绍 IA-32 数据寻址方式和指令系统，在程序设计中采用高级语言编程，以过程调用的机器级表示作为切入点，利用反汇编工具，将高级语言、汇编语言和机器代码相关联，进而扩展到选择结构和循环结构的程序的机器级表示。

> 第 5 章　CPU 结构和程序执行

介绍可执行目标代码中的指令序列在机器上的执行过程；利用单总线数据通路和多总线数据通路分析不同指令的执行过程；分析指令流水线中的冒险及其解决方法，并介绍超标量技术、超流水线技术和超长指令字技术。

> 第 6 章　异常和中断

介绍打断程序正常执行的机制和中断控制原理；IA-32 体系结构中的 CPU 中断管理方式，通过 8259A 中断控制器的应用实例，全面了解中断的控制和实现过程；还引入中断的程序设计及响应过程实例。

> 第 7 章　输入/输出系统

介绍输入/输出硬件系统和输入/输出软件系统、CPU 与外设的数据交换方式。其中，输入/输出软件系统包括内核空间输入/输出软件和用户空间输入/输出软件，本章基于 C 语言标准库函数 scanf 和 printf 实例，并通过反汇编工具进行了汇编语言功能分析。另外，书中标"*"的章节为选学内容。

本书所用平台为 IA-32+Windows+C 语言+OllyDbg，书中所用的 C 语言程序在 Windows 平台上编译后，利用 OllyDbg 反汇编工具进行指令动态跟踪。本书在介绍程序的机器级表示前，先介绍存储系统和 IA-32 指令集体系结构（包括机器语言和汇编语言），学生不需要具备任何机器语言和汇编语言的基础知识，就可以理解 CPU、存储器和程序的运行关系。

通过本书的学习，有助于学生利用计算机系统相关知识编写更有效的程序。对于某些偏向软件方面专业的学生，也不需要深入了解计算机底层硬件细节，只需要对高级语言和底层结构之间的互动机制有所了解，这样有助于学生理解解决问题的算法及更复杂的数据结构问题，还有助于学生联想硬件和上层语言之间的交互场景，从而理解底层设计的重点和动机。

本书各个章节间具有非常紧密的联系，因此建议采用"整体性"学习方法，通过第 1 章的学习先建立一个粗略的计算机系统整体框架，然后不断地通过后续章节的学习，将新的内容与前面内容关联起来，以逐步细化计算机系统框架内容，最终形成比较完整的、密切关联的计算机系统整体概念。

此次印刷是本书的第 3 次印刷，本次印刷在第 1 次印刷的基础上，增加了一些示例，补充了部分章节的内容、增加了数字逻辑电路内容。修改的内容主要包括以下几个方面。

第 1 章：修订了计算机发展阶段的主要技术。

第 2 章：增加了数据表示和运算的 C 程序示例；增加了 C 语言中数据转换的内容。

第 3 章：增加了存储器全局译码的示例；修订了线性地址向物理地址的转换过程。

第 4 章：增加了指令系统应用的 C 程序示例；修订了控制转移指令的内容；增加了程序设计中过程调用、选择结构、循环结构机器级表示的示例；增加了课后习题。

第 5 章：修订了单总线数据通路示例；修订了流水线冒险的示例。

第 7 章：修订了用户空间输入/说明软件部分的内容。

本书由刘丽编写第 1、2 章，于美娜编写第 4 章和附录 A，姜彦吉编写第 6、7 章，崔丽群编写第 3、5 章并负责全书统稿。

本书参考了国内外的经典教材，在内容上力求做到反映技术发展现状；在内容组织上力求将基本概念及基本方法阐述清楚，尽量采用图示和实例进行解释和说明，使本书内容简明扼要，通俗易懂且重点突出。

由于计算机系统的不断发展和计算机技术的不断进步，加之作者水平有限，在编写中错误和不妥之处在所难免，恳请读者批评指正。

作　者
2021 年 2 月

目 录

第1章　计算机系统概述 ·· 1

1.1　计算机的发展历程 ·· 1

1.2　计算机系统的基本组成 ·· 4

　　1.2.1　冯·诺依曼计算机的基本结构 ·· 4

　　1.2.2　现代计算机的基本组成 ·· 5

　　1.2.3　计算机的工作过程 ·· 7

1.3　计算机系统的层次结构 ·· 9

1.4　计算机系统的性能评价指标 ··· 11

1.5　本章小结 ·· 14

习题 1 ··· 15

第2章　数据的机器级表示与处理 ··· 16

2.1　数制和编码 ··· 16

　　2.1.1　进位计数制 ·· 16

　　2.1.2　计算机中的编码 ·· 19

　　2.1.3　无符号数和有符号数 ·· 21

　　2.1.4　定点数与浮点数 ·· 22

2.2　定点数的表示 ·· 23

　　2.2.1　定点数的编码表示 ·· 23

　　2.2.2　C 语言中的整数 ·· 28

2.3　浮点数的表示 ·· 29

　　2.3.1　浮点数的基本概念 ·· 29

　　2.3.2　IEEE 754 标准 ·· 30

　　2.3.3　C 语言中的数据类型转换 ·· 32

2.4　数据的存储 ··· 35

2.5　定点数的基本运算 ·· 37

　　2.5.1　定点数加/减法运算 ·· 37

　　2.5.2　定点数乘/除法运算 ·· 40

　　2.6*　浮点数的基本运算 ··· 45

　　2.6.1　浮点数加/减法运算 ·· 45

　　2.6.2　浮点数乘/除法运算 ·· 49

2.7　本章小结 ·· 50

习题 2 ··· 50

第3章　层次结构存储系统 ·· 52

3.1　存储器技术 ·· 52

　　3.1.1　存储器概述 ·· 52

　　3.1.2　存储器的层次结构 ·· 53

　　3.1.3　存储器技术 ·· 56

3.2　主存储器 ·· 57

　　3.2.1　主存储器的结构和基本操作 ···································· 57

　　3.2.2　主存储器的组成与控制 ·· 60

　　3.2.3　主存储器的读/写操作 ·· 67

3.3　高速缓冲存储器（Cache） ·· 68

　　3.3.1　程序访问的局部性 ·· 68

　　3.3.2　Cache 的基本工作原理 ·· 70

　　3.3.3　Cache 地址映射 ·· 73

　　3.3.4　Cache 替换算法 ·· 80

　　3.3.5　Cache 设计考虑因素 ·· 81

3.4　虚拟存储管理 ·· 83

　　3.4.1　虚拟存储器 ·· 83

　　3.4.2　存储管理 ·· 84

3.5　IA-32 系统地址转换 ·· 88

　　3.5.1　逻辑地址向线性地址的转换 ···································· 88

　　3.5.2　线性地址向物理地址的转换 ···································· 91

3.6　本章小结 ·· 94

习题 3 ··· 95

第4章　指令系统和程序的机器级表示 ································ 97

4.1　机器指令 ·· 97

　　4.1.1　机器指令与汇编指令的关系 ···································· 97

　　4.1.2　指令的一般格式 ·· 97

4.2　寄存器组织 ·· 98

　　4.2.1　通用寄存器 ·· 99

　　4.2.2　专用寄存器 ·· 99

　　4.2.3　段寄存器 ·· 101

4.3　存储器组织 ·· 101

　　4.3.1　存储模型 ·· 101

　　4.3.2　工作方式 ·· 102

　　4.3.3　逻辑地址 ·· 103

4.4　数据类型及格式 ·· 105

4.5　IA-32 数据寻址方式 ·· 107

4.5.1　立即数寻址 ··· 108

4.5.2　寄存器寻址 ··· 108

4.5.3　存储器寻址 ··· 108

4.6　IA-32 指令系统 ·· 112

4.6.1　指令格式 ··· 112

4.6.2　数据传送指令 ·· 113

4.6.3　算术运算指令 ·· 118

4.6.4　位操作指令 ··· 122

4.6.5　控制转移指令 ·· 125

4.7　程序的机器级表示 ··· 129

4.7.1　过程调用的机器级表示 ·· 129

4.7.2* 选择结构的机器级表示 ·· 135

4.7.3* 循环结构的机器级表示 ·· 136

4.8　本章小结 ·· 140

习题 4 ·· 140

第5章　CPU 结构和程序执行 ··· 143

5.1　程序执行概述 ·· 143

5.1.1　指令的执行过程 ·· 143

5.1.2　指令周期 ··· 145

5.2　CPU 结构和工作原理 ·· 147

5.2.1　CPU 的功能 ··· 147

5.2.2　CPU 的主要寄存器 ·· 147

5.2.3　CPU 的结构和工作原理 ··· 148

5.3　数据通路 ·· 150

5.3.1　数据通路的基本结构 ·· 150

5.3.2　单总线数据通路 ·· 152

5.3.3　多总线数据通路 ·· 153

5.4　指令流水线 ··· 155

5.4.1　指令流水线的基本原理 ·· 155

5.4.2　CISC 指令集和 RISC 指令集 ·· 158

5.4.3　流水线冒险及其解决方法 ·· 160

5.4.4* 流水线多发技术 ··· 164

5.5　本章小结 ·· 166

习题 5 ·· 167

第6章　异常和中断 ··· 169

6.1　异常和中断概述 ··· 169

6.1.1　异常和中断的基本概念 ·· 169

6.1.2　异常和中断的分类 ··· 170

6.1.3　异常和中断的作用 ··· 173

6.2　异常和中断的响应 ·· 174

6.3　IA-32 的 CPU 中断管理 ·· 177

6.3.1　中断向量表 ·· 177

6.3.2　IA-32 的中断描述符表 ·· 179

6.4* 8259A 中断控制器 ·· 181

6.4.1　8259A 的功能 ··· 182

6.4.2　8259A 的内部结构 ··· 182

6.4.3　中断源识别与中断优先级 ··· 184

6.4.4　8259A 的工作方式 ··· 186

6.4.5　8259A 的工作过程 ··· 189

6.5　中断程序设计及响应过程举例 ·· 190

6.5.1　中断程序设计 ··· 190

6.5.2　中断响应过程举例 ··· 192

6.6　本章小结 ·· 193

习题 6 ·· 193

第 7 章　输入/输出系统 ··· 195

7.1　输入/输出系统概述 ··· 195

7.2　输入/输出硬件系统 ··· 196

7.2.1　输入/输出接口功能 ·· 196

7.2.2　输入/输出接口结构 ·· 198

7.2.3　输入/输出设备的总线连接 ·· 200

7.2.4　输入/输出接口的寻址方式 ·· 201

7.3　输入/输出软件系统 ··· 204

7.3.1　输入/输出软件系统任务与工作过程 ·· 204

7.3.2　内核空间输入/输出软件 ··· 205

7.3.3　用户空间输入/输出软件 ··· 208

7.4　CPU 与外设的数据交换方式 ··· 213

7.4.1　程序查询方式 ··· 213

7.4.2　程序中断方式 ··· 215

7.4.3　DMA 方式 ··· 216

7.5　本章小结 ·· 222

习题 7 ·· 223

附录 A　OllyDbg 反汇编工具 ··· 224

第 1 章 计算机系统概述

本章主要内容为计算机系统的基本结构和工作原理，以及所涉及的重要概念。本章概要介绍计算机的发展历程、计算机系统的基本组成、计算机系统的层次结构，以及计算机系统的性能评价指标，旨在使读者对计算机总体结构有一个基本的了解，为深入学习后面各章打下基础。

1.1 计算机的发展历程

世界上第一台电子计算机是 1946 年在美国诞生的 ENIAC（Electronic Numerical Integrator and Computer, 电子数字积分机和计算机），其设计师是美国宾夕法尼亚大学的 Mauchly 和他的学生 Eckert。ENIAC 是一个庞然大物，耗资 40 多万美元，使用了 18 000 多个真空管，重达 30 吨，占地面积 170 平方米，每小时的耗电量 160 千瓦，第一次开机时甚至使整个费城地区的照明都闪烁变暗。该机正式运行到 1955 年 10 月 2 日，近 10 年间共运行了 80 223 小时。ENIAC 能进行每秒 5000 次加法运算、每秒 50 次乘法运算，以及平方和立方、sin 函数和 cos 函数数值运算等。当时用它主要进行弹道参数计算，原来 20 分钟的弹道计算时间缩短到了 30 秒，ENIAC 的名声不胫而走。

自从第一台电子计算机 ENIAC 诞生后，人类社会进入了一个崭新的电子计算和信息化时代。计算机硬件早期的发展受电子开关器件的影响极大，为此，传统上人们以元器件的更新作为计算机技术进步和划分时代的主要标志。

1. 第一代计算机——电子管计算机

第一代计算机（20 世纪 40 年代中期到 20 世纪 50 年代末）为电子管计算机，其逻辑元件采用电子管，存储器件为声延迟线或磁鼓，典型逻辑结构为定点运算。这个时期计算机"软件"一词尚未出现，编制程序所用工具为低级语言。电子管计算机体积庞大，运行速度慢（每秒千次或万次），存储器容量小。典型计算机除上述的 ENIAC 外，还有 EDVAC、EDSAC 等。此外，1951 年的 UMVAC-1 和 1956 年的 IBM 704 等也都属于第一代计算机。

2. 第二代计算机——晶体管计算机

第二代计算机（20 世纪 50 年代中后期到 20 世纪 60 年代中期）为晶体管计算机。IBM 公司于 1958 年宣布的全晶体管计算机 7090 开始了第二代计算机蓬勃发展的新时期，特别是 1959 年 IBM 推出的商用机 IBM 1401，以其小巧、价廉和面向数据处理的特性而获得广大用户的欢迎，从而促进了计算机工业的迅速发展。

这一代计算机除逻辑元件采用晶体管外，其主存采用磁芯存储器，外存采用磁鼓与磁带存储器，实现了浮点运算，并在系统结构方面提出了变址、中断、I/O 处理器等新概念。这时计算机软件也得到了发展，出现了多种高级语言及其编译程序。与第一代电子管计算机相比，第二代晶体管计算机的体积小、速度快、功耗低且可靠性高。

3．第三代计算机——集成电路计算机

第三代计算机（20 世纪 60 年代中期到 20 世纪 70 年代中后期）为集成电路计算机。1958 年，德州仪器公司的工程师 Jack Kilby 和仙童半导体公司的工程师 Robert Noyce 几乎同时各自独立发明了集成电路，为现代计算机的发展奠定了革命性的基础，使得计算机的逻辑元件与存储器均可由集成电路实现。集成电路的应用是微电子与计算机技术相结合的一大突破，为构建运算速度快、价格低、容量大、可靠性高、体积小、功耗低的各类计算机提供了技术条件。1964 年，IBM 公司宣布世界上第一个采用集成电路的通用计算机 IBM 360 系统研制成功，该系统的发布是计算机发展史上具有重要意义的事件。该系统采用了一系列计算机新技术，包括微程序控制、高速缓存、虚拟存储器和流水线技术等。在软件方面首先实现了操作系统，具有资源调度、人机通信和输入/输出控制等功能。

这一时期的大型机、巨型机与小型机同时发展。1964 年的 CDC 6600 及随后的 CDC 7600 和 CYBER 系列都是大型机的代表；巨型机有 CDC STAR-100 和 ILLIAC IV 阵列机等；小型计算机的典型代表是 DEC 公司的 PDP 系列。

4．第四代计算机——大规模/超大规模集成电路计算机

第四代计算机（20 世纪 70 年代后期开始）为大规模/超大规模集成电路计算机。20 世纪 70 年代初，微电子学飞速发展，促使了大规模集成电路和微处理器的产生。其后，大规模集成电路（LSI）和超大规模集成电路（VLSI）成为计算机的主要器件，其集成度从 20 世纪 70 年代初的几千个晶体管/片到 21 世纪初的几亿个晶体管/片。

微型计算机是第四代计算机的典型代表。1971 年，Intel 公司成功地在一块芯片上实现了中央处理器的功能，制成了世界上第一片微处理器 Intel 4004，并用它组成了世界上第一台微型计算机 MCS-4，从此揭开了微型计算机发展的序幕。微型计算机的发展主要表现在其核心部件微处理器的发展上，以最大的微处理器制造商 Intel 产品为例（见表 1-1），根据微处理器的字长和功能，可将微型计算机的发展划分为以下几个阶段。

（1）第一阶段（1971—1973 年）是 4 位和 8 位低档微处理器时代，其典型产品是 Intel4004 微处理器和 Intel8008 微处理器以及分别由它们组成的 MCS-4 微机和 MCS-8 微机。基本特点是采用 PMOS 工艺，集成度低（4000 个晶体管/片），系统结构和指令系统都比较简单，主要采用机器语言或简单的汇编语言，指令数目较少（20 多条指令），基本指令周期为 20～50μs，用于简单的控制场合。

（2）第二阶段（1974—1977 年）是 8 位中、高档微处理器时代，其典型产品是 Intel8080/8085 和 Zilog 公司的 Z80 等。它们的特点是采用 NMOS 工艺，集成度比第一阶段提高约 4 倍，

运算速度比第一阶段提高 10～15 倍，指令系统比较完善，具有典型的计算机体系结构和中断、DMA 等控制功能。

（3）第三阶段（1978—1984 年）是 16 位微处理器时代，其典型产品是 Intel 公司的 8086/8088、Motorola 公司的 M68000、Zilog 公司的 Z8000 等微处理器。其特点是采用 HMOS 工艺，集成度和运算速度都比第二阶段提高了一个数量级。指令系统更加丰富、完善，采用多级中断、多种寻址方式、段式存储机构、硬件乘/除部件，并配置了软件系统。这一时期著名微机产品是 IBM 公司的个人计算机。1981 年，IBM 公司推出的个人计算机采用 8088CPU。紧接着 1982 年又推出了扩展型的个人计算机 IBM PC/XT，它对主存进行了扩充，并增加了一个硬磁盘驱动器。1984 年，IBM 公司推出了以 80286 处理器为核心组成的 16 位增强型个人计算机 IBM PC/AT。

（4）第四阶段（1985—1992 年）是 32 位微处理器时代，其典型产品是 Intel 公司的 80386/80486、Motorola 公司的 M69030/68040 等。其特点是采用 HMOS 工艺或 CMOS 工艺，集成度高达 100 万个晶体管/片，具有 32 位地址总线和 32 位数据总线。每秒可完成 600 万条指令。微型计算机的功能已经达到甚至超过超级小型计算机，完全可以胜任多任务、多用户的作业。

（5）第五阶段（1993—2005 年）是奔腾（Pentium）系列微处理器时代，典型产品是 Intel 公司的奔腾系列芯片及与之兼容的 AMD 公司的 K6 系列微处理器芯片。内部采用了超标量指令流水线结构，并具有相互独立的指令和数据高速缓存。随着多媒体扩展 MMX 微处理器的出现，使微机的发展在网络化、多媒体化和智能化等方面跨上了更高的台阶。

（6）第六阶段（2006 年至今）是酷睿（Core）系列微处理器时代。酷睿是一款领先节能的新型微架构，早期的酷睿是基于笔记本处理器的。Intel 公司于 2006 年 7 月发布的第一款桌面型 Core 2 处理器（代号为 Conroe），采用 x86-64 指令集与 65 纳米双核心架构。2008 年 11 月，Intel 公司推出 64 位 45 纳米四核心微处理器 Core i7（代号为 Bloomfield），基于 Nehalem 微架构，取代了 Core 2 系列处理器。Core i5 是 Core i7 派生的中低级版本，Core i3 是 Core i5 的进一步精简版本。2017 年 6 月，Intel 公司推出 14nm 十核心微处理器 Core i9（代号为 Skylake-X）。自 2019 年以来，Intel 公司拥有基于酷睿的 4 个产品线，包括入门级的 Core i3、主流级的 Core i5、高等级的 Core i7 和发烧级的 Core i9。

除微型机外，并行处理技术的研究与应用以及众多巨型机的产生也成为第四代计算机发展的特点。1976 年，Cray 公司推出的 Cray-1 向量巨型机，具有 12 个功能部件，运算速度达每秒 1.6 亿次浮点运算。不少巨型机采用成百上千个高性能处理器组成大规模并行处理系统，其峰值速度已达到每秒几千亿次浮点运算或几万亿次浮点运算，这种并行处理技术成为 20 世纪 90 年代巨型机发展的主流。

第四代计算机时期的另一个重要特点是计算机网络的发展与广泛应用。由于计算机技术、通信技术的高速发展与密切结合，掀起了网络热潮，使计算机的应用方式由个人计算方式向网络化方向发展。

从表 1-1 中可以看出，半导体集成电路的集成度越来越高，速度也越来越快，其发展遵循摩尔定律，即每 18 个月，集成度翻一番，速度将提高一倍，而其价格降低一半。

表 1-1 Intel 微处理器芯片性能比较

芯片名	年份	集成度（晶体管个数）	主频范围/MHz	数据总线宽/位	地址总线宽/位
4004	1971	2300	0.74	4	—
8080	1974	8000	4	8	16
8086	1978	2.9 万	4.77	16	20
80286	1984	13.5 万	6～25	16	24
80386	1985	27.5 万	20～33	32	32
80486	1989	118.5 万	33～100	32	32
Pentium	1993	300 万	60～133	64	32
Pentium Pro(P6)	1995	550 万	150～233	64	32
PII(P6+MMX)	1997	750 万	233～400	64	32
PIII	1999	950 万	450～1000	64	32
P4	2000	4200 万	1500～3800	64	32
Core i7(Bloomfield)	2008	73000 万	2660～3333	64	64
Core i7(Gulftown)	2010	117000 万	3200～3460	64	64

1.2 计算机系统的基本组成

1.2.1 冯·诺依曼计算机的基本结构

1944—1945 年间，冯·诺依曼应邀参加在美国宾夕法尼亚大学进行的 ENIAC 计算机设计任务。在研发过程中，他发现 ENIAC 不能存储程序这一缺陷，并在 1945 年由他主持制订的 EDVAC 试制方案中指出：ENIAC 的开关定位和转插线连接只不过代表一些数字信息，它们完全可以像数据一样存放于主存储器中。这就是最早的"存储程序"概念的产生。"存储程序"方式的基本思想是：必须将事先编好的程序和原始数据送入主存储器后才能执行程序，一旦程序被启动执行，计算机就能在不需操作人员干预下自动完成逐条指令取出和执行的任务。冯·诺依曼首先提出的"存储程序"思想，以及由他首先规定的计算机的基本结构，被人们称为冯·诺依曼计算机结构，以"**存储程序**"概念为基础的各类计算机，统称为**冯·诺依曼机**，其体系结构具有以下特点。

（1）计算机由运算器、控制器、存储器、输入设备和输出设备 5 部分组成。机器以运算器为数据流动中枢，以控制器为控制命令中枢。

（2）计算机内信息（数据和控制信息）均用二进制编码表示，均采用二进制运算。

（3）采用"存储程序"的工作原理，程序和数据不加区别地存放在存储器中。

（4）指令由操作码和地址码组成，操作码用来表示操作的性质，地址码用来表示操作数在存储器中的位置。

（5）控制流由指令流产生。指令在存储器中按执行顺序存放，由程序计数器（Program Counter，PC）指明要执行的指令所在存储单元的地址。计算机在工作时能够自动地从存储器中取出指令加以执行。

半个世纪以来，随着计算机技术的不断发展和应用领域的不断扩大，相继出现了各种类型的计算机，包括小型计算机、大型计算机、巨型计算机及微型计算机等，它们的规模不同，且性能和用途各异，但就其基本结构而言，都是冯·诺依曼计算机结构的延续和发展。

1.2.2　现代计算机的基本组成

冯·诺依曼计算机结构的基本组成框图如图 1-1 所示。由图 1-1 可知，程序和数据通过输入设备送入存储器中；程序被启动执行时，控制器输出地址及控制信号，并从相应的存储单元中取出指令送到控制器中进行识别分析，然后发出操作命令；当指定的运算或操作完成后，将结果通过输出设备输出。

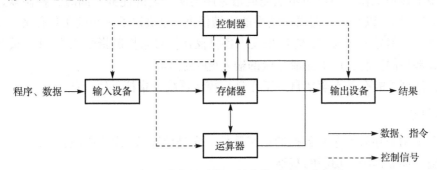

图 1-1　冯·诺依曼计算机结构的基本组成框图

通常将运算器和控制器合称为中央处理器（Central Processing Unit，CPU）。在微型计算机中，往往把 CPU 制作在一块大规模集成电路芯片上，该芯片称为微处理器。CPU 和存储器一起构成计算机的主机部分，而将输入设备和输出设备称为外围设备，简称 I/O 设备。I/O 设备通过 I/O 接口连接到主机上，来解决主机与外设之间的同步及协调、工作速度的匹配和数据格式的转换等问题。这样，现代计算机主要由三大部分组成：CPU、存储器及 I/O 设备，其基本组成框图如图 1-2 所示。

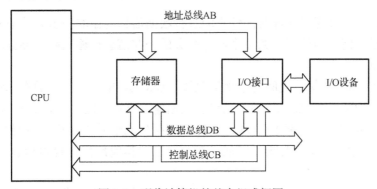

图 1-2　现代计算机的基本组成框图

下面对组成计算机的几个主要功能部件进行简要介绍。

1. CPU

CPU 是整个计算机的核心部件，主要用于指令的执行。CPU 主要包含两个基本部分：运算器和控制器。

（1）运算器。运算器是执行算术运算和逻辑运算的部件。它的核心部件是算术逻辑单元（Arithmetic Logic Unit，ALU），还包括一个能在运算开始时提供一个操作数并在运算结束时存放运算结果的累加器（Accumulator），以及其他一些寄存器和有关控制逻辑电路等。一些功能较强计算机的运算器还具有专门的乘/除法部件和浮点运算部件。

（2）控制器。控制器是指挥和控制计算机各部件协调工作的功能部件，是整个计算机的操作控制中枢。它负责逐条取出指令和翻译指令代码，并产生各种控制信号以指挥整个计算机有条不紊地工作，一步一步地完成指令序列所规定的任务。同时，控制器还要接收 I/O 设备的请求信号以及运算器操作结果的反馈信息，以决定下一步的工作任务。控制器的核心部件是控制信号形成部件，它用来发出各种操作信号来控制指令执行。I/O 设备也受控制信号形成部件的控制，用来完成相应的输入/输出操作。

可见，计算机能有条不紊地自动工作是在控制器统一指挥下完成的。

2. 存储器

存储器是用来存放程序和数据的记忆部件。它是计算机的重要组成部分，也是使计算机能够实现"存储程序"功能的基础。

存储器可分为**主存储器**（Main Memory，MM）和**辅助存储器**（Auxiliary Memory，AM）。主存储器简称主存，辅助存储器简称辅存。主存是 CPU 可以直接对它进行读出或写入（也称访问）的存储器，用来存放当前正在使用或经常要使用的程序和数据，它的容量较小，存取速度较快，但价格较高。辅存用来存放相对来说不经常使用的程序和数据，在需要时与主存进行成批交换，CPU 不能直接对辅存进行访问。辅存的特点是存储容量大，价格较低，但存取速度较慢。

3. 总线

所谓总线，就是计算机部件与部件之间进行数据信息传输的一组公共信号线及相关的控制逻辑。它是一组能为计算机的多个部件服务的公共信息传输通路，能分时地发送与接收各部件的信息。

CPU、存储器和 I/O 接口之间通过地址总线（Address Bus，AB）、数据总线（Data Bus，DB）和控制总线（Control Bus，CB）三组总线相连。通常将这三组总线统称为**系统总线**。

（1）**数据总线**用来传送数据信息，包括二进制代码形式的指令。从传输方向看，数据总线是双向传递的，即数据既可以从 CPU 传送到其他部件，也可以从其他部件传送到 CPU。

（2）**地址总线**用来传送地址信息。与数据总线不同，地址总线是单向传递的，即它是由 CPU 输出的一组地址信号线，用于给出 CPU 所访问的部件（主存储器或 I/O 接口）的地址。

（3）**控制总线**用来传送控制信息。在控制总线中，传送的信号有两种：一种是 CPU 送

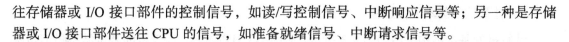

往存储器或 I/O 接口部件的控制信号，如读/写控制信号、中断响应信号等；另一种是存储器或 I/O 接口部件送往 CPU 的信号，如准备就绪信号、中断请求信号等。

4．I/O 接口

I/O 接口是计算机的又一个重要组成部件，其基本功能是控制主机与外部设备之间的信息交换和传输。不同类型的 I/O 设备对应不同的 I/O 接口。通常，I/O 接口也称设备控制器，如中断控制器、DMA 控制器等。

5．I/O 设备

（1）输入设备。输入设备用于输入操作者或其他设备提供的原始信息，并将其转换为计算机能够识别的信息，然后送到计算机内部进行处理。传统的输入设备有键盘、卡片阅读机、纸带输入机等。新型的输入设备种类很多，如光字符阅读机、光笔、鼠标器、图形输入器、汉字输入设备、视频摄像机等。

（2）输出设备。输出设备将计算机的处理结果以人或其他设备能够识别和接收的形式（如文字、图像、声音等）输送出来。常用的输出设备有打印机、显示器、绘图仪等。现在人们常见的各种计算机终端设备，就是把键盘和显示器配置在一起，它实际上是输入设备（键盘）和输出设备（显示器）的组合。

1.2.3　计算机的工作过程

1．指令与程序

指令是用来指挥和控制计算机执行某种操作的命令。通常，一台计算机有几十种甚至上百种基本指令。通常把一台计算机所能识别和执行的全部指令称为该机的**指令系统**，它是计算机的使用者编制程序的基本依据，也是计算机系统结构设计的出发点。

指令从形式上看，它和二进制表示的数据并无区别，但它们的含义和功能是不同的。指令的这种二进制表示方法，使计算机能够把由指令构成的程序像数据一样存放在存储器中。这也是存储程序计算机的重要特点。

计算机能够方便地识别和执行存放在存储器中的二进制代码指令。但对于计算机的使用者来说，书写、阅读、记忆以及修改这种表示形式的指令十分不便，因此，人们通常使用一些助记符来代替机器指令，形成助记符指令，例如，用 ADD 表示加法、用 SUB 表示减法等。每条二进制机器指令与助记符指令均一一对应。

为了让计算机解决一个问题，总是先要把解决问题的过程分解为若干个步骤，然后用相应的指令序列，按照一定的顺序去控制计算机完成这项工作，这样的指令序列就称为程序。通常把用二进制代码形式组成的指令序列称为**机器语言程序**，又称目标程序，它是计算机能够直接识别和运行的程序。而把用助记符形式组成的指令序列称为**汇编语言程序**或符号程序。显然，符号程序比机器语言程序易读、易写，也便于检查和交流。但是，计算机是不能直接识别符号程序的，还必须先将其翻译或转换为机器语言程序，才能被计算机直接识别和执行。这种翻译和转换工作通常由计算机中专门的程序自动完成。

2. 计算机的基本工作过程

计算机的基本结构模型如图 1-3 所示。从图 1-3 可以看出，计算机的基本结构模型包括 CPU、MM 和 I/O 模块，各部分之间通过总线交换信息。例如，处理器总线用来传输与 CPU 交换的信息，存储器总线用来传输与主存储器交换的信息，I/O 总线用来传输与设备控制器交换的信息，不同总线之间通过 I/O 桥接器相连。

CPU 中有几个最基本的功能部件，对于各种结构形式的计算机来说，这些部件都是必不可少的。其中，**PC** 用来指出计算机将要执行的指令所在存储单元的地址，具有自动增量计数的功能。当程序执行时，CPU 总是根据 PC 中的地址取出一条指令并译码执行。与此同时，PC 的内容必须转换成下一条要执行指令的地址，为执行下一条指令做准备。**指令寄存器**（Instruction Register，IR）用来保存从存储器中取出的指令。由控制信号形成部件产生一系列控制信号，控制各个部件的操作。例如，为了对存储器进行读/写操作，控制信号形成部件除要给出地址外，还要给出启动读/写操作的控制信号。ALU 用来做算术和逻辑运算。当 CPU 要访问某个存储单元时，必须首先给出地址，并送入**存储器地址寄存器**（Memory Address Register，MAR）中，然后经译码电路选取相应的存储单元。从存储单元读出的信息先送入**存储器数据寄存器**（Memory Data Register，MDR）中，再传送给目的部件；写入存储器的信息也要先送至 MDR 中，再依据给定的地址把数据写入相应的存储单元中。若干个**通用寄存器**（General Register，GR）组成**通用寄存器组**（GRS），用来存放数据或者运算结果，**程序状态寄存器**（Program Status Word Register，PSWR）用来存放运算结果的状态信息。

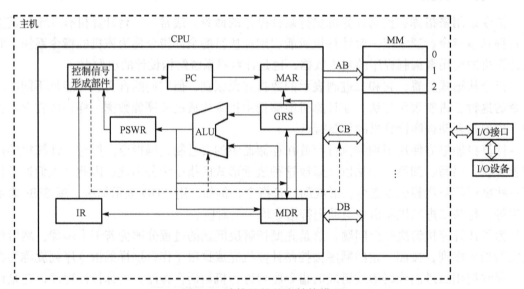

图 1-3　计算机的基本结构模型

计算机若执行一条指令，则先要从存储器中把它取出来，经过译码分析后，再去执行该指令所规定的操作。一条指令的执行过程可以分为 3 个基本阶段，即取指令、分析指令和执行指令。程序是由指令序列组成的，计算机执行程序的过程就是按照一定顺序自动执行各条指令的过程，其步骤如下。

（1）取指令。开始执行程序时，控制器把 PC 中保存的第一条指令的地址送往 MAR，并发出读命令。存储器按 MAR 给定的地址读出指令，经由 MDR 送往 IR 中保存。

（2）分析指令。控制器对 IR 中的指令进行译码，分析指令的操作性质。

（3）取操作数。当需要由存储器向运算器提供操作数时，控制器根据指令的地址部分，形成操作数所在的存储器单元地址，并送往 MAR，然后向存储器发出读命令。从存储器读出的数据经由 MDR 直接送往运算器。

（4）执行指令。由控制器向运算器发出控制信号，控制运算器对数据进行指令规定的运算。

（5）回写结果。将运算器运算所得的结果送回到指令规定的目的位置中。

（6）修改 PC 的值，使 PC 指向下一条将要执行的指令。

控制器不断重复上述过程的（1）～（6），每重复一次，就执行了一条指令，直到整个程序执行完毕。例如，一条实现"1+2=3"的加法指令"ADD AX，[2000H]"的功能为：将 CPU 寄存器 AX 中的"1"与存储器地址 2000H 中的"2"相加得到的结果"3"存放到 AX 中。执行到该加法指令时，根据 PC 中该加法指令的地址取出指令，并保存在指令寄存器 IR 中；控制器对 IR 中的加法指令进行译码并分析其操作性质；控制器根据指令的地址码[2000H]，从存储器中读出加数"2"并送往运算器；控制器向运算器发出加法控制信号，控制运算器对 AX 中的"1"和存储器送来的"2"进行加法运算，并将产生的结果"3"送到 AX 中。实际上步骤（6）中的修改 PC 值的操作与步骤（2）~（5）是并行的，因此，可以将步骤（6）移到步骤（1）末尾进行。指令的具体执行过程将在第 5 章详细介绍。

当人们使用计算机处理实际问题时，必须事先把求解的问题分解为计算机能执行的基本运算，即用户在上机之前，应当依据一定的算法把求解的问题编制成计算程序。程序是由一条一条基本指令组成的，每条指令都规定了计算机应执行什么操作及操作数的地址。当把编好的程序和它需要的原始数据通过输入设备输入计算机并使计算机启动运行后，计算机就能自动按指定的顺序一步步地执行程序中的指令，直到计算出需要的结果，最后从输出设备将结果输出。

1.3　计算机系统的层次结构

传统计算机系统是一个层次结构系统，通过向上层用户提供一个抽象的简洁接口而将较低层次的实现细节隐藏起来。上层是下层的抽象，下层是上层的实现，下层为上层提供支撑环境。计算机解决应用问题的过程就是不同抽象层进行转换的过程。

一个计算机系统是由各种硬件和各类软件采用层次化方式构建的分层系统，图 1-4 是计算机系统的层次结构示意图，描述了整个计算机系统的层次结构划分。从图 1-4 中可以看出，计算机解决实际应用问题是从最上层的应用层到最底层的器件层逐级转换实现的，然后再将结果由最底层的器件层到最上层的应用层逐级反馈给最终用户。

希望计算机完成或解决的任何一个应用问题最开始形成时都是用自然语言描述的，但是，计算机硬件只能理解和识别机器语言。通常由程序设计人员将自然语言描述的应用问题用高级语言编写成源程序，然后将它和数据一起送入计算机内，再由计算机将其翻译成计算机能识别的机器语言程序，计算机自动运行该机器语言程序，并将计算结果输出。然而，这一过程需要经过多个抽象层的转换。

（1）将应用问题转化为算法描述，使得应用问题的求解变成流程化的清晰步骤，并能确保步骤是有限的。任何一个问题可能有多种求解算法，需要进行算法分析以确定哪种算法在时间和空间上能够得到优化。

（2）将算法转换为用编程语言描述的程序，这个转换通常需要程序设计人员进行程序设计。编程语言与自然语言不同，它有严格的执行顺序，不存在二义性，能够唯一地确定计算机执行指令的顺序。目前，大约有上千种编程语言，从抽象层次上来分，可以分成高级语言和低级语言两类。高级语言和计算机的底层结构关联不大，是与计算机无关的语言，大部分编程语言都是高级语言；低级语言则与计算机的底层结构密切相关，通常称为**机器级语言**，机器语言和汇编语言都是机器级语言。因为高级语言的可读性比低级语言的可读性好得多，所以，绝大部分程序设计人员使用高级语言编写程序。

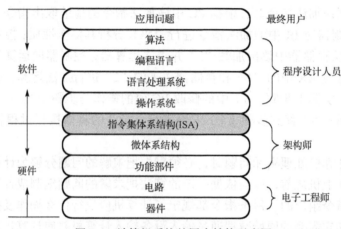

图 1-4　计算机系统的层次结构示意图

（3）将高级语言程序转换成计算机能够理解的机器语言程序。因为这个转换过程是计算机自动完成的，所以需要有能够执行自动转换的软件，把进行这种转换的软件统称为**语言处理系统**。通常，程序设计人员借助语言处理系统来开发软件。任何一个语言处理系统中，都包含一个翻译程序，它能把一种编程语言表示的程序转换为等价的另一种编程语言程序。翻译程序有以下三类。

① 编译程序（Compiler）：也称编译器，用来将高级语言源程序翻译成汇编语言或机器语言目标程序。

② 汇编程序（Assembler）：也称汇编器，用来将汇编语言源程序翻译成机器语言目标程序。

③ 解释程序（Interpreter）：也称解释器，用来将源程序中的语句按其执行顺序逐条翻译成机器指令并立即执行。

除翻译程序外，语言处理系统还包括预处理程序、宏加工程序、链接程序、装入程序等。

（4）所有的语言处理系统都必须在操作系统提供的计算机环境中运行，操作系统是对计算机底层结构和计算机硬件的第一层抽象，这种抽象构成了一台可以让程序设计人员使用的虚拟机。操作系统向用户提供了用户接口和程序接口，用户接口包括命令接口和图形化接口，程序接口由一组系统调用组成。

以上从应用问题到机器语言程序的每次转换所涉及的概念都属于软件的范畴，而机器语言程序所运行的计算机硬件和软件之间需要一个"桥梁"。**指令集体系结构**（Instruction Set Architecture，ISA）就是架在软件和硬件之间的"桥梁"，它是软件和硬件之间接口的一个完整定义。如图 1-4 所示，ISA 处于硬件和软件的交界面上，是整个计算机系统中的核心部分。ISA 定义了一台计算机可以执行的所有指令的集合，每条指令规定了计算机执行的操作，以及所处理的操作数存放的地址空间和操作数类型。ISA 规定的内容包括：数据类型及格式、指令系统格式、寻址方式和可访问地址空间大小、程序可访问的寄存器个数和位数及编号、控制寄存器的定义、I/O 空间的编址方式、中断结构、计算机工作状态的定义和切换、输入/输出结构和数据传送方式以及存储保护方式等。因此，可以看出，ISA 是指软件能感知到的部分，也称软件可见部分。

微体系结构是 ISA 对指令系统规定内容的具体实现的组织，简称微架构。ISA 和微体系结构是两个不同层面上的概念，微体系结构给出了 ISA 指令系统中规定操作的具体实现方式，同一种操作可能有不同的实现方式，例如，加法器可以采用串行进位方式实现，也可以采用超前进位方式实现。因此，微体系结构是软件不可见的部分，并且相同的 ISA 可能具有不同的微体系结构，例如，对于 Intel 8086 这种 ISA，很多处理器的组织方式不同，即具有不同的微体系结构，但因为它们具有相同的 ISA，所以一种处理器上运行的程序，在另一种处理器上也能运行。

计算机的主要功能部件包括 CPU、主存和输入/输出设备等，这些功能部件通过数字逻辑电路设计实现。同一个功能部件可以用不同的逻辑来实现，用不同的逻辑实现方式得到的性能和成本是有差异的。

最后，每个基本的逻辑电路都是按照特定的器件技术实现的，例如，CMOS 电路中使用的器件和 NMOS 电路中使用的器件不同。

1.4　计算机系统的性能评价指标

计算机系统的性能体现在多个方面，如机器处理能力、存储容量、执行速度和价格等。本节介绍机器字长、存储容量和运算速度等几个常用的计算机系统的性能评价指标。

1. 机器字长

机器字长是指计算机一次能直接处理的二进制数的位数，简称字长。如 8 位机是指字长是 8 位的微型计算机，Intel 8086 是 16 位机，指字长是 16 位二进制数。微型计算机的字长通常为 4 位、8 位、16 位、32 位等。目前，高性能微型计算机的字长已达 64 位。

字长通常等于 CPU 内部用于整数运算的数据通路的宽度。CPU 内部数据通路是指 CPU 内部的数据流经的路径以及路径上的部件，主要是 CPU 内部进行数据运算、存储和传送的部件，这些部件的宽度基本上要一致才能相互匹配。因此，一台计算机的字长与 CPU 内部用于整数运算的运算器位数和通用寄存器位数以及数据总线的宽度均一致。字长越长，所能表示的数据的范围越大，精度越高，计算机支持的指令越多，功能也越强。字长也会影响计算机的运算速度，若 CPU 字长较短，而要运算位数较多的数据，则需要经过两次或多次的运算才能完成，这样势必影响计算机的运算速度。在完成同样精度的运算时，若字长越长，则数据处理速度越快。

然而，字长越长，计算机的硬件代价相应也增大，字长直接影响计算机的规模和造价，所以字长的确定不能单从精度和数的表示范围来考虑。为了适应不同需要并协调精度和造价的关系，许多计算机支持变字长运算，如半字长、全字长和双字长等。

2．存储容量

存储容量是指存储器中存放二进制代码的总位数。存储器的容量包括主存容量和辅存容量。计算机的存储容量越大，存放的信息就越多，处理能力就越强。存储容量直接影响着整个计算机系统的性能和价格。存储容量一般以字节（B）数来表示，1 字节为 8 位。主存容量的常用单位有 KB、MB、GB、TB 等，各单位之间的关系为

$$1KB = 1024B = 2^{10}B$$
$$1MB = 1024KB = 2^{10}KB = 2^{20}B$$
$$1GB = 1024MB = 2^{10}MB = 2^{30}B$$
$$1TB = 1024GB = 2^{10}GB = 2^{40}B$$

存储容量的计算公式为

$$存储容量 = 存储单元个数 \times 存储字长 \tag{1.1}$$

其中，存储字长为存储器中一个存储单元（存储地址）所存储的二进制代码的位数。通常，地址线的位数反映存储单元的个数，数据线的位数反映存储字长。

例如，地址线为 16 位，表示此存储体内有 $2^{16} = 65536$ 个存储单元；若数据线为 32 位，则表示存储容量为 $2^{16} \times 32$ 位，转换成字节数为 $2^{18}B$，即 256 KB。

3．运算速度

从执行时间来考虑，完成同样工作量所需时间最短的那台计算机性能是最好的，即运算速度是影响计算机性能的重要指标。计算机的运算速度与许多因素有关，如计算机的主频、执行的操作、主存本身的速度等。计算机执行的操作不同，所需要的时间也就不同，因而对运算速度存在不同的衡量方法。

（1）主频。在计算机内部，均有一个按某一频率产生的时钟脉冲信号，称为主时钟信号。主时钟信号的频率称为计算机的主频率，简称**主频**。一般来说，主频较高的计算机，运算速度也较快，所以主频是衡量一台计算机速度的重要指标。目前，高性能微型计算机的主频已达 2GHz 以上。

（2）时钟周期。计算机主时钟信号的宽度称为**时钟周期**，即时钟周期是主频的倒数。

（3）CPI 是 Cycles Per Instruction 的缩写，表示执行指令所需的时钟周期数。由于不同指令的功能不同，所需的时钟周期数也不同，因此，对一条特定指令而言，其 CPI 是指执

行该条指令所需的时钟周期数，此时 CPI 是一个确定的值；对一个程序或一台计算机来说，其 CPI 是指该程序或该计算机指令集中的所有指令执行所需的平均时钟周期数，此时，CPI 是一个平均值，也称**综合 CPI**。

已知上述参数或指标，可以通过以下公式来计算用户程序的执行时间，即**用户 CPU 时间**，这里用 T 表示。

$$T = 程序总时钟周期数/时钟频率 = 程序总时钟周期数×时钟周期 \tag{1.2}$$

上述公式中，程序总时钟周期数可由程序总指令条数和相应的 CPI 求得。若已知程序中共有 n 种不同类型的指令，第 i 种指令的条数和 CPI 分别为 N_i 和 CPI_i，则

$$程序总时钟周期数 = \sum_{i=1}^{n} N_i × CPI_i \tag{1.3}$$

$$程序的综合 CPI = 程序总时钟周期数/程序总指令条数 \tag{1.4}$$

因此，若已知程序综合 CPI 和总指令条数，则可用下列公式计算用户 CPU 时间：

$$T = CPI×程序总指令条数×时钟周期 \tag{1.5}$$

有了用户 CPU 时间，就可以评判两台计算机性能的好坏。计算机的性能可以看成用户 CPU 时间的倒数，用户 CPU 时间越短，计算机性能越好。因此，两台计算机性能之比就是用户 CPU 时间之比的倒数。

【**例 1-1**】假设计算机 M 的时钟频率为 1GHz，指令集中包含 A, B, C 三类指令，其 CPI 分别为 1, 2, 4。某程序 P 在 M 上被编译成两个不同的目标代码序列 P1 和 P2，P1 所含 A, B, C 三类指令的条数分别为 2, 5, 3，P2 所含 A, B, C 三类指令的条数分别为 6, 4, 2。请问：（1）哪个代码序列总指令条数最少？（2）哪个代码序列执行速度最快？（3）它们的综合 CPI 分别是多少？（4）它们的用户 CPU 时间 T 分别是多少？

【**解**】（1）P1 和 P2 的总指令条数分别为 10 和 12，所以，P1 的总指令条数少。

（2）P1 的总时钟周期数为 $2×1+5×2+3×4 = 24$。

P2 的总时钟周期数为 $6×1+4×2+2×4 = 22$。

因为两个指令序列在同一台计算机上运行，所以时钟周期一样，故总时钟周期数少的代码序列所用时间短、执行速度快。显然，P2 比 P1 快。

（3）CPI=程序总时钟周期数/程序总指令条数，因此

P1 的 CPI 为 $24/10 = 2.4$，

P2 的 CPI 为 $22/12 = 1.83$。

（4）T=CPI×程序总指令条数×时钟周期，因此

P1 的用户 CPU 时间为 $2.4 × 10 × 1/(1GHz) = 24ns$，

P2 的用户 CPU 时间为 $1.83 × 12 × 1/(1GHz) = 22ns$。

【**例 1-2**】假设某程序 P 在计算机 M1 上运行需要 10s，M1 的时钟频率为 1GHz。设计人员想开发一台与 M1 具有相同 ISA 的新计算机 M2。采用新技术可使 M2 的时钟频率增加，但同时也会使 CPI 增加。假定程序 P 在 M2 上的时钟周期数是在 M1 上的 2 倍，则 M2 的时钟频率至少达到多少才能使程序 P 在 M2 上的运行时间缩短为 5s？

【解】程序 P 在计算机 M1 上的时钟周期数为 $T \times$ 时钟频率 $= 10s \times 1GHz = 10G$。因此，程序 P 在计算机 M2 上的时钟周期数为 $2 \times 10G = 20G$。

要使程序 P 在 M2 上运行时间缩短到 5s，则 M2 的时钟频率至少应为

$$程序总时钟周期数/用户\ CPU\ 时间 = 20G/5s = 4GHz$$

由此可见，M2 的时钟频率是 M1 的 4 倍，但 M2 的速度却只是 M1 的 2 倍。

例 1-1 说明，指令条数少并不代表执行时间短。对于解决同一个问题的不同程序，即使在同一台计算机上执行，指令条数最少的程序也不一定执行得最快。

例 1-2 说明，虽然提高时钟频率会加快 CPU 执行程序的速度，但不能保证执行速度有相同倍数的提高。故时钟周期、指令条数、CPI 三个因素是互相制约的。更改指令集可以减少指令条数，但是，同时可能引起 CPU 结构的调整，从而可能会增加时钟周期的宽度，即降低时钟频率。在评价计算机性能时，仅考虑单个因素是不全面的，必须三个因素同时考虑。

（4）MIPS。最早用来衡量计算机性能的指标是每秒完成单个运算（如加法运算）指令的条数。指令速度所用的计量单位为 **MIPS**（Million Instructions Per Second），其含义是平均每秒执行多少百万条指令。例如，某台计算机每秒能执行 200 万条指令，记作 2MIPS。目前，高性能微处理器的运算速度已达 1000MIPS，甚至更高。

MIPS 反映了计算机执行定点指令的速度，但是，用 MIPS 来对不同的计算机进行性能比较有时是不准确或不客观的。因为不同计算机的指令集不同，而且指令的功能也不同，因此，同样的指令条数所完成的功能可能完全不同。

与定点指令运行速度 MIPS 相对应的用来表示浮点操作速度的指标是 **MFLOPS**（Million Floating-point Operations Per Second），它表示每秒所执行的浮点运算有多少百万次，它是基于所完成的操作次数而不是指令数来衡量的。

1.5　本 章 小 结

本章主要对计算机系统做了详细的概述，介绍了计算机系统的基本功能和基本组成、计算机系统各个抽象层之间的转换以及计算机的工作过程，并对计算机系统的性能评价指标做了简要介绍。

冯·诺依曼计算机由控制器、运算器、存储器、输入设备和输出设备组成。在计算机内部，指令和数据都用二进制码表示，它们都存放在存储器中，并按地址访问。计算机采用"存储程序"方式进行工作。现代计算机的基本组成包括 CPU、存储器和 I/O 设备。计算机系统采用逐层向上抽象的方式构成，通过向上层用户提供一个抽象的、简洁的接口而将较低层次的实现细节隐藏起来。计算机完成一个任务的大致过程为：用某种程序设计语言编制源程序→用语言处理程序将源程序翻译成机器语言目标程序→将目标程序中的指令和数据装入主存，然后从第一条指令开始执行，直到程序所含指令全部执行完。每条指令的执行包括取指令、指令译码、取操作数、运算、送结果等操作。计算机系统基本性能指标包括机器字长、存储容量、时钟周期（或主频）、CPI、MIPS、MFLOPS 等。

习 题 1

1. 冯·诺依曼计算机结构的基本思想是什么？冯·诺依曼计算机结构的特点是什么？

2. 冯·诺依曼机由哪几部分组成？各部分的功能是什么？

3. 计算机系统的层次结构如何划分？计算机系统的不同用户工作在哪个层次？

4. 衡量计算机性能的主要技术指标是什么？

5. 假设某计算机 M 的指令系统包含 A, B, C, D 四类指令，其 CPI 分别为 1, 3, 2, 4。某高级语言程序 P 被编译成两个不同的目标代码序列 P1 和 P2，P1 和 P2 所含各类指令的指令条数如表 1-2 所示。请回答如下问题：

（1）P1、P2 所含的总时钟周期数分别是多少？

（2）P1、P2 的综合 CPI 分别是多少？

（3）哪个代码序列执行速度快？为什么？

表 1-2 指令条数

	A	B	C	D
P1 的指令条数	3	4	2	4
P2 的指令条数	8	1	5	2

6. 假设同一套指令集用不同的方法设计了两台计算机 M1 和 M2。计算机 M1 的时钟周期为 0.8ns，计算机 M2 的时钟周期为 1.2ns。某程序 P 在计算机 M1 上运行时的 CPI 为 4，在计算机 M2 上运行时的 CPI 为 2。对程序 P 来说，哪台计算机的执行速度更快？快多少？

第 **2** 章   数据的机器级表示与处理

本章主要介绍参与运算的各类数据（包括无符号数和有符号数、定点数和浮点数等）在计算机内部的机器级表示和基本处理方式，以及它们在计算机中的算术运算方法。主要内容包括：进位计数制、二进制定点数和浮点数的编码表示、无符号整数和有符号整数的表示、IEEE 754 浮点数标准、字符的编码表示、C 语言中各种类型数据的表示和转换以及数据的存储和基本运算。

2.1   数制和编码

2.1.1   进位计数制

进位计数制是指用一组固定的数字符号和特定的规则表示数的方法。在人们日常生活中，最常用的是十进制。在计算机领域，常用二进制、八进制和十六进制。在进位计数制中，某种进位计数制所允许使用的基本数字符号（也称数码）个数称为该进位计数制的**基数**。同一个数字符号处在不同数位时，其所代表的数值等于它本身乘以一个与它所在数位对应的常数，该常数称为位权，简称**权**。

（1）十进制数由符号 0~9 组成，基数是 10，位权是以 10 为底的幂。运算规则是"逢十进一，借一当十"。

（2）二进制数由符号 0 和 1 组成，基数是 2，位权是以 2 为底的幂。运算规则是"逢二进一，借一当二"。

（3）八进制数由符号 0~7 组成，基数是 8，位权是以 8 为底的幂。运算规则是"逢八进一，借一当八"。

（4）十六进制数由符号 0~9 和 A~F 组成，基数是 16，位权是以 16 为底的幂。运算规则是"逢十六进一，借一当十六"。

同样的量用不同的数制表示，尽管形式不同，但量的实质却是相同的，即不同的数制之间有一一对应的关系。

一个数的数值大小等于该数的各位数码乘以相应位权的总和。例如

$$1928.25D = 1 \times 10^3 + 9 \times 10^2 + 2 \times 10^1 + 8 \times 10^0 + 2 \times 10^{-1} + 5 \times 10^{-2}$$

上式中等号右边的表示形式称为十进制的多项式表示法，也称**按权展开式**；等号左边的形式称为十进制的位置计数法。位置计数法是一种与位置有关的表示方法，同一个数字

符号处于不同数位时，所代表的数值不同，即权值不同。可见，上式中各位权值分别为 10^3，10^2，10^1，10^0，10^{-1}，10^{-2}。

为了方便表示各数制，可在数的后下方加上表示进制的数字，或者加上字母后缀。其中，B 表示二进制，Q 表示八进制，D 表示十进制，H 表示十六进制。一般系统规定没有后缀的数默认为十进制数。例如，34.5 和 34.5D、$(100010.1)_2$ 和 100010.1B、$(42.4)_8$ 和 42.4Q、$(22.8)_{16}$ 和 22.8H 都是相同数的不同表示形式。

【例 2-1】将下列数据按权展开。

$$3058.72D, 10111.01B, 1AB4H$$

【解】$3058.72D = 3 \times 10^3 + 0 \times 10^2 + 5 \times 10^1 + 8 \times 10^0 + 7 \times 10^{-1} + 2 \times 10^{-2}$

$10111.01B = 1 \times 2^4 + 0 \times 2^3 + 1 \times 2^2 + 1 \times 2^1 + 1 \times 2^0 + 0 \times 2^{-1} + 1 \times 2^{-2}$

$1AB4H = 1 \times 16^3 + 10 \times 16^2 + 11 \times 16^1 + 4 \times 16^0$

不同进制的数相互转换时，要按照整数部分和小数部分分别转换的原则进行，这里重点讨论十进制数、二进制数和十六进制数之间的转换，其转换示意图如图 2-1 所示。

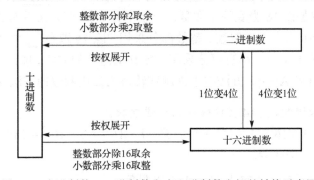

图 2-1　十进制数、二进制数和十六进制数之间的转换示意图

1．十进制数与二进制数的转换

（1）二进制数转换为十进制数。整数部分和小数部分都采用"按权展开"并求和的方法，整数部分的权是以 2 为底的正数幂，小数部分的权是以 2 为底的负数幂。

（2）十进制数转换为二进制数。**整数部分采用"除 2 取余"的方法**，直到被除数为 0 时结束，对于每次除法得到的余数，将先得到的余数作为结果的低位，后得到的余数作为结果的高位，从右至左写出结果的整数部分。

小数部分采用"乘 2 取整"的方法，将每次相乘结果的整数部分取出，剩下的小数部分继续乘以 2，直到乘法结果的小数部分为 0 或者二进制结果的位数达到规定的字长时结束，先取出的整数作为结果的高位，后取出的整数作为结果的低位，从左至右写出结果的小数部分。

【例 2-2】将二进制数 11011.01B 转换为十进制数。

【解】$11011.01B = 1 \times 2^4 + 1 \times 2^3 + 0 \times 2^2 + 1 \times 2^1 + 1 \times 2^0 + 0 \times 2^{-1} + 1 \times 2^{-2} = 27.25$

即 11011.01B = 27.25D。

【例 2-3】 将十进制数 18.8125 转换为二进制数。

【解】

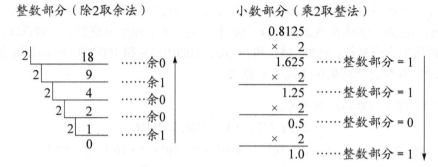

整数部分（除2取余法）　　　　　小数部分（乘2取整法）

根据箭头指向读取二进制数，即 18.8125D=10010.1101B。

2．十进制数与十六进制数的转换

（1）十六进制数转换为十进制数。整数部分和小数部分都采用"按权展开"并求和的方法，整数部分的权是以 16 为底的正数幂，小数部分的权是以 16 为底的负数幂。

（2）十进制数转换为十六进制数。**整数部分采用"除 16 取余"的方法**，若余数在 10～15 范围内，则使用符号 A～F，**小数部分采用"乘 16 取整"的方法**，取出的整数值若在 10～15 范围内，则使用符号 A～F。方法与十进制数转换为二进制数的方法相同。

【例 2-4】 将十六进制数 314.12H 转换为十进制数。

【解】 $314.12H = 3 \times 16^2 + 1 \times 16^1 + 4 \times 16^0 + 1 \times 16^{-1} + 2 \times 16^{-2} = 788.07031$
即 $314.12H = 788.07031D$。

【例 2-5】 将十进制数 314.31 转换为十六进制数。

【解】

整数部分（除16取余法）　　　　　小数部分（乘16取整法）

根据箭头指向读取十六进制数，即 314.31D=13A.4FH。

3．二进制数与十六进制数的转换

（1）十六进制数转换为二进制数。由于每一位十六进制数都可以用 4 位二进制数表达，因此对于十六进制数的整数部分和小数部分，将每一位十六进制数都用对应的 4 位二进制数代替，就可以得到二进制数结果。二进制数结果的整数部分最左端的 0 和小数部分最右端的 0 可以省略。

（2）二进制数转换为十六进制数。二进制数的整数部分由小数点向左、每 4 位一组，最左端一组不足 4 位的在前面补 0，小数部分由小数点向右、每 4 位一组，最右端一组不足

4 位的在后面补 0，然后每一组 4 位二进制数用相应的十六进制数代替，即可得到十六进制数结果。

【例 2-6】将二进制数 111101.010111 转换为十六进制数。

【解】规则：计算方向由小数点分别向左向右，4 位并 1 位，位数不足补 0。

$$\underline{0011\ 1101\ .\ 0101\ 1100}$$
$$\quad 3\quad\ D\quad\ 5\quad\ C$$

即 111101.010111B = 3D.5CH。

【例 2-7】将十六进制数 4B.61 转换为二进制数。

【解】规则：将 1 位十六进制数拆成 4 位二进制数。

$$\quad 4\quad\ B\quad\ .\ 6\quad\ 1$$
$$\underline{0100\ 1011\ .\ 0110\ 0001}$$

即 4B.61H = 1001011.01100001B。

2.1.2　计算机中的编码

1. BCD 码

在计算机中，十进制数是以十进制数的二进制编码来表示的，称为 **BCD 码**。其存储和处理都是以数串形式进行的，十进制数串的长度是可变的，在计算机内主要有两种表示格式，即压缩 BCD 码和非压缩 BCD 码。

（1）压缩 BCD 码。用 4 位二进制数表示 1 位十进制数，由于各位权值分别为 8, 4, 2, 1，又称为 **8421 码**。1 字节可存放两位 BCD 码表示的十进制数，这样既节省了存储空间，又便于直接进行十进制算术运算，是广泛采用的表示方式。不同进制数与 BCD 码的对应关系如表 2-1 所示。

表 2-1　不同进制数与 BCD 码的对应关系

二进制数	八进制数	十进制数	十六进制数	压缩 BCD 码
0000	0	0	0	0000
0001	1	1	1	0001
0010	2	2	2	0010
0011	3	3	3	0011
0100	4	4	4	0100
0101	5	5	5	0101
0110	6	6	6	0110
0111	7	7	7	0111
1000	10	8	8	1000
1001	11	9	9	1001
1010	12	10	A	00010000
1011	13	11	B	00010001
1100	14	12	C	00010010
1101	15	13	D	00010011

二进制数	八进制数	十进制数	十六进制数	压缩 BCD 码
1110	16	14	E	00010100
1111	17	15	F	00010101
10000	20	16	10	00010110

（2）非压缩 BCD 码。用 8 位二进制数表示 1 位十进制数，其中低 4 位与压缩 BCD 码相同，高 4 位无意义。在主存中，这样的十进制数串占用连续的多字节。为了指明一个数串，需要给出该数串在主存中的起始地址和串长。

非压缩 BCD 码主要应用于非数值处理，而对十进制数的算术运算是很不方便的。因为每个字节中只有低 4 位表示数值，而高 4 位在算术运算时不具有数值的意义。

指令系统中也有专门的十进制运算指令，可以直接对十进制数据进行运算。由于十进制数码有 10 个，利用 4 位二进制数表示时，就产生了 6 个多余的状态。十进制数调整指令就是利用该特点实现二进制数向十进制数的转换。

【例 2-8】求 6231 的压缩 BCD 码和非压缩 BCD 码。

【解】

6231的压缩BCD码为：
0110 0010 0011 0001B
6231的非压缩BCD码为：
00000110 00000010 00000011 00000001B
主存中BCD码存放情况如图2-2所示。

主存

0011 0001(31H)	低地址
0110 0010(62H)	
⋮	
0000 0001(01H)	
0000 0011(03H)	
0000 0010(02H)	
0000 0110(06H)	
⋮	高地址

图 2-2　主存中 BCD 码存放情况

2. ASCII 码

计算机处理的信息除数值外，还有字符和字符串，如显示器的字符显示或键盘输入信息。这些字符都必须按照特定的规则以二进制编码后才能使用，计算机常用的编码方式是 **ASCII**（American Standard Code for Information Interchange）码，它是美国国家信息交换标准代码。

ASCII 码采用 1 字节表示字符，当 D_7 位为 0 时，有 128 个标准 ASCII 码；当 D_7 位为 1时，有 128 个扩展 ASCII 码；标准 ASCII 码包括 26 个小写英文字母、26 个大写英文字母、10 个数字码、专用字符、控制字符和标点符号等。标准 ASCII 码表如表 2-2 所示。其中，控制字符 00H～1FH 是一组不可显字符，如回车 CR（0DH）、换行 LF（0AH）、空字符NULL（00H）、响铃 BEL（07H）等；查询（ENQ）、肯定回答（ACK）、否定回答（NAK）等是专门用于串行通信的控制字符。

表 2-2　标准 ASCII 码表

$D_3D_2D_1D_0$	$D_6D_5D_4$							
	000	001	010	011	100	101	110	111
0000	NUL	DLE	space	0	@	P	`	P
0001	SOH	DC1	!	1	A	Q	a	q
0010	STX	DC2	"	2	B	R	b	r
0011	ETX	DC3	#	3	C	S	c	s
0100	EOT	DC4	$	4	D	T	d	t
0101	ENQ	NAK	%	5	E	U	e	u
0110	ACK	SYN	&	6	F	V	f	v
0111	BEL	ETB	'	7	G	W	g	w
1000	BS	CAN	(	8	H	X	h	x
1001	HT	EM	)	9	I	Y	i	y
1010	LF	SUB	*	:	J	Z	j	z
1011	VT	ESC	+	;	K	[	k	{
1100	FF	FS	,	<	L	\	l	|
1101	CR	GS	–	=	M	]	m	}
1110	SO	RS	.	>	N	^	n	⌐
1111	SI	US	/	?	O	_	o	DEL

在码表中查找一个字符所对应的 ASCII 码的方法是列确定 $D_6D_5D_4$ 位，行确定 $D_3D_2D_1D_0$ 位，行与列汇合即为要查找的 ASCII 码。例如，字符'A'和'a'的 ASCII 码分别为 41H 和 61H。

2.1.3　无符号数和有符号数

信息是利用某些符号进行记录的。计算机中可用的记载符号只有 0 和 1，若想利用 0 和 1 进行数据处理，则要对所处理的信息用 0 和 1 进行编码。这些编码是机器唯一能够识别的码，也称为机器码或机器语言。

计算机工作时，信息常分为地址、数据和控制信号三种。由于地址本身也是一种数据，因此，在计算机中，信息基本可以归类为数据与指令两类。计算机的工作过程是通过数据和指令在其有关部件内流通而完成的。

在计算机中参与运算的数有两大类：无符号数和有符号数。

1．无符号数

所谓无符号数，即没有符号位的数，整个字长的全部二进制位均表示数值位，相当于数的绝对值。如图 2-3 所示，8 位机表示无符号整数的最大值为 11111111（即 255）。

D_7	D_6	D_5	D_4	D_3	D_2	D_1	D_0
1	1	1	1	1	1	1	1

图 2-3　8 位机的机器数的无符号表示

计算机中的地址信息和控制信息属于无符号数。除此之外，一般计算机中都设置有一些无符号数的运算和处理指令。一些条件转移指令也是专门针对无符号数的。在 Intel 8086

中 MUL 指令和 DIV 指令就是专门针对无符号数的乘法指令和除法指令。

可以根据字长确定无符号数的范围。字长为 8 位的计算机，可以表示的无符号数范围为 $0\sim(2^8-1)$；字长为 16 位的计算机，无符号数的表示范围为 $0\sim(2^{16}-1)$；字长为 N 的计算机，可以表示的无符号数范围为 $0\sim(2^N-1)$。

2．有符号数

在日常生活中，大多数数据都属于有符号数，即用符号"+"或"–"表示的正数和负数。由于计算机无法识别符号，因此"+"或"–"需要用数值表示。计算机中二进制数 1 或 0 是由器件的两种不同的稳定状态（即高、低电平）来表示的，所以数的正、负号也只能由这两种不同的状态来表示，即采用数的符号数值化的方法。通常规定一个数的最高位代表符号，该位为"0"表示"+"，该位为"1"表示"–"。

计算机中表示有符号数的方法就是最高位为符号位，其余位采用绝对值来表示数值的大小。图 2-4 是 8 位机的机器数的有符号表示，若字长为 8 位，则 D_7 为符号位，$D_6\sim D_0$ 为数值位；若字长为 16 位，则 D_{15} 为符号位，$D_{14}\sim D_0$ 为数值位。

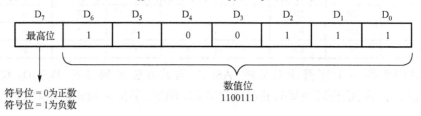

图 2-4　8 位机的机器数的有符号表示

这种在计算机内部包括符号位在内都被数值化了的数据称为**机器数**，而把带"+"或"–"符号的现实世界中的数称为**机器数的真值**。在图 2-4 中，若机器数的真值为正数，机器数为 0110 0111B；若机器数的真值为负数，则机器数为 1110 0111B。

对于无符号数在寄存器中的每一位均可用来存放数值。而当存放有符号数时，需留出相应位置存放符号。因此，在字长相同时，无符号数与有符号数所对应的数值范围是不同的。字长为 8 位的计算机，可以表示的有符号数范围为 $-2^7\sim(2^7-1)$，字长为 16 位的计算机，可以表示的有符号数范围为 $-2^{15}\sim(2^{15}-1)$；字长为 N 的计算机，可以表示的有符号数范围为 $-2^{N-1}\sim(2^{N-1}-1)$。

2.1.4　定点数与浮点数

在计算机中，小数点不用专门的器件表示，而是按约定的方式标出，计算机在进行算术运算时，需要指出小数点的位置。根据小数点的位置是否固定可将计算机中的数据格式分为两种，即定点表示和浮点表示。定点表示的数称为定点数，浮点表示的数称为浮点数。

1．定点数

定点数规定所有数据的小数点位置固定不变。通常把小数点固定在有效数位的最前面或末尾，这就形成了两类定点数，即定点小数和定点整数。

定点整数是把小数点固定在数据数值部分的右边，如图 2-5(a)所示；**定点小数**是把小数点固定在数据数值部分的左边，符号位的右边，如图 2-5(b)所示。当小数点位于符号和第一数值位之间时，机器内的数为纯小数；当小数点位于数值位之后时，机器内的数为纯整数。定点整数和定点小数在计算机中的表示形式没什么区别，其小数点完全靠事先约定而隐含在不同的位置。

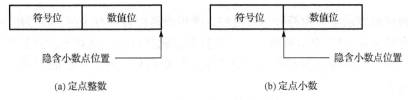

(a) 定点整数　　　　　　　　　　　　　(b) 定点小数

图 2-5　定点整数和定点小数

采用定点数的机器称为**定点机**。数值部分的位数决定了定点机中数的表示范围。在定点机中，由于小数点的位置固定不变，因此当机器处理的数不是纯小数或纯整数时，必须乘以一个比例因子，否则会出现"溢出"现象。

2．浮点数

实际上计算机中处理的数不一定是纯小数或纯整数，当要处理的数是既有整数又有小数的混合小数时，采用定点数格式很不方便。而且有些数据的数值范围相差很大，不能直接用定点小数或定点整数表示，但可用浮点数表示。浮点数是指小数点的位置可以浮动的数，计算机中通常都采用浮点数进行运算。如十进制数 76.687D 可以表示为 $76.687D = 10^2 \times 0.76687$。

这种科学计数的方法主要针对非常大或非常小的数值。计算机中的数据都用二进制码表示，采用同样的方法可表示为 $1001.101B = 2^4 \times 0.1001101B$。显然，小数点的位置是变化的，但因为分别乘以不同的基的幂次，故值不变。

通常，计算机中任意二进制数 N 可表示为

$$N = 2^E \times M \tag{2.1}$$

其中，E 称为 N 的**阶码**，用于确定小数点的位置；M 称为 N 的**尾数**，表示数据 N 的有效数字。

浮点数由阶码和尾数两部分组成。阶码是整数，阶符和阶码的位数共同反映浮点数的表示范围及小数点的实际位置；尾数是小数，其位数反映了浮点数的精度；尾数的符号代表浮点数的正负。计算机内表示浮点数时，一般把尾数符号 M_s 设置在浮点数的最高位上，$M_s=0$ 表示正号，$M_s=1$ 表示负号；尾数 M 常用原码或补码表示。阶符 E_s 设置在阶码 E 的最高位上，用来表示正阶或负阶；阶码 E 常用移码或补码表示。

2.2　定点数的表示

2.2.1　定点数的编码表示

已经数字化的符号能否与数值部分一起参加运算呢？为了解决这个问题，就产生了把

符号位和数值部分一起进行编码的各种方法。因为任意一个浮点数都可以用一个定点小数和一个定点整数来表示，所以只需要考虑定点数的编码表示。主要有 4 种定点数编码表示方法：原码、反码、补码和移码。

1. 原码表示法

定点数的原码表示法称为**符号绝对值法**，即用最高位表示符号位，符号位为"0"表示该数为正，符号位为"1"表示该数为负，数值部分就是真值的绝对值。为了书写方便以及区别整数和小数，约定整数的符号位与数值位之间用逗号隔开，小数的符号位与数值位之间用小数点隔开。

若真值为纯小数，它的原码形式为 $X_s.X_1X_2\cdots X_n$，其中 X_s 表示符号位。符号后的小数点只是为了书写整数原码时突出符号位，实际机器数并无此小数点。原码的定义为

$$[X]_原 = \begin{cases} X, & 0 \leqslant X < 1 \\ 1 - X = 1 + |X|, & -1 < X \leqslant 0 \end{cases} \tag{2.2}$$

若真值为整数，它的原码形式为 $X_s, X_1X_2\cdots X_n$，其中 X_s 表示符号位。符号后的"，"只是为了将符号位和数值位分开，实际机器数并无此逗号。原码的定义为

$$[X]_原 = \begin{cases} X, & 0 \leqslant X < 2^n \\ 2^n - X = 2^n + |X|, & -2^n < X \leqslant 0 \end{cases} \tag{2.3}$$

式中，X 为真值，n 为整数数值位的位数。

【例 2-9】已知字长 8 位，求下列定点数的原码。

【解】 $[+5]_原 = 0, 0000101 = 05H$

$[-5]_原 = 1, 0000101 = 85H$

$[+0.1101B]_原 = 0.1101000$

$[-0.1101B]_原 = 1 - (-0.1101000) = 1.1101000$

$[+0]_原 = 0, 0000000 = 00H$

$[-0]_原 = 1, 0000000 = 80H$

通过上例，0 在原码中表示不唯一，当遇到"0,0000000"和"1,0000000"这两种情况时都作 0 处理。由于原码表示法中真值和原码对应关系简单、乘/除法规则简单，因此相互的转化及乘/除法运算容易实现，但实现加/减法比较复杂。

2. 反码表示法

反码常用于原码和补码互相求解的工具，计算机中很少用反码进行运算。正数的反码相当于原码，负数的反码是将其符号位用"1"表示，数值位按位取反。

若真值为纯小数，它的反码形式为 $X_s.X_1X_2\cdots X_n$，其中 X_s 表示符号位。反码的定义为

$$[X]_反 = \begin{cases} X, & 0 \leqslant X < 1 \\ (2 - 2^{-n}) + X, & -1 < X \leqslant 0 \end{cases} \tag{2.4}$$

式中，X 为真值，n 为小数的位数。

若真值为整数，它的反码形式为 $X_s, X_1X_2\cdots X_n$，其中 X_s 表示符号位。反码的定义为

$$[X]_\text{反} = \begin{cases} X, & 0 \leqslant X < 2^n \\ (2^{n+1}-1)+X, & -2^n < X \leqslant 0 \end{cases} \tag{2.5}$$

式中，X 为真值，n 为整数数值位的位数。

【例 2-10】 已知字长 8 位，求下列定点数的反码。

【解】 $[+5]_\text{反} = 0, 0000101 = 05\text{H}$

$[-5]_\text{反} = 1, 1111010 = \text{FAH}$

$[+0.1101\text{B}]_\text{反} = 0.1101000$

$[-0.1101\text{B}]_\text{反} = (2-2^{-7}) + (-0.1101000) = 1.1111111 - 0.1101000 = 1.0010111$

或将 -0.1101B 原码的数值位按位取反，符号位不变，即

$[-0.1101\text{B}]_\text{原} = 1.1101000$，则 $[-0.1101\text{B}]_\text{反} = 1.0010111$

$[+0]_\text{反} = 0, 0000000 = 00\text{H}$

$[-0]_\text{反} = 1, 1111111 = \text{FFH}$

本例中 0 的反码表示不唯一，当遇到"0,0000000"和"1,1111111"这两种情况时都作 0 处理。

3. 补码表示法

为了克服原码的缺点，补码表示将符号位作为数值位一起参与运算，只要不出现溢出现象，结果都是正确的。这种表示可以简化加/减法运算规则，简化运算器的设计。

（1）模和同余。模是指一个计数范围，当计数超过该范围时，计数值将从头开始循环，记为 M。如一个 4 位的计数器，它的计数值为 0～15，即当计数器计数满 15 之后再加 1，这个计数器就发生溢出，溢出量就是模 $M = 2^4$。

计算机中各种 CPU 的寄存器都有一定的位数，当运算结果超出实际的最大表示范围时，就会发生溢出。在算术运算中，自动舍弃溢出量的运算称为模运算。

所谓同余，即两个整数 A 和 B 被同一个正整数 M 去除，若余数相同，则称 A 和 B 对 M 同余。

日常生活中，常见的模运算就是钟表，时针旋转一圈又回到原来的位置，即模是 12。若时钟停在 10 点，则要将它调整到 6 点，可以将时针顺时针旋转 8 小时，或逆时针旋转 4 小时，即 8 和 -4 是关于模 12 同余。-4 的补码是 8，即

$$10-4 = 10 + 8 = 6$$

具有同余关系的两个数具有互补关系，这样求一个负数的补码，只要将模加上该数负数即可。因此，8 位二进制数，对于负数 X 有下列等式存在：

$$-X = 2^8 - |X|$$

（2）补码的定义。若真值为纯小数，它的补码形式为 $X_s. X_1X_2\cdots X_n$，其中 X_s 表示符号位。补码的定义为

$$[X]_\text{补} = \begin{cases} X, & 0 \leqslant X < 1 \\ 2+X = 2-|X|, & -1 < X \leqslant 0 \end{cases} \tag{2.6}$$

若真值为整数，它的补码形式为 $X_s, X_1X_2\cdots X_n$，其中 X_s 表示符号位。补码的定义为

$$[X]_{补} = \begin{cases} X, & 0 \leqslant X < 2^n \\ 2^{n+1} + X = 2^{n+1} - |X|, & -2^n < X \leqslant 0 \end{cases} \tag{2.7}$$

式中，X 为真值，n 为整数数值位的位数。

根据以上补码的定义，补码的规则可描述为正数的补码和原码相同；负数的补码是对其相应正数的原码连同符号位在内**"各位求反，末位加一"** 后形成的。其中，"各位求反，末位加一"的操作称为**求补**。

【例2-11】 已知字长8位，求下列定点数的补码。

【解】 $[+5]_{补} = 0,0000101 = 05\text{H}$

$[-5]_{补} = 1,1111011 = \text{FBH}$

$[+0.1101\text{B}]_{补} = 0.1101000$

$[-0.1101\text{B}]_{补} = 2 + (-0.1101000) = 1.0011000$

或将-0.1101B原码的数值位的各位求反，末位加一，符号位不变，即

$[-0.1101\text{B}]_{原} = 1.1101000$，则 $[-0.1101\text{B}]_{补} = 1.0011000$

$[+0]_{补} = 0,0000000 = 00\text{H}$

$[-0]_{补} = 0,0000000 = 00\text{H}$

本例中 0 的补码表示唯一。

【例2-12】 已知字长8位，求-46的补码。

【解】 $[-46]_{补}$ 求解过程如下：

第1步：对应正数的补码 $[46]_{补} = 0,0101110$；

第2步：各位求反 1,1010001；

第3步：末位加一 1,1010010。

4．移码表示法

浮点数实际上是用两个定点数来表示的。用一个定点小数表示浮点数的尾数，用一个定点整数表示浮点数的阶（即指数）。通常将阶的编码表示称为阶码。一般情况下，阶码都用一种称为"移码"的编码方式表示。

移码的定义是在真值 X 的基础上加一个常数，这个常数称为**偏置常数**，相当于在 X 数轴上向正方向偏置了若干单位。移码和真值关系如图 2-6 所示，对于二进制整数，当数值位连同一位符号位的个数为 $n+1$ 位时，移码就是在真值 X 基础上加一个常数 2^n，即

$$[X]_{移} = X + 2^n, \qquad -2^n \leqslant X < 2^n \tag{2.8}$$

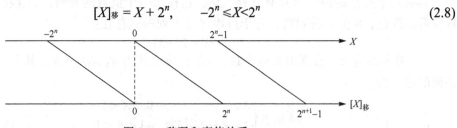

图 2-6　移码和真值关系

比较补码与移码的定义，得出结论：**移码和补码的符号位相反，数值位相同**。在移码表示中，数据 0 有唯一的编码，最高位的符号位发生变化，1 表示正号，0 表示负号。例如，$X = -128D = -10000000B$，$[X]_补 = 10000000$，$[X]_移 = 00000000$；$X = 127D = 01111111B$，$[X]_补 = 01111111$，$[X]_移 = 11111111$。

通过上例可知，若浮点数的阶码用移码表示，则这样表示的阶码均转换为正整数，移码把真值映射到一个正数区域内，可将移码看成无符号数，直接按无符号数比较大小。这样可以直观地反映真值的大小，进而方便比较浮点数阶码的大小。

5．原码、反码、补码和移码之间的关系

4 种码制既有共同点，又有各自不同的性质，主要区别有以下几点。

（1）除移码外，对于正数它们都等于真值本身；对于负数各有不同的表示。

（2）最高位都表示符号位，原码的符号位和数值位必须分开进行处理，补码和移码的符号位可作为数值位的一部分一起参与运算。

（3）对于真值 0，原码和反码的表示形式不唯一，而补码和移码表示形式唯一。

（4）原码、反码表示范围相对零来说是对称的，但补码负数表示范围较正数表示范围宽。移码的表示范围相当于无符号整数的范围。以 1 字节为例，二进制的取值范围如下。

原码：$11111111 \sim 01111111 (-127 \sim +127)$。

反码：$10000000 \sim 01111111 (-127 \sim +127)$。

补码：$10000000 \sim 01111111 (-128 \sim +127)$。

移码：$00000000 \sim 11111111 (0 \sim +255)$。

真值、反码或补码之间的转换是通过原码来实现的，转换关系如图 2-7 所示。

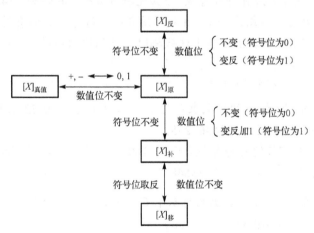

图 2-7　原码、反码、补码、移码与真值之间的转换关系

【例 2-13】已知 $X = -52$，求原码、反码、补码和移码（字长为 8 位）。

【解】　$[-52]_原 = 1, 0110100$

$[-52]_反 = 1, 1001011$

$[-52]_补 = 1, 1001100$

$[-52]_移 = 0, 1001100$

2.2.2 C 语言中的整数

C 语言中支持多种整数类型。无符号整数在 C 语言中对应 unsigned short、unsigned int (unsigned)、unsigned long 等类型，通常在常数的后面加一个 "u" 或 "U" 来表示无符号整数，例如，1234U 和 0x4D2u 等；有符号整数在 C 语言中对应 short、int、long 等类型。

C 语言标准规定了每种数据类型的最小取值范围。通常，short 类型总是 16 位，取值范围为 $-2^{16-1} \sim 2^{16-1}-1$（$-32768 \sim 32767$）。int 类型在 32 位和 64 位机器中都为 32 位，取值范围为 $-2^{32-1} \sim 2^{32-1}-1$（$-2147483648 \sim 2147483647$）。long 类型在 32 位机器中为 32 位，在 64 位机器中为 64 位。

C 语言中允许无符号整数和有符号整数之间的转换，转换前后的机器数不变，只是转换前后对其的解释发生了变化。转换后，数的真值是将原二进制数按转换后的数据类型重新解释得到。例如，对于以 1 开头的一个机器数，若转换前是有符号整数类型，则其值为负整数；若将其转换为无符号数类型，则它被解释为一个无符号数，而其值变成一个大于或等于 2^{n-1} 的正整数。也就是说，转换前的一个负整数很可能转换后变成一个值很大的正整数。由于上述原因，程序在某些情况下会得到意想不到的结果。

【例 2-14】假设在某 32 位机器上运行以下 C 代码，分析其运行结果。

```
int x = -1;
unsigned y = 2147483648;
printf ("x = %u = %d\n", x, x);
printf ("y = %u = %d\n", y, y);
```

【解】上述 C 代码中，x 为有符号整数，y 为无符号整数，初值为 2147483648（即 2^{31}）。函数 printf 用来输出数值，格式符%u、%d 分别用来以无符号整数和有符号整数的形式输出十进制数的值。当在 32 位机器上运行上述代码时，它的输出结果为

```
x = 4294967295 = -1
y = 2147483648 = -2147483648
```

x 的输出结果说明：因为-1 的补码表示为 11…1，所以当作为 32 位无符号数来解释时，其值为 $2^{32}-1 = 4294967296 -1 = 4294967295$。

y 的输出结果说明：2^{31} 的无符号数表示为 100…0，当这个数被解释为 32 位有符号整数时，其值为最小负数 $-2^{32-1} = -2147483648$。

【例 2-15】假设在某 32 位机器上运行以下 C 代码，分析三个关系表达式的值。

```
printf ("表达式 1 = %d\n", -1 < 0u);
printf ("表达式 2 = %d\n", 2147483647u > -2147483647-1);
printf ("表达式 3 = %d\n", 2147483647 < (int)2147483648u);
```

【解】上述 C 代码中，三条语句分别输出三个关系表达式的值。(int)表示将其后的数据类型强制类型转换为整型。当在 32 位机器上运行上述代码时，其输出结果为

```
表达式 1 = 0
表达式 2 = 0
表达式 3 = 0
```

可见，三个关系表达式均不成立。

表达式 1 的输出结果说明：若表达式中同时存在无符号和有符号整数时，C 编译器将有符号整数强制转换为无符号数。0u 的后缀 u 表示无符号整数，则表达式运算类型为无符号整数。−1 的机器数为"11...1"，转换为无符号数得到的真值为 $2^{32}-1$，远大于 0，因此表达式 1 不成立。

表达式 2 的输出结果说明：−2147483647−1 = −2147483648，其机器数为"10...0"。表达式中同时存在无符号和有符号整数，则"10...0"被解释为无符号数，真值为 2^{31}，即 2147483648。显然 2147483647 > 2147483648 不成立，因此表达式 2 的值为 0。

表达式 3 的输出结果说明：2147483648u 表示无符号整数，其机器数为"10...0"，值为 2^{31}。强制类型转换为 int 型后，其真值为 -2^{31}，即−2147483648。显然 2147483647 < −2147483648 不成立，因此表达式 3 的值为 0。

2.3　浮点数的表示

2.3.1　浮点数的基本概念

1．浮点数的规格化

计算机中任意二进制数 N 的浮点数可表示为 $N = 2^E \times M$。阶码 E 用于确定小数点的位置，尾数 M 用于表示数据的有效数字。由于一个浮点数的表示形式并不是唯一的，因此为了提高运算的精度，并且充分利用尾数的有效数字，通常采取浮点数的规格化形式，即规定尾数的最高位必须是一个有效值（为 1）。

对于非规格化浮点数要进行规格化操作后才能变成规格化的浮点数。规格化时，尾数左移一位，阶码减 1，这种规格化称为向左规格化，简称**左规**；尾数右移一位，阶码加 1，这种规格化称为向右规格化，简称**右规**。当一个浮点数的尾数为 0（不论阶码是何值），或阶码的值比能在机器上表示的最小值还小时，计算机都把该浮点数看成零值，称为**机器零**。

【例 2-16】已知三个浮点数 N_1、N_2、N_3，将这三个浮点数规格化。

$$N_1 = 2^{01} \times 0.1101$$
$$N_2 = -2^{01} \times 0.1101$$
$$N_3 = 2^{11} \times 0.0101$$

【解】由于 N_1 和 N_2 的尾数最高数值位是 1，因此该浮点数是规格化形式。

因为 N_3 不是规格化的浮点数，所以对 N_3 进行浮点规格化操作，则

$$N_3 = 2^{11} \times 0.0101 = 2^{10} \times 0.1010$$

【例 2-17】已知某个浮点数的阶码为 0010（补码），尾数为 0.00011100，求规格化后的阶码和尾数（基为 2）。

【解】当前浮点数为 $2^{0010} \times 0.00011100$，尾数左移 3 位，阶码−3。因为$(-3)_补 = 1101$，所以当前阶码 0010 + 1101 = 1111。规格化浮点数为 $2^{1111} \times 0.11100000$。

2．浮点数的表示范围

以通式 $N = 2^E \times M$ 为例，设浮点数阶码的数值位取 n 位，尾数的数值位取 m 位，则当浮点数为规格化数时，它在数轴上的表示范围如图 2-8 所示。

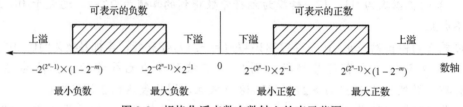

图 2-8　规格化浮点数在数轴上的表示范围

图 2-8 表示了浮点数的最大正数、最小正数、最大负数和最小负数。

当 N 为 32 位浮点数时，E 取 8 位，M 取 24 位（符号占 1 位），E 用移码表示，M 用原码表示，规格化尾数形式为 $\pm 0.1\times\times\cdots\times$，其中第一位"1"不明显表示出来，这样可用 23 个数位表示 24 位尾数。则规格化浮点数的表示范围为

正数最大值：$2^{11\cdots1} \times 0.11\cdots1 = 2^{127} \times (1 - 2^{-24})$。

正数最小值：$2^{00\cdots0} \times 0.10\cdots0 = 2^{-128} \times (2^{-1}) = 2^{-129}$。

因为原码是对称的，所以该浮点格式的范围是关于原点对称的，如图 2-9 所示。

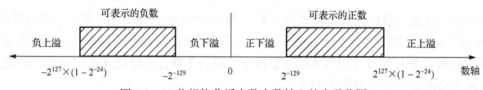

图 2-9　32 位规格化浮点数在数轴上的表示范围

数轴上有 4 个区间的数不能用浮点数表示，这些区间称为溢出区，向无穷大方向延伸的区间为<u>上溢区</u>，接近 0 的区间为<u>下溢区</u>。当浮点数阶码大于最大阶码时，称为<u>上溢</u>，此时机器停止运算，进行溢出中断处理；当浮点数阶码小于最小阶码时，称为<u>下溢</u>，此时溢出的数绝对值很小，通常将尾数各位设置为 0，按机器零处理，此时机器可以继续运行。

2.3.2　IEEE 754 标准

20 世纪 70 年代后期，IEEE（电气与电子工程师协会）成立委员会着手制定浮点数标准，1985 年，该委员会完成了浮点数标准 IEEE 754 的制定。其主要起草者是加州大学伯克利分校数学系教授 William Kahan，他帮助 Intel 公司设计了 8087 浮点处理器（FPU），并以此为基础形成了 IEEE 754 标准，Kahan 教授也因此获得 1987 年的图灵奖。

目前，几乎所有计算机都采用 IEEE 754 标准表示浮点数。在这个标准中，提供了两种基本浮点格式：单精度格式和双精度格式，IEEE 754 浮点数格式如图 2-10 所示。

单精度格式中的浮点数包含 1 位符号 S、8 位阶码 E 和 23 位尾数 M；**双精度格式**中的浮点数包含 1 位符号 S、11 位阶码 E 和 52 位尾数 M。

浮点数的基数隐含为 2，尾数用原码表示，规格化尾数第一位总为 1，因而可在尾数中默认第一位为 1，该默认位称为<u>隐藏位</u>，隐藏一位后使得单精度格式的 23 位尾数实际上表

示了 24 位有效数字, 双精度格式的 52 位尾数实际上表示了 53 位有效数字。IEEE 754 规定隐藏位为 "1" 的位置在小数点前。

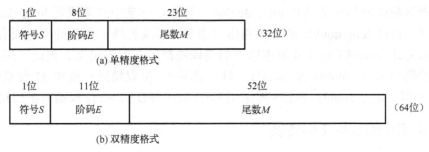

图 2-10　IEEE 754 浮点数格式

IEEE 754 标准中, 阶码用移码形式表示, 偏置常数并不是通常 n 位移码所用的 2^{n-1}, 而是 $(2^{n-1}-1)$, 因此, 单精度浮点数和双精度浮点数的偏置常数分别为 127 和 1023, 单精度浮点数的阶码 E 为阶的真值加上 127, 双精度浮点数的阶码 E 为阶的真值加上 1023。IEEE 754 的这种尾数带一个隐藏位, 偏置常数用 $(2^{n-1}-1)$ 的做法, 不仅不会改变传统做法的计算结果, 而且尾数可表示的位数多一位, 因而使浮点数的精度更高。

【例 2-18】已知 float 型变量 x 的真值为 −12.75, 求 x 的机器数是多少?

【解】$-12.75 = -1100.11B = -1.10011B \times 2^3$, 故符号 $S=1$, 阶 (指数) 为 3; 阶码 $E = 127+3 = 128+2 = 1000\ 0010$; 显式表示的尾数 $M = 100\ 1100\ 0000\ 0000\ 0000\ 0000$。则 x 的机器数表示为 1 1000 0010 100 1100 0000 0000 0000 0000B。转换为十六进制数表示为 C14C0000H。

【例 2-19】已知 float 型变量 x 的机器数为 BEE00000H, 求 x 的值。

【解】BEE00000H=1 011 11101 110 0000 0000 0000 0000 0000B

故符号 $S=1$ (负数); 阶码 $E = 0111\ 1101B = 125$; 阶 (指数) 为 $125 - 127 = -2$。

尾数数值部分为 $1 + 1 \times 2^{-1} + 1 \times 2^{-2} + 0 \times 2^{-3} + \cdots = 1 + 0.5 + 0.25 = 1.75$, 则真值为 $-1.75 \times 2^{-2} = -0.4375$。

IEEE 754 用全 0 阶码和全 1 阶码表示一些特殊值, 如 ±0 (全 0 阶码全 0 尾数)、非规格化数 (全 0 阶码非 0 尾数)、±∞ (全 1 阶码全 0 尾数) 和 NaN (全 1 阶码非 0 尾数), 其中 NaN (Not a Number) 表示一个没有意义的数, 称为非数。因此, 除去全 0 和全 1 阶码之外, IEEE 754 单精度和双精度格式浮点数的最小阶分别为 −126 和 −1022, 最大阶分别为 127 和 1023, 则阶码个数分别为 254 和 2046, 可以得出数的量级范围分别为 $10^{-38} \sim 10^{+38}$ 和 $10^{-308} \sim 10^{+308}$。

IEEE 754 除对上述单精度和双精度浮点数格式进行了具体的规定外, 还对单精度扩展和双精度扩展两种格式的最小长度和最小精度进行了规定。IEEE 754 规定双精度扩展格式必须至少具有 64 位有效数字, 并总共占用至少 79 位, 但没有规定其具体的格式, 处理器厂商可以选择符合该规定的格式。例如, Intel 及其兼容的 FPU 采用 80 位双精度扩展格式, 包含 4 个字段: 1 位符号位、15 位阶码 (偏置常数为 16383)、1 位显式首位有效位和 63 位尾数。Intel 采用的这种扩展浮点数格式与 IEEE 754 规定的单精度浮点数格式和双精度浮点数格式的一个重要的区别是: 这种扩展浮点数没有隐藏位, 有效位数共 64 位。

C 语言中有 float 和 double 两种不同浮点数类型，分别对应 IEEE 754 单精度浮点数格式和双精度浮点数格式，相应的十进制有效数字分别为 7 位左右和 17 位左右。C 语言对于扩展双精度的相应类型是 long double，但是 C 标准中并未规定 long double 类型的准确精度，因此 long double 的长度和格式随编译器及处理器类型的不同而有所不同。例如，Microsoft Visual C++ 6.0 版本以下的编译器都不支持该类型，因此，用其编译出来的目标代码中 long double 和 double 一样，都是 64 位双精度；但在 32 位机器上使用 GCC 编译器时，long double 类型数据采用 Intel X87 FPU 的 80 位双精度扩展格式表示。

2.3.3　C 语言中的数据类型转换

1. 数据类型转换方法

在 C 语言中，数据类型转换一般可分为自动转换（隐式转换）和强制转换（显式转换）。常见的自动转换有一般算术转换、输出转换、赋值转换和函数调用转换。

（1）一般算术转换：通过某些运算符将操作数的值从一种类型自动转换成另一种类型，转换规则为"由低级向高级转换"，如图 2-11 所示，若参与运算的变量类型不同，则先将变量的类型转换成同一类型，然后再进行运算。例如， int 类型的变量和 long 类型的变量参与运算时，则会先把 int 类型的变量转成 long 类型，然后再进行运算。这里需要特别注意的是，所有的浮点运算都是以双精度进行的，即使表达式中仅含 float 单精度变量，也要先将其转换成 double 类型后再进行运算。同时，如果 char 类型的变量和 short 类型的变量参与运算，则必须先转换成 int 类型。

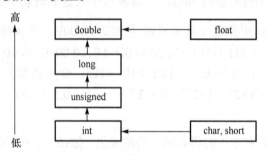

图 2-11　数据类型转换规则

（2）输出转换：输出的操作数类型与输出的格式不一致时所进行的数据类型的转换。如 2.2.2 节例 2-14 中，将 int 型变量 x 的初值−1 以无符号整数格式输出的值为 4294967295。

（3）赋值转换：在赋值运算过程中将赋值运算符右侧的操作数类型转换成左侧操作数据的类型。

（4）函数调用转换：当实参类型和形参类型不一致时数据所进行的转换。

强制转换方法有强制数据类型转换和标准函数转换两种。

（1）强制数据类型转换：将一种类型的数据强制转换成为另一种数据类型。其格式为：

(数据类型标识符) 表达式；

其作用是将表达式的数据类型强制转换成数据类型标识符所表示的类型。

（2）利用 C 语言提供的标准函数转换，例如利用 atoi()函数将 char 类型变量转换为 int 型。

2. 浮点型数据和整型数据之间的转换

当在 int、float 和 double 等类型数据之间进行强制类型转换时，程序将得到以下数值转换结果（假定 int 为 32 位）。

（1）将一个整数类型的数据转换成一个浮点类型时，例如从 int 转换为 float 时，如果 int 的值在 float 的取值范围内，并且能够被 float 精确表示，那么将会被正确转换；如果该 int 的值在 float 的取值范围内，但不能够被 float 精确表示，那么转换的结果是最邻近的稍大或者稍小的可表示值；但如果 int 的值在 float 的取值范围外，其行为是未定义的。

下面是一段 C 程序示例，定义了一个 int 型的变量 i，并将 i 除以 7 的值分别赋给 float 型的变量 f1、f2、f3 和 f4。

```
#include<stdio.h>
void main(void)
{
int i=100;
float f1=(float)(i/7);
float f2=(float)i/7;
float f3= i/7.0f;
float f4=(float)i/7.0f;
printf("f1=(float)(i/7)=%f\n",f1);
printf("f2=(float)i/7=%f\n",f2);
printf("f3=i/7.0f=%f\n",f3);
printf("f4=(float)i/7.0f=%f\n",f4);
}
```

在上述程序中，从表面上来看，最后 f1、f2、f3 和 f4 的结果应该完全相同。但实际运行情况并非如此，该程序的运行结果如下：

```
f1=(float)(i/7)=14.000000
f2=(float)i/7=14.285714
f3=i/7.0f=14.285714
f4=(float)i/7.0f=14.285714
```

当程序执行语句"float f1=(float)(i/7)"时，它会先执行小括号中的表达式"i/7"，执行结果为 14，然后执行强制类型转换将 14 转换成浮点类型再赋给 f1，这样就严重地导致数据丢失。而当程序执行语句"float f2=(float)i/7"时，先执行强制类型转换，将表达式"i/7"中的整数转换为浮点类型，即先将变量 i 转换为浮点类型，然后再执行除法运算。同样，当程序执行语句"float f3=i/7.0f"时，表达式"i/7.0f"为浮点类型，应先执行数据转换操作，然后再执行除法运算。语句"float f4=(float)i/7.0f"也是如此。因此，为了避免出现"float f1=(float)(i/7)"这种信息丢失的情况，在使用整数运算计算一个值并把它赋给浮点变量时，必须将表达式中的一个或全部整数转换为浮点数。

（2）将一个浮点类型的数据转换成一个整数类型时，例如从 float 或 double 转换为 int 时，因为 int 没有小数部分，所以数据可能会向 0 方向被截断，即小数点后的数字被直接舍掉，只保留它的整数部分。例如，1.9999 被转换为 1，–1.9999 被转换为–1。如果 float 或 double 的整数部分的值无法使用 int 的表示方法时，其行为是未定义的。

为了避免浮点数据转换时导致的未定义行为，应该在转换时对数据进行相关的范围检查。下面 C 程序演示了如何将 double 类型转换为 int 类型。

```c
#include<stdio.h>
#include<limits.h>
int main(void)
{
    double d=2147483648.01;
    int i=0;
    if(d>(double)INT_MAX||d<(double)INT_MIN)
    {
    }
    else
    {
        i=(int)d;
    }
    printf ("i=%d\n", i);
    return 0;
}
```

在上面的 C 程序中，通过语句"if(d>(double)INT_MAX||d<(double)INT_MIN)"来对程序做类型转换时的取值范围检查，这样就可以避免在执行语句"i=(int)d"时发生未定义行为。

（3）从 double 转换为 float 时，或者从 long double 转换到 double（或 float）时，因为目标类型表示的范围更小，所以可能发生溢出。如果转换的值在目标类型的取值范围内，并且能够被目标类型精确表示，那么将会被正确转换；如果转换的值在目标类型的取值范围内，但不能够被目标类型精确表示，那么转换的结果是最邻近的稍大或者稍小的可表示值；但如果转换的值在目标类型的取值范围外，其行为是未定义的。

在不同数据类型之间转换时，往往隐藏着不易被察觉的应用错误，这种错误可能会带来重大损失。1996 年 6 月 4 日，Ariane 5 火箭首次发射，在火箭离开发射台升空仅仅 37 秒后，火箭偏离了飞行路线，然后解体爆炸，火箭研制费用约 70 亿美元，火箭上载有价值 5 亿美元的通信卫星。根据调查发现，原因是控制惯性导航系统的计算机向控制引擎喷嘴的计算机发送了一个无效数据，即它没有发送飞行控制信息，而是发送了一个异常诊断位模式数据。这表明在将一个 64 位浮点数转换为 16 位有符号整数时，产生了溢出异常。溢出的值是火箭的水平速率，这比原来的 Ariane 4 火箭所能达到的速率高了 5 倍。在设计 Ariane 4 火箭软件时，设计者确认其水平速率是一个不会超出 16 位的整数，但在设计 Ariane 5 火箭时，设计者没有重新检查这部分，而是直接使用了原来的设计，这在历史上是一次惨痛的教训。

2.4 数据的存储

1. 数据的单位

计算机内部任何信息都被表示成二进制编码形式。二进制数据的每一位（0 或 1）都是组成二进制数的最小单位，称为一个**比特**（Bit）或称位元，简称位。比特是计算机中存储、运算和传输信息的最小单位。在计算机内部，二进制数的计量单位是**字节**（Byte），1 字节等于 8 位。

计算机中运算和处理二进制数时使用的单位除比特和字节外，还经常使用**字**（Word）作为单位。必须注意，不同的计算机，其字的长度和组成不完全相同。通常一个字由 2 字节组成，但有的计算机中一个字由 4 字节、8 字节甚至 16 字节组成。

在考察计算机性能时，一个很重要的指标就是字长。字和字长的概念不同，字用来表示被处理信息的单位，用来度量各种数据类型的宽度。通常系统结构设计者必须考虑一台计算机将提供哪些数据类型，每种数据类型提供哪几种宽度的数，这时就要给出一个基本的字的宽度。例如，Intel 8086 微处理器中把一个字定义为 16 位。所提供的数据类型中，就有单字宽度的无符号整数和有符号整数（16 位）、双字宽度的无符号整数和有符号整数（32 位）等。而字长表示进行数据运算、存储和传送的部件的宽度，它反映了计算机处理信息的一种能力。字和字长的长度可以一样，也可以不一样。例如，在 Intel 微处理器中，从 80386 开始就至少都是 32 位机器了，即字长至少为 32 位，但其字的宽度都定义为 16 位，32 位称为双字。

2. 数据类型与宽度

由于程序需要对不同类型、不同长度的数据进行处理，因此计算机中底层机器级的数据表示必须能够提供相应的支持。例如，需要提供不同长度的整数和不同长度的浮点数表示，相应地需要有处理单字节、双字节、4 字节甚至是 8 字节整数的整数运算指令，以及能够处理 4 字节、8 字节浮点数的浮点数运算指令等。

C 语言支持多种格式的整数和浮点数表示。数据类型 char 表示单字节，用来表示单个字符，也可用来表示 8 位整数。类型 int 之前可加上 long 和 short，以提供不同长度的整数表示。表 2-3 给出了在典型的 32 位机器和 64 位机器上 C 语言中数值数据类型的宽度。大多数 32 位机器使用"典型"方式。

表 2-3 不同机器上 C 语言中数值数据类型的宽度

C 声明类型	典型的 32 位机器/字节	64 位机器/字节
char	1	1
short int	2	2
int	4	4
long int	4	8
char*	4	8
float	4	4
double	8	8

从表 2-3 可以看出，short int 型整数为 2 字节，普通 int 型整数为 4 字节，而 long int 型整数的宽度与字长的宽度相同。指针（如一个声明为类型 char*的变量）和 long int 型整数的宽度一样，也等于字长的宽度。一般机器都支持 float 和 double 两种类型的浮点数，分别对应 IEEE 754 单精度格式和双精度格式。由此可见，对于同一类型的数据，并不是所有机器都采用相同的数据宽度，分配的字节数随处理器和编译器的不同而不同。

3．数据存储方式

任何信息在计算机中用二进制编码后，得到的都是一串 0/1 序列，每 8 位构成 1 字节，不同的数据类型具有不同的字节宽度。在计算机中存储数据时，数据从低位到高位的排列顺序可以从左到右，也可以从右到左。所以，用不同方式来表示数据中的数位时会产生歧义。因此，一般用**最低有效位**（Least Significant Bit，LSB）和**最高有效位**（Most Significant Bit，MSB）来分别表示数的最低位和最高位。对于有符号数，因为其最高位是符号位，所以 MSB 就是符号位。这样，不管数是从左向右排列，还是从右向左排列，只要明确 MSB 和 LSB 的位置，就可以明确数的符号和数值。例如，数"5"在 32 位机器上用 short 类型表示时的 0/1 序列为"0000 0000 0000 0101"，其中最前面的一位 0 是符号位，即 MSB = 0，最后面的 1 是数的最低有效位，即 LSB = 1。

现代计算机基本上都采用字节编址方式，即对存储空间的存储单元进行编号时，每个地址编号中均存放 1 字节。计算机中许多类型数据由多字节组成，例如，int 和 float 型数据占 4 字节，double 型数据占 8 字节等，而程序中对每个数据只给定一个地址。

例如，在一个按字节编址的计算机中，假定 int 型变量 i 的地址为 2000H，i 的机器数为 12345678H，这 4 字节 12H、34H、56H、78H 应该各自对应一个存储地址，那么，地址 2000H 对应 4 字节中的哪个字节的地址呢？这就是字节排列顺序问题。

在所有计算机中，多字节数据都被存放在连续的字节序列中，以多字节对应的多个地址中最低的地址作为数据的地址。根据数据中各字节在连续字节序列中的排列顺序的不同，可分为两种排列方式：大端方式和小端方式，如图 2-12 所示。

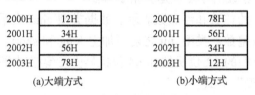

图 2-12　大端方式和小端方式

大端方式将数据的最高有效字节存放在低地址存储单元中，将最低有效字节存放在高地址存储单元中，即数据的地址就是 MSB 所在的地址。IBM 360/370、Motorola 68k、MIPS、Sparc、HP PA 等机器都采用大端方式。

小端方式将数据的最高有效字节存放在高地址存储单元中，将最低有效字节存放在低地址存储单元中，即数据的地址就是 LSB 所在的地址。Intel 8086、DEC VAX 等机器都采用小端方式。

【例 2-20】某 C 程序中定义了变量 x 和 y 如下：

```
int  x = -46 ;
float  y = -12.75;
```

该程序在某台机器（小端方式）中运行时，变量 x 和变量 y 的初值分别被写到主存地址 0100H 和 0108H 中。此时，变量 x 的值和变量 y 的值在主存中如何存放？

【解】因为 x 是 int 型变量，所以 x 的机器数为 32 位补码表示；因为 y 是 float 型变量，所以 y 的机器数为 IEEE 754 的 32 位单精度浮点数表示。由例 2-12 和例 2-18 可知，$x = -46$ 的机器数为 1…11010010B=FFFFFFD2H，$y = -12.75$ 的机器数为 C14C0000H。以小端方式，x 和 y 在主存中存放情况如图 2-13 所示。

地址	值	
0100H	D2H	x
0101H	FFH	
0102H	FFH	
0103H	FFH	
⋮	⋮	
0108H	00H	y
0109H	00H	
010AH	4CH	
010BH	C1H	

图 2-13 x 和 y 在主存中存放情况

有些微处理器芯片，如 Alpha 和 Motorola 的 PowerPC，能够运行在任意一种模式下，只要在芯片加电启动时选择采用大端方式还是小端方式即可。每个计算机系统内部的数据排列顺序都是一致的，但在系统之间进行通信时可能会发生问题。在排列顺序不同的系统之间进行数据通信时，需要进行顺序转换。

2.5 定点数的基本运算

2.5.1 定点数加/减法运算

1. 原码加/减法运算

采用原码要先判断参加运算的两个操作数的符号，再根据操作的要求确定进行相加运算还是相减运算，最后还要根据两个操作数绝对值的大小来决定结果的符号，整个运算过程过于复杂。原码加/减运算规则如下：

（1）比较两个操作数的符号，对加法实行"同号求和，异号求差"，对减法实行"异号求和，同号求差"。

（2）求和时，数值位相加，若最高位产生进位则结果溢出，和的符号位取被加数（或被减数）的符号。

（3）求差时，被加数（或被减数）数值位加上加数（或减数）数值位的补码，并按以下规则产生结果。

① 最高数值位产生进位，表明加法结果为正，所得数值位正确。

② 最高数值位没有产生进位，表明加法结果为负，所得到的是数值位的补码形式，因此，需要对结果求补，还原为绝对值形式的数值位。

③ 在上述①的情况下，差的符号位取被加数（或被减数）的符号；在上述②的情况下，符号位为被加数（或被减数）的符号取反。

2. 补码加/减法运算

由于补码中 0 的表示唯一，且符号位可直接参与运算，因此目前的计算机普遍采用补码运算方法。

若字长为 8 位，则补码具有如下特性。

（1）求补特性：对一个数的补码求补可以得到该数的相反数的补码。

$$[X]_补 \longleftrightarrow [-X]_补$$

$[+0]_补=0,0000000B \qquad [-0]_补=0,0000000B$

$[+1]_补=0,0000001B \qquad [-1]_补=1,1111111B$

$[+127]_补=0,1111111B \qquad [-127]_补=1,0000001B$

定义：$[-128]_补= 1,0000000$。

（2）加法规则：$[X+Y]_补= [X]_补+ [Y]_补$

（3）减法规则：$[X-Y]_补= [X]_补+ [-Y]_补$

【例 2-21】 假设字长为 5 位，已知 $X= 4$，$Y=-5$，求$[X-Y]_补$。

【解】 $[X]_补= 0,0100$；$[Y]_补=1,1011$

$[X-Y]_补= [X]_补 + [-Y]_补= 0,0100 + 0,0101 = 0,1001(+ 9 补码)$

【例 2-22】 假设字长为 5 位，已知 $X = 0.1001$，$Y = 0.0101$，求$[X+Y]_补$。

【解】 $[X+Y]_补= [X]_补 + [Y]_补= 0.1001 + 0.0101 = 0.1110$

运算过程中结果超出机器数所能表示的范围时，称为<u>溢出</u>。由于运算结果的位数超出了机器的位数，最高有效位向前的进位自然丢失，称为<u>进位</u>。溢出是指有符号数运算结果超出了机器数的表示范围，运算结果发生错误；而进位是指无符号数运算结果超出了机器数的表示范围，一般不表示结果的对错。

在加/减法运算时溢出的判断原则如下。

（1）<u>同号相加，结果相异</u>。

（2）<u>异号相减，其结果的符号与被减数相异</u>。

在进行加法运算时，同号相加的结果可能超出机器数所能表示的范围，致使结果的符号出现异常。即正数加正数结果为负数，或负数加负数结果为正数。异号相加是不会发生溢出的。

在进行减法运算时，异号相减超出机器数所能表示的范围时，其结果的符号是与被减数相异，即正数减去负数结果为负数，或负数减去正数结果为正数。同号相减是不会发生溢出的。

对于溢出的判断方法有以下两种。

（1）采用一个符号位。利用补码最高有效位的进位来判断，这时符号位为 1 位；一个符号位只能表示正、负两种情况，当产生溢出时，符号位的含义就会发生混乱。若最高数值位向符号位的进位值与符号位产生的进位输出值不相同，则表明加/减运算产生了溢出。

（2）采用变形补码。将符号位扩展为两位，即符号位为 00 表示正数，符号位为 11 表示负数，根据运算结果两个符号位是否一致来判断是否发生溢出。

若符号为 00，则结果为正数，无溢出；若符号为 01，则结果为正溢出；若符号为 10，则结果为负溢出；若符号为 11，则结果为负数，无溢出。

【例 2-23】假设字长为 8 位，已知 $X = 63$，$Y = 66$，求 $X+Y$。

【解】利用变形补码，因为 $63 + 66 = 129$，同号相加结果超出机器数所能表示的范围，致使出现正数加正数结果为负数的现象，结果为正溢出。

$$
\begin{array}{r}
00,0111111 \\
+\ 00,1000010 \\
\hline
01,0000001
\end{array}
$$

【例 2-24】假设字长为 8 位，已知 $[X]_补 = 00,0110011$，$[Y]_补 = 00,0101101$，求 $[X]_补 - [Y]_补$。

【解】根据补码减法规则 $[X]_补 - [Y]_补 = [X]_补 + [-Y]_补$，得到

$$
[X]_补 - [Y]_补 = \quad 00,0110011
$$
$$
+\ 11,1010011\ [-Y]_补
$$

自然丢失 ① 00,0000110

因为 $[X]_补 - [Y]_补 = 00,0000110$，所以判断结果为正数，没有发生溢出。

注意：减法的进位表示不够减。虽然运算过程中最高位产生了进位，但本例最终结果并没有产生进位，即进位标志位为 0。因为计算机中根据减法运算规则将减法运算转换为加法运算时，对减数进行了求补，所以减法的进位标志位为相应加法进位输出值取反。

整数运算溢出是一种常见、难预测且严重的软件漏洞，当两个操作数都是有符号整数时，就有可能发生整数运算溢出。它将会导致一种未定义的行为，这也就意味着编译器在处理有符号整数的溢出时具有很多的选择，遵循标准的编译器可以做它们想做的任何事，比如完全忽略该溢出或终止进程。大多数编译器都会忽略这种溢出，这可能会导致不确定的值或错误的值保存在整数变量中。下面 C 程序是一个简单的整数加减法运算溢出的示例。

```
#include<stdio.h>
int main(void)
{
    int x1 = 2147483647;
    int x2 = 1;
    int x3 = -1073741824;
    int x4 = 1073741825;
    printf("%d(0x%x)+%d(0x%x)=%d(0x%x)\n",x1,x1,x2,x2,x1+x2,x1+x2);
    printf("%d(0x%x)-%d(0x%x)=%d(0x%x)\n",x3,x3,x4,x4,x3-x4,x3-x4);
    return 0;
}
```

在 32 位操作系统中，类型 int 的取值范围为"–2147483648 ~ 2147483647"而在上述程序中，当执行语句"$x1+x2$、$x3-x4$"时，其结果都超过类型 int 的取值范围，因此发生溢出行为，其运行结果如下：

2147483647(0x7fffffff)+1(0x1)=-2147483648(0x80000000)
-1073741824(0xc0000000)-1073741825(0x40000001)=2147483647(0x7fffffff)

整数运算溢出有时候是很难发现的，一般情况下在整数运算溢出发生之前，都无法知道它是否会发生溢出，即使已对代码进行了仔细审查，有时候溢出也是不可避免的。因此，程序很难区分先前计算出的结果是否正确，而且如果计算结果将作为一个缓冲区的大小、数组的下标、循环计数器与内存分配函数的实参等时将会非常危险。有时候整数运算溢出将会导致其他类型的缺陷发生，比如很容易发生的缓冲区溢出等。

2.5.2 定点数乘/除法运算

计算机中乘/除法运算没有加/减法运算的使用频率高，通常乘/除法运算是由软件实现的，并且需要利用专门的乘法器，或者在原有实现加/减法运算的运算器基础上增加一些逻辑线路，使乘/除法运算变换成累加和移位操作。以下介绍利用累加和移位实现乘/除法运算的方法。

1. 移位操作

移位操作是计算机算术运算和逻辑运算的基本操作，移位操作有逻辑移位、算术移位和循环移位。其中，逻辑移位针对的是无符号数移位，其数码位置变化，而数值不变，左移时低位补 0，右移时高位补 0。算术移位针对的是有符号数移位，其数码位置变化，数值变化，而符号位不变。左移一位相当于有符号数乘以 2，右移一位相当于有符号数除以 2。

2. 移位规则

若机器数是正数，则原码、反码和补码的符号位都是 0，数值部分与真值相等，无论左移还是右移，移位后的空位均补 0，并保证符号位不变。若采用单符号位，则符号位 0 不变；若采用双符号位，则要保证左边第一符号位不变。

当机器数是负数时，负数的原码移位后，符号位不变，空位补 0；负数的反码移位后，符号位不变，空位补 1；负数的补码左移空位补 0，右移空位补 1。若采用单符号位，则符号位 1 不变；若采用双符号位，则要保证左边第一符号位不变。

3. 原码一位乘法

原码一位乘法的运算是取操作数绝对值参加运算，符号位单独处理。在计算机中的实现是从手工算法演变而来的，它将 n 位乘法转换为 n 次累加与 n 次右移。

以 0.1101B× 0.1011B 为例，手工算法进行乘法运算过程如下。

$$
\begin{array}{r}
0.1101 \\
\times\,0.1011 \\
\hline
1101 \\
1101 \\
0000 \\
+\ 1101 \\
\hline
0.10001111
\end{array}
$$

被乘数 →B
乘数 →C
部分积 $A+B \to A$，右移一位到 C 的高位中
部分积 $A+B \to A$，右移一位到 C 的高位中
部分积 $A+0 \to A$，右移一位到 C 的高位中
部分积 $A+B \to A$，右移一位到 C 的高位中
乘积

根据手工乘法的计算过程，计算机中加法器很难实现多个数同时相加的操作。另外，

加法器的位数通常与寄存器位数相同，不能存放寄存器位数两倍的数据。因此，在计算机中实现两个数的乘法，是将 n 位乘法转化为 n 次累加与 n 次移位。每次只求一位乘数所对应的新部分积，并与原部分积进行一次累加。为了节省器件，用原部分积的右移代替新部分积的左移。

乘法运算需要三个寄存器，分别是 A 寄存器、B 寄存器和 C 寄存器。

（1）A 寄存器用来存放部分积与最后乘积的高位部分，它的初值为 0。

（2）B 寄存器用来存放被乘数。

（3）C 寄存器用来存放乘数，运算后 C 寄存器中不再保留乘数，改为存放乘积的低位部分。

原码一位乘法的运算规则如下。

（1）参加运算的操作数和结果均用原码表示。

（2）参加运算的操作数取绝对值运算，符号单独处理，同号为正，异号为负。

（3）被乘数（B 寄存器中）与累加和（A 寄存器中）均取双符号位，因为在运算过程中，部分积有可能出现大于 1 的数，所以此时第一符号位才是真正的符号。

（4）乘数末位（C_n）作为判断位，若该位为 1，则加被乘数，若该位为 0，则加 0。

（5）累加后的部分积及乘数右移一位，部分积的最低位移到乘数的最高位中。

（6）重复 n 次（4）与（5）。

【例 2-25】已知 $X = 0.1101\text{B}$，$Y = 0.1011\text{B}$，利用原码一位乘法求 $X \times Y$。

【解】设置初值 $A = 00.0000$，$B = |X| = 00.1101$，$C = |Y| = .1011$。

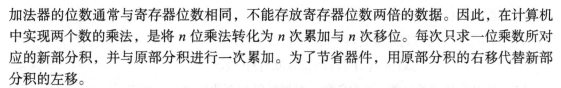

步骤	条件	操作	A（部分积）	C（乘数）C_n
			00.0000	.1011 ↗
①	$C_n=1$	$+|X|$	+00.1101	
			00.1101	
	右移 1 位→		00.0110	1.101
②	$C_n=1$	$+|X|$	+00.1101	
			01.0011	
	右移 1 位→		00.1001	11.10
③	$C_n=0$	$+0$	+00.0000	
			00.1001	
	右移 1 位→		00.0100	111.1
④	$C_n=1$	$+|X|$	+00.1101	
			01.0001	
	右移 1 位→		00.1000	1111
			乘积高位	乘积低位

因为符号位 $X_s \oplus Y_s = 0 \oplus 0 = 0$，$X$ 与 Y 同符号，所以 $X \times Y = +0.10001111\text{B}$。

4．补码一位乘法

设 $[X]_{\text{补}} = X_s.X_1X_2\cdots X_n$，$[Y]_{\text{补}} = Y_s.Y_1Y_2\cdots Y_n$，其中，$X_s$ 和 Y_s 为符号位。

（1）若 X 为任意符号数，Y 为正数，则有

$$[Y]_补 = 0.Y_1Y_2\cdots Y_n$$

$$[XY]_补 = [X]_补[Y]_补 = [X]_补(0.Y_1Y_2\cdots Y_n)$$
(2.9)

（2）若 X 为任意符号数，Y 为负数，根据补码与真值的关系，则有

$$[Y]_补 = 1.Y_1Y_2\cdots Y_n$$

$$Y = [Y]_补 - 2 = 0.Y_1Y_2\cdots Y_n - 1$$

$$XY = X(0.Y_1Y_2\cdots Y_n) - X$$

$$[XY]_补 = [X]_补(0.Y_1Y_2\cdots Y_n) + [-X]_补$$
(2.10)

因此，若 X 和 Y 均为任意符号数，则有

$$[XY]_补 = [X]_补(0.Y_1Y_2\cdots Y_n) + [-X]_补 Y_s$$
(2.11)

根据式(2.11)实现补码一位乘法的方法称为**校正法**，即将 $[X]_补$ 和 $[Y]_补$ 按原码规则运算，将结果根据情况加以校正。

当乘数 $Y > 0$ 时（$Y_s = 0$），无论被乘数 X 是否为正，都按原码乘法计算，只是移位时按补码规则进行，见式(2.9)。

当乘数 $Y < 0$ 时（$Y_s = 1$），先不考虑 $[Y]_补$ 的符号，仍按原码乘法运算，最后再加上 $[-X]_补$ 进行校正，见式(2.10)。

【例 2-26】已知 $X = -0.1101B$，$Y = -0.1011B$，利用补码校正法计算 $X \times Y$。

【解】 $[X]_补 = 11.0011$，$[-X]_补 = 00.1101$，$[Y]_补 = 1.0101$

因为 Y 为负数，所以在最后还应加上 $[-X]_补$ 校正。

步骤	条件	操作	A（部分积）	C（乘数）C_n
			00.0000	.0101↗
①	$C_n=1$	$+[X]_补$	+11.0011	
			11.0011	
	右移 1 位→		11.1001	1.010
②	$C_n=0$	$+0$	+00.0000	
			11.1001	
	右移 1 位→		11.1100	11.01
③	$C_n=1$	$+[X]_补$	+11.0011	
			10.1111	
	右移 1 位→		11.0111	111.0
④	$C_n=0$	$+0$	+00.0000	
			11.0111	
	右移 1 位→		11.1011	1111
⑤		$+[-X]_补$	+00.1101	
			00.1000	1111

因为 $[X \times Y]_补 = 0.10001111$，所以 $X \times Y = +0.10001111B$。

5. Booth 算法

上述校正法与乘数的符号有关，虽然可将乘数和被乘数互换，使乘数保持为正，而不必校正，但当两数均为负时必须校正。若不考虑操作数符号，即使用统一的规则进行运算，这时可以采用**比较法**。比较法是 Booth 夫妇首先提出来的，故又称 **Booth 算法**，它的运算规则可由校正法导出。

根据补码乘法校正法规则，其基本算法可用统一的公式(2.11)表示。式(2.11)可以展开为

$$
\begin{aligned}
[XY]_{\text{补}} &= [X]_{\text{补}}(0.Y_1Y_2\cdots Y_n) + [-X]_{\text{补}}Y_{\text{s}} \\
&= [X]_{\text{补}}(-Y_{\text{s}} + 2^{-1}Y_1 + 2^{-2}Y_2 + \cdots + 2^{-n}Y_n) \\
&= [X]_{\text{补}}[-Y_{\text{s}} + (Y_1 - 2^{-1}Y_1) + (2^{-1}Y_2 - 2^{-2}Y_2) + \cdots + (2^{-(n-1)}Y_n - 2^{-n}Y_n) + 0] \\
&= [X]_{\text{补}}[(Y_1 - Y_{\text{s}}) + 2^{-1}(Y_2 - Y_1) + 2^{-2}(Y_3 - Y_2) + \cdots + 2^{-n}(0 - Y_n)] \\
&= [X]_{\text{补}}[(Y_1 - Y_{\text{s}}) + 2^{-1}(Y_2 - Y_1) + 2^{-2}(Y_3 - Y_2) + \cdots + 2^{-n}(Y_{n+1} - Y_n)]
\end{aligned} \tag{2.12}
$$

其中，附加位 $Y_{n+1} = 0$。由式(2.12)可以得到机器顺序执行的递推公式为

$$
\begin{aligned}
[A_0]_{\text{补}} &= 0 \\
[A_1]_{\text{补}} &= ([A_0]_{\text{补}} + (Y_{n+1} - Y_n)[X]_{\text{补}})2^{-1} \\
[A_2]_{\text{补}} &= ([A_1]_{\text{补}} + (Y_n - Y_{n-1})[X]_{\text{补}})2^{-1} \\
&\vdots \\
[A_i]_{\text{补}} &= ([A_{i-1}]_{\text{补}} + (Y_{n-i+2} - Y_{n-i+1})[X]_{\text{补}})2^{-1} \\
&\vdots \\
[A_n]_{\text{补}} &= ([A_{n-1}]_{\text{补}} + (Y_2 - Y_1)[X]_{\text{补}})2^{-1} \\
[XY]_{\text{补}} &= [A_{n+1}]_{\text{补}} = [A_n]_{\text{补}} + (Y_1 - Y_{\text{s}})[X]_{\text{补}}
\end{aligned}
$$

其中，$[A_i]_{\text{补}}$ 为部分积。由此可见，开始时 $Y_{n+1} = 0$，部分积初值为 0，每步乘法由 $Y_{i+1} - Y_i$（$i = 1, 2, \cdots, n$）决定原部分积加$[X]_{\text{补}}$或减$[X]_{\text{补}}$或加 0，再右移一位得到新的部分积，以此重复 n 步。第 $n+1$ 步由 $Y_1 - Y_{\text{s}}$ 决定原部分积加$[X]_{\text{补}}$或减$[X]_{\text{补}}$或加 0，但不移位，即得$[XY]_{\text{补}}$。这里的 $Y_{i+1} - Y_i$ 的值恰好与乘数后两位 Y_i 和 Y_{i+1} 的状态对应，其对应的操作如表 2-4 所示。

表 2-4 Y_i 和 Y_{i+1} 的状态的对应操作

Y_i（高位）	Y_{i+1}（低位）	$(Y_{i+1} - Y_i)$	操作（$[A]_{\text{补}}$为部分积）
0	0	0	部分积加 0，再右移一位，即 $2^{-1}[A]_{\text{补}}$
0	1	1	部分积加$[X]_{\text{补}}$，再右移一位，即 $2^{-1}([A]_{\text{补}} + [X]_{\text{补}})$
1	0	-1	部分积减$[X]_{\text{补}}$，再右移一位，即 $2^{-1}([A]_{\text{补}} + [-X]_{\text{补}})$
1	1	0	部分积加 0，再右移一位，即 $2^{-1}[A]_{\text{补}}$

Booth 算法的运算规则如下。

（1）将部分积初始化为 0，参加的数用补码表示。

（2）A、B 取双符号位，符号位参与运算；C 取单符号位，符号参加移位。

（3）乘数的尾部增加 1 位附加位 Y_{n+1}（即 C 末位为 C_{n+1}），初值为 0；C_n 与 C_{n+1} 组成判断位，决定运算的操作。

（4）比较相邻两位乘数 Y_{n+1} 与 Y_n，进而确定$+[X]_{\text{补}}$、$-[X]_{\text{补}}$或$+0$。

（5）运算完成后，部分积及乘数右移一位，部分积的最低位移到乘数的最高位中，得

到新的部分积。

（6）重复（4）与（5）共 $n+1$ 次，但最后一次不移位，结果即为$[XY]_\text{补}$。

由于 Booth 算法的补码乘法运算规则不受乘数符号的约束，因此，控制线路比较简明，该算法在计算机中普遍使用。

【例 2-27】已知 $X=-0.1101B$，$Y=-0.1011B$，利用 Booth 算法计算 $X \times Y$。

【解】$[X]_\text{补}=11.0011$，$[-X]_\text{补}=00.1101$，$[Y]_\text{补}=1.0101$。

步骤	条件	操作	A（部分积）	C（乘数）C_nC_{n+1}
			00.0000	1.01010↗
①	$C_nC_{n+1}=1\,0$	$+[-X]_\text{补}$	+00.1101	
			00.1101	
		右移 1 位 →	00.0110	11.0101
②	$C_nC_{n+1}=0\,1$	$+[X]_\text{补}$	+11.0011	
			11.1001	
		右移 1 位 →	11.1100	111.010
③	$C_nC_{n+1}=1\,0$	$+[-X]_\text{补}$	+00.1101	
			00.1001	
		右移 1 位 →	00.0100	1111.01
④	$C_nC_{n+1}=0\,1$	$+[X]_\text{补}$	+11.0011	
			11.0111	
		右移 1 位 →	11.1011	11111.0
⑤	$C_nC_{n+1}=1\,0$	$+[-X]_\text{补}$	+00.1101	
			00.1000	1111

因为$[X \times Y]_\text{补}=0.10001111$，所以 $X \times Y = 0.10001111B$。

6. 除法运算

除法运算是乘法运算的逆过程，根据手工除法的运算过程，可以将除数右移改为部分余数左移，n 位除法转换为 n 次部分余数与除数比较（即相减）和 n 次左移。除法运算包括原码除法运算和补码除法运算，与乘法运算一样，原码除法也是符号绝对值运算，符号单独处理，采用被除数和除数的绝对值运算；而补码除法运算的符号直接参与运算。

由于整数乘法运算比移位和加法等运算所用时间长得多，通常一次乘法运算需要 10 个左右的时钟周期，而一次移位、加法和减法等运算只要一个或更短的时钟周期，因此，编译器在处理变量与常数相乘时，往往以移位、加法和减法的组合运算来代替乘法运算。例如，对于表达式 $12x$，编译器可以利用 $12 = 8+4 = 2^3 + 2^2$，将 $12x$ 转换为$(x<<3) + (x<<2)$，这样一次乘法转换成了两次移位和一次加法。无论是无符号整数还是有符号整数的乘法，即使乘积溢出时，利用移位和加/减运算组合的方式得到的结果与采用直接相乘的结果是一样的。

对于整数除法运算，由于计算机中除法运算比较复杂，因此一次除法运算大致需要 30
个或更长时钟周期。为了缩短除法运算的时间，编译器在处理一个变量与一个 2 的幂次形
式的整数相除时，常采用右移运算来实现。无符号整数除法采用逻辑右移方式，有符号整
数除法采用算术右移方式。两个整数相除，结果也一定是整数，在不能整除时，其商采用
朝 0 方向舍入的方式，即截断方式，即将小数点后面的数直接舍掉。

2.6* 浮点数的基本运算

2.6.1 浮点数加/减法运算

在大型计算机和高档微型机中，浮点数加/减法运算是由硬件完成的，而低档的微型机
浮点数加/减法运算是由软件完成的，但无论由硬件还是由软件完成加/减法运算，其基本原
理是一致的。

浮点数加/减法运算需要 5 个步骤，分别是① 对阶；② 尾数加/减法运算；③ 尾数规
格化；④ 尾数舍入；⑤ 阶码溢出判断。下面利用范例说明求解的具体过程。

设两个规格化浮点数分别为：$X = M_x \times 2^{E_x}$，$Y = M_y \times 2^{E_y}$，则 E_x 和 E_y 分别为 X 和 Y 的
阶码，M_x 和 M_y 分别为 X 和 Y 的尾数。

1. 采用 IEEE 754 标准的浮点数加/减法运算

【范例 1】已知 $X = 2^{+010} \times 0.11011011B$，$Y = 2^{+100} \times (-0.10101100B)$，采用 IEEE 754
单精度浮点数标准，求 $X+Y$。

【解】将 X 和 Y 用 IEEE 754 单精度浮点数标准表示为

$[X]_浮 = 0\ 10000000\ 10110110\cdots0$，$[Y]_浮 = 1\ 10000010\ 01011000\cdots0$

则 $[E_x]_移=10000000$，$[M_x]_原=0(1).10110110\cdots0$，$[E_y]_移=10000010$，$[M_y]_原=1(1).01011000\cdots0$
其中，括号中的 1 为隐藏位，括号左边为符号位。

（1）对阶。对阶的目的是使两数的阶相等，即小数点位置对齐，以便尾数可以相加、
减。阶差 $\Delta E = E_x - E_y$。若 $\Delta E \neq 0$，则表示两数阶码不相等，这时要通过尾数的移位来改变 E_x
或 E_y，使 $E_x = E_y$。

对阶的原则是：小阶向大阶看齐。即阶小的那个数的尾数右移，右移的位数等于两数
阶差 ΔE 的绝对值，每右移一位，阶码加 1，直到两数阶码相同为止。

由于通用计算机多采用 IEEE 754 标准来表示浮点数，因此阶小的那个数的尾数右移时
按原码小数方式右移，符号位不参加移位，数值位要将隐含的一位 1 右移到小数部分，前
面空出的位补 0。为了保证运算的精度，尾数右移时，低位移出的位不要丢掉，应保留并参
加尾数部分的运算。

【范例 1】步骤 1：对阶
根据移码加/减法运算规则：两数移码的和（差）等于两数和（差）的补码，可得
$[\Delta E]_补 = [E_x - E_y]_补 = [E_x]_移 - [E_y]_移 = [E_x]_移 + [-[E_y]_移]_补 = 10000000 + 011111110 = 11111110B$

则 $\Delta E = -2$，因为 X 的阶码小，所以 M_x 右移 2 位。故$[E_x]_{移}=[E_y]_{移} = 10000010$；$[M_x]_{原}=$ 00.0110110110…$\underline{000}$。下画线上的数是右移出去而保留的附加位。

（2）尾数加/减法运算。对阶后两个浮点数的阶相等，此时，可以把对阶后的尾数相加/减。因为 IEEE 754 采用定点原码小数表示尾数，所以尾数加/减实际上是定点原码小数的加/减运算。在进行尾数加/减时，必须把隐藏位还原到尾数部分，对阶过程中尾数右移时保留的附加位也要参加运算。

【范例 1】步骤 2：尾数相加

根据原码加/减法运算规则，其运算过程如下。

① 若 M_x 和 M_y 异号，则对加法实行"异号求差"。

② 求差时，被加数数值位加上加数数值位的补码，即

$[M_x]_{原}+[M_y]_{原}=0.0110110110…\underline{000}+0.1010100000…0=1.0001010110…\underline{000}$

③ 因为最高数值位没有产生进位，所以加法结果为负，这时需要对数值位求补，还原为绝对值形式的数值位，所以$[M_x]_{原}+[M_y]_{原}=10.1110101010…\underline{000}$。

（3）尾数规格化。IEEE 754 的规格化尾数形式为$\pm 1.\times\times\cdots\times$，小数点左边第一位的 1 为隐藏位。在进行尾数相加/减后可能会得到各种形式的结果。

① <u>**结果为$\pm 1\times.\times\times\cdots\times$时，需要进行右规操作**</u>，即尾数右移一位，阶码加 1，直到小数点左边第一位为 1。最后一位移出时，需要考虑舍入。

② <u>**结果为$\pm 0.\times\times\cdots\times$时，需要进行左规操作**</u>，即数值位逐次左移，阶码逐次减 1，直到将小数点右边第一位 1 移到小数点左边。

【范例 1】步骤 3：尾数规格化

因为$[M_x]_{原}+[M_y]_{原} = 10.1110101010…\underline{000}$，所以结果应为$-0.\times\times\cdots\times$形式，需要左规 1 位，阶码减 1，则$[M_x]_{原}+[M_y]_{原} = 11.110101010…\underline{000}$，$[E]_{移} = 10000010 -1 = 10000001$。

（4）尾数的舍入处理。在对阶和尾数右规时，可能会对尾数进行右移，为保证运算精度，一般将低位移出的位保留，并让其参加中间过程的运算，最后再将运算结果进行舍入，以还原表示成 IEEE 754 格式。

IEEE 754 标准规定，所有浮点数运算的中间结果右边都必须至少保留两位附加位。这两位附加位中，紧跟在浮点数尾数右边的那一位为**保护位**，用以保护尾数右移的位，紧跟保护位右边的是**舍入位**，左规时可以根据其值进行舍入。

IEEE 754 提供了 4 种可选的舍入模式，即就近舍入到偶数、朝+∞方向舍入、朝−∞方向舍入、朝 0 方向舍入。

① <u>**就近舍入到偶数**</u>。舍入为最近可表示的数，当结果是两个可表示数的非中间值时，实际上是"0 舍 1 入"方式。当结果正好在两个可表示数中间时，根据"就近舍入"的原则无法操作。IEEE 754 标准规定：这种情况下，结果强迫为偶数。实现过程为：若舍入后结果的 LSB 为 1（即奇数），则末位加 1；否则舍入后的结果不变。这样，就保证了结果的 LSB 总是 0（即偶数）。

② **朝+∞方向舍入**。总是取数轴上右边最近可表示数，也称为正向舍入或朝上舍入。

③ **朝–∞方向舍入**。总是取数轴上左边最近可表示数，也称为负向舍入或朝下舍入。

④ **朝 0 方向舍入**。直接截取所需位数，丢弃后面所有位，也称为截取、截断或恒舍法，这种舍入处理最简单。对正数或负数来说，都是取数轴上更靠近原点的那个可表示的数，这种舍入是一种趋向原点的舍入，故又称为趋向 0 舍入。

【范例 1】步骤 4：尾数舍入

本例采用就近舍入到偶数法，由于舍入位为 0，因此结果无须进位，则$[M_x]_原+[M_y]_原=$ 11.110101010…0。

（5）阶码溢出判断。在进行尾数规格化和尾数舍入时，可能会对结果的阶码执行加/减运算。因此，必须考虑结果的阶码溢出问题。从浮点数加/减运算过程可以看出，浮点数的溢出并不以尾数溢出来判断，尾数溢出可以通过右规操作得到纠正。因此，**结果是否溢出通过判断阶码是否上溢来确定**。

若结果的阶码为全 1，即结果的阶比最大允许值 127（单精度）或 1023（双精度）还大，则发生**阶码上溢**，即产生阶码上溢异常，也有的机器把结果置为 "+∞"（符号位为 0 时）或 "–∞"（符号位为 1 时），而不产生溢出异常。

若结果的阶码为全 0，即结果的阶比最小允许值（–126 或–1022）还小，则发生**阶码下溢**，此时，一般把结果置为机器零，也有的机器会引起阶码下溢异常。

【范例 1】步骤 5：阶码溢出判断

因为阶码运算过程中没有发生上溢和下溢，所以$[E]_移 = 10000001$。故，$[X+Y]_浮 =$ 1 10000001 110101010…0，对应真值为$2^{+010} \times (-1.11010101B)$。

以上部分叙述了采用 IEEE 754 标准的浮点数加/减法运算过程，其浮点数的阶码用移码表示，尾数用原码表示。

2. 采用补码表示的浮点数加/减法运算

若浮点数的阶码与尾数都用补码表示，则其加/减法运算步骤基本一致，只是规格化和判断溢出方法略有不同，下面将**【范例 1】**采用补码浮点运算实现。在补码浮点运算过程中，阶符和数符均采用双符号位，正数符号位用 00 表示，负数符号位用 11 表示。

【范例 2】已知$X = 2^{+010} \times 0.11011011B$，$Y = 2^{+100} \times (-0.10101100B)$，采用补码形式求$X+Y$。

【解】将X和Y用浮点补码形式表示，若采用双符号位，则有

$[X]_补 = 00, 010;\quad 00.1101\ 1011$

$[Y]_补 = \underline{00, 100};\quad \underline{11.0101\ 0100}$

　　　阶符 阶码 数符　尾数

（1）对阶

$[\Delta E]_补 = [E_x]_补 - [E_y]_补 = [E_x]_补 + [-E_y]_补 = 00,010 + 11,100 = 11,110$，$\Delta E = -2$

则X的阶码小，M_x右移 2 位，阶码$[E_x]_补 = 00,100$。故$[M_x]_补 = 00.0011\ 0110\ 11$。

$[X]_补 = 00,100; 00.0011\ 0110\ \underline{11}$ 下画线上的数是右移出去而保留的附加位。

（2）尾数加/减法运算

$[M_x]_补 + [M_y]_补 = 00.0011\ 0110\ \underline{11} + 11.0101\ 0100 = 11.1000\ 1010\ \underline{11}$，所以 $[X+Y]_补 = 00,100;$ $11.10001010\ \underline{11}$。

（3）尾数规格化

若尾数为补码，通过运算可能出现的 6 种形式为：① 00.1××…×；② 11.0××…×；③ 00.0××…×；④ 11.1××…×；⑤ 01.×××…×；⑥ 10.×××…×。

其中，①②是规格化的尾数形式。③④是不规格化形式，需要左规。⑤⑥在定点加/减运算中称为溢出，但在浮点加/减运算中，只表明此时尾数的绝对值大于 1 而非真正的溢出，这种情况需要右规。

因为 $[X+Y]_补 = 00,100; 11.10001010\ 11$，尾数为形式④，所以需要左规 1 位。故 $[X+Y]_补 = 00,011; 11.0001\ 0101\ 10$

（4）尾数舍入问题

因为附加位 10 最高位为 1，采用"0 舍 1 入"法，在所得结果的最低位加 1，则 $[X+Y]_补 = 00,011; 11.0001\ 0110$。

（5）检查阶码是否溢出

若阶码采用双符号位，阶码表示形式如下。

① 若阶码表示形式为 00,××…×或 11,××…×，则表示阶码没有溢出。

② 若阶码表示形式为 01,××…×，则表示上溢，机器停止运算，做溢出中断处理。

③ 若阶码表示形式为 10,××…×，则表示下溢，机器不做溢出处理，而是按机器零处理。

因为 $[X+Y]_补 = 00,011; 11.0001\ 0110$，阶码符号位为 00，所以没有溢出。故 $X+Y = 2^{+011} \times (-0.11101010B)$。

将范例中 IEEE 754 标准浮点数与补码浮点数加/减法运算对比可知，二者结果一致，但 IEEE 754 标准浮点数加/减法运算的尾数精度更高。

【例 2-28】已知 $X = 2^{-011} \times (-0.101000B)$，$Y = 2^{-010} \times 0.111011B$，采用 IEEE 754 单精度浮点数标准，求 $X-Y$。

【解】将 X 和 Y 用 IEEE 754 单精度浮点数标准分别表示为：$[X]_浮 = 1\ 01111011\ 010000…0$，$[Y]_浮 = 0\ 01111100\ 110110…0$。故 $[E_x]_移 = 01111011$，$[M_x]_原 = 1(1).010000…0$，$[E_y]_移 = 01111100$，$[M_y]_原 = 0(1).110110…0$。

（1）对阶

$[\Delta E]_补 = [E_x - E_y]_补 = [E_x]_移 - [E_y]_移 = [E_x]_移 + [-[E_y]_移]_补 = 01111011 + 10000100 = 11111111B$，所以 $\Delta E = -1$，故 X 的阶码小，M_x 右移 1 位。$[E_x]_移 = [E_y]_移 = 01111100$，$[M_x]_原 = 10.101000…00$。

（2）尾数相减

① 因为 M_x 与 M_y 异号，所以对减法实行"异号求和"。

② 求和时，数值位相加，即 $0.101000…00 + 1.110110…0 = 10.011110…00$，为防止局部溢出，最高数值位产生的进位保留。

③ 和的符号取被减数符号，则 $[M_x]_原 - [M_y]_原 = 110.011110…00$。

（3）尾数规格化

因为$[M_x]_原-[M_y]_原=110.011110\cdots00$，所以结果为$-1\times.\times\times\cdots\times$形式，需要右规 1 位，阶码加 1，则$[M_x]_原-[M_y]_原=11.0011110\ldots000$，$[E]_移=01111100+1=01111101$。

（4）尾数的舍入处理

由于舍入位为 0，因此结果无须进位，故$[M_x]_原-[M_y]_原=11.0011110\cdots0$。

（5）阶码溢出判断

因为阶码运算过程中没有发生上溢和下溢，所以$[E]_移=01111101$。故$[X-Y]_浮=1\ 01111101\ 0011110\cdots0$，对应真值为$2^{-010}\times(-1.001111B)$。

下面 C 程序是一个简单的浮点数加减法运算的示例。

```
#include<stdio.h>
int main(void)
{
    float f1=34.6;
    float f2=34.5;
    float f3=34.0;
    printf("34.6+34.5=%f\n",f1+f2);
    printf("34.6-34.0=%f\n",f1-f3);
    printf("34.5-34.0=%f\n",f2-f3);
    return 0;
}
```

上述程序在 32 位计算机中运行的结果如下：

```
34.6+34.5=69.099998
34.6-34.0=0.599998
34.5-34.0=0.500000
```

之所以得到结果 "34.6+34.5=69.099998" 和 "34.6-34.0=0.599998"，产生这个误差的原因是 34.6 无法精确地表达为相应的单精度浮点型机器数，而只能保存为经过舍入的近似值。而这个近似值与 34.5 和 34.0 之间的运算自然无法产生精确的结果。

2.6.2　浮点数乘/除法运算

对于浮点数的乘/除法运算，在进行运算前首先应对参加运算的操作数进行判 0 处理、规格化操作和溢出判断，并确定参加运算的两个操作数是否为正常的规格化浮点数。

浮点数乘/除法运算步骤类似于浮点数加/减法运算步骤，两者主要区别是，加/减法运算需要对阶，而对乘/除法运算来说则无须这一步。除对阶这一步骤外，其他处理步骤是一样的，都包括尾数规格化、尾数舍入和阶码溢出判断。

设两个规格化浮点数分别为$X = M_x \times 2^{E_x}$，$Y = M_y \times 2^{E_y}$，则$X \times Y = (M_x \times M_y) \times 2^{(E_x+E_y)}$，$X \div Y = (M_x \div M_y) \times 2^{(E_x-E_y)}$。

浮点乘法运算规则是尾数相乘，阶码相加；浮点除法运算规则是尾数相除，阶码相减。下面介绍浮点数乘法运算的步骤。

（1）求阶码。阶码相加，并判断阶码是否溢出。阶码上溢：机器停止运算，做溢出中断处理。阶码下溢：机器不做溢出处理，而是按机器零处理。

（2）尾数相乘。尾数相乘前无须对阶，首先检测操作数是否为 0，若其中一个操作数为 0，则置结果为 0，若操作数都不为 0，则按定点小数乘法规则运算即可。

（3）尾数规格化。由于 M_x 和 M_y 都是绝对值大于或等于 0.1 的二进制小数，因此当尾数相乘时绝对值是大于或等于 0.01 的二进制小数，不可能溢出，即不需要右规。一般采用左规，若左规发生阶码下溢，则按机器零处理。

（4）尾数舍入。$M_x \times M_y$ 会产生双字长度的乘积，在运算过程中保留右移过程中移出的若干高位的值，然后再按某种规则用这些位上的值修正尾数。

（5）阶码溢出判断。阶码溢出的判断方法与浮点数加/减法运算溢出判断的方法完全相同。

浮点数除法运算首先需要确定除数是否为 0，若 $M_y = 0$，则显示出错报告；否则尾数相除，阶码相减。尾数规格化不需要左规，通常采用右规，即尾数右移，阶码加 1。对于尾数舍入和阶码溢出的判断与乘法相同。

2.7　本章小结

计算机中的数据就是一串 0/1 序列。通过指令类型可知数据的 0/1 序列对应的是一个无符号整数、有符号整数、浮点数或非数值数据。无符号整数是正整数，用来表示地址等；有符号整数用补码表示；浮点数表示实数，常用 IEEE 754 标准表示。有的指令系统还提供能处理 BCD 码的指令。数据的宽度通常以字节为基本单位表示。数据的排列有大端和小端两种方式。对于数据的运算，在用高级语言编程时需要注意有符号整数和无符号整数之间的转换问题。此外，计算机中运算部件位数有限，导致计算机中算术运算的结果可能发生溢出，因此在某些情况下，计算机中的算术运算不同于日常生活中的算术运算，不能想当然地用日常生活中算术运算的性质来判断计算机中的算术运算结果。

习　题　2

1. 将下列的二进制数转换为十进制数和十六进制数。
（1）11100011B　　　　　　　　　（2）10111.110B
（3）101010.11001B　　　　　　　　（4）11.10110B

2. 将下列的十进制数转换为二进制数和十六进制数。
（1）63.875　　　　　　　　　　　（2）37.75
（3）256.25　　　　　　　　　　　（4）80.625

3. 写出下列十进制数的压缩 BCD 码和非压缩 BCD 码。
（1）125.56　　（2）218.25　　　（3）65.05　　　（4）165

4. 查表确定下列字符串的 ASCII 码。
（1）HELLO!　　（2）125＋34　　（3）ABC@163.COM

5. 已知机器字长 8 位，求 $[X]_原$、$[X]_反$ 和 $[X]_补$
（1）+0.1101B　　　　　　　　　　（2）−0.0101B

（3）+11001B　　　　　　　　　　　　（4）−10010B

6. 已知$[X]_{补}$= 1.0011，求$[X]_{原}$、$[X]_{反}$和真值。

7. 已知$[-X]_{补}$=0.1101，求$[X]_{补}$。

8. 8 位机中定点整数的原码、反码和补码的范围各是什么？

9. 已知X_1=−128，X_2=127，求补码和移码。说明移码的物理意义，以及补码和移码的关系。

10. 将 37H 分别看成 ASCII 码、整数补码、8421 码时各代表什么？

11. 比较下列有符号数补码的大小。

（1）321FH 与 A521H　　　　　　　　（2）80H 与 32H

（3）8000H 与 AF3BH　　　　　　　　（4）72H 与 31H

12. 在 32 位计算机中运行一个 C 语言程序，在该程序中出现了以下变量的初值，请写出它们对应的机器数（用十六进制表示）。

（1）int x = −32　　　　　　　　　　　（2）short y = 52

（3）unsigned z = 65　　　　　　　　　（4）char c = 'B'

（5）float a = −1.25　　　　　　　　　（6）double b = 10.75

13. 在 32 位计算机中运行一个 C 语言程序，在该程序中出现了一些变量，已知这些变量在某个时刻的机器数（用十六进制数表示）如下，请写出它们对应的真值。

（1）int x：FFFF8006H　　　　　　　　（2）short y：FFFCH

（3）unsigned z：FFFFFFFCH　　　　　（4）char c：2DH

（5）float a：C1480000H　　　　　　　（6）double b：4024800000000000H

14. 以 IEEE 754 单精度浮点数格式表示下列十进制数。

（1）+ 1.25　　　　　　　　　　　　　（2）+18

15. 说明溢出和进位的区别及判断溢出的方法。

16. 判断下列有符号数是否发生溢出和进位

（1）01111111−11111110　　　　　　（2）00000110−00001001

（3）10000000−00000001　　　　　　（4）11000000 + 01000000

17. 已知机器字长 8 位，定点数 X=+55，Y=−30，求 X+Y。

18. 已知机器字长 8 位，定点数 X=+45，Y=+52，求 X−Y。

19. 假定在一个程序中定义了变量 x 和 y，其中 x 是 16 位 short 型变量（用补码表示），y 是 float 型变量（用 IEEE 单精度浮点数表示）。程序执行到某个时刻，$x = -64, y = 8.25$，且都被写到主存（按字节编址）中，地址分别是 2004H 和 2008H。请回答以下问题：

（1）写出该时刻 x 和 y 对应的机器数；

（2）画出小端方式机器上变量 x 和变量 y 的每字节在主存的存放位置图。

20. 已知 X=−0.1001B，Y = 0.1101B，用原码一位乘法求 X×Y。

21. 已知 X= −0.1101B，Y = −0.1100B，用 Booth 算法求 X×Y。

22. 采用 IEEE 754 单精度浮点数格式计算下列表达式的值。

（1）0. 75 + (−65.25)　　　　　　　　（2）0. 75 − (−65.25)

第 3 章 层次结构存储系统

随着计算机应用的不断深入，主存与外存等外部设备之间的信息交换日益频繁，逐渐形成了以存储器为中心的系统结构，存储器不仅向 CPU 提供所需的指令和数据，还要与并行工作的外存及其他外设和终端等设备完成信息交换。存储系统的特性已经成为影响整个系统最大吞吐量的决定性因素。

本章在了解存储器的分类、存储系统的层次结构、存储器主要技术的基础上，主要介绍层次化存储结构中的主存储器、高速缓冲存储器（Cache）和虚拟存储器的工作原理和组织形式。内容包括主存储器的结构和基本操作；存储器与 CPU 连接采用的扩展方式；Cache 的基本工作原理、地址映射、替换算法和设计考虑因素；虚拟存储器的管理方式和 IA-32 系统的地址转换过程。

3.1 存储器技术

3.1.1 存储器概述

1. 存储器简介

存储器是一种具有记忆功能的部件，用来存放程序与数据，是 CPU 最重要的系统资源之一。高性能的 CPU 只有配置速度与之匹配的存储器才能充分发挥自身性能，系统只有配置大容量的存储器才能为高水平软件提供足够的工作空间。因此，设计速度快、容量大、成本低的主存储器一直是计算机发展中的一个重要课题。目前广泛使用高速缓存-主存-外存三级层次的存储器结构，使其速度接近于高速缓存，其容量接近外存的容量，存储每位的平均价格也接近于外存的平均价格。

2. 存储器分类和特点

（1）按存取方式分类，存储器可以分为顺序存取存储器和直接存取存储器。

① 顺序存取存储器（Sequential Access Memory，SAM）。SAM 中的信息一般以文件或数据的形式按顺序存放。因此，该存储器中的信息按先后顺序存取，对不同地址的存储单元进行读/写所需的时间不同。SAM 的容量大、价格低、存取速度慢，适合用作外存，如磁带存储器。

② 直接存取存储器（Direct Access Memory，DAM）。当存取信息时，先指向存储器

中的一个小区域（如磁盘上的一个磁道），然后再在这一区域内进行顺序检索，直到找到目的块。这种存储器存取信息的时间与它所在的地址有关，如磁盘。

（2）按使用属性分类，存储器可以分为只读存储器和随机存取存储器。

① **只读存储器**（Read Only Memory，ROM）。ROM 是一种对其内容只能读出而不能写入的存储器，在制造芯片时预先写入内容。它通常用来存放固定不变的程序、汉字字型库、字符及图形符号等。由于该存储器与读/写存储器分享主存储器的同一个地址空间，因此它仍属于主存储器的一部分。当断电后，它的信息不丢失，故 ROM 一般用来存放固定的系统程序以及各种固定的常数和函数表等，如 BIOS 和 ASCII 码字符的字模信息等。

② **随机存取存储器**（Random Access Memory，RAM）。RAM 又称为读/写存储器或随机存储器，其内容可读可写，主要用来存放程序、输入的数据以及结果。当计算机断电或复位时，RAM 中的内容将全部丢失。RAM 主要用作主存，也可作为高速缓存使用，通常说的主存容量均指 RAM 容量。目前有内带电池芯片、断电后信息不丢失的 RAM，该 RAM 称为非易失性 RAM（NVRAM）。计算机中大量使用 MOS 型 RAM 芯片。按集成电路内部结构不同，RAM 又可以分为静态随机存取存储器（Static RAM，SRAM）和动态随机存取存储器（Dynamic RAM，DRAM）。

（3）按内部结构分类，ROM 可以分为掩膜只读取存储器、可编程只读存储器和可擦除可编程只读存储器。

① **掩膜只读存储器**（Mask ROM，MROM）。MROM 是由半导体厂家用掩膜技术写入程序的，其内容只能读出，而不能改变，并且产品成本低，适用于批量生产，不适用于研究工作。

② **可编程只读存储器**（Programmable ROM，PROM）。PROM 由用户使用特殊方法对它进行编程，只能写一次，即 PROM 一次性编程后就不能修改其中的数据了。

③ **可擦除可编程存储器**（Erasable Programmable ROM，EPROM）。EPROM 可以通过编程来固化程序，其内容只要在不同的引脚加不同的电压就可以实现全片或字节的擦写和改写。擦写可以在原系统中在线进行，它可以作为非易失性 RAM 使用，但其价格高，且集成度和速度不及 PROM。

3.1.2　存储器的层次结构

CPU 可以直接访问存储器，I/O 设备频繁地与存储器交换数据，但是，存储器的存取速度无法满足 CPU 的快速要求，容量也无法满足应用的需求。**存储器具有三要素：存取速度、存储容量和价格**。存储容量越大，可存放的程序和数据越多。存取速度越快，处理器的访问时间越短。对相同容量的存储器来说，存取速度越快的存储介质成本越高。因此，人们追求大容量、速度快、低价格的存储器的想法是很难实现的。为了解决存储容量、存取速度和价格之间的矛盾，通常把各种不同存储容量、不同存取速度的存储器，按一定的体系结构组织起来，形成一个统一的存储系统的层次结构。

存储系统的层次结构由寄存器、高速缓冲存储器（Cache）、主存储器（主存或内存）、本地二级存储器、二级存储器和海量存储器构成，如图 3-1 所示。其中，Cache 位于主存和 CPU 之间，用来存放当前 CPU 经常使用的指令和数据；主存大多使用动态 RAM 构成，用来存放 CPU 系统启动运行的程序和数据，CPU 执行指令给出的形式地址最终要转换为主存地址；本地二级存储器是指系统运行直接和主存交换信息的存储器，又称为辅助存储器（简称辅存），辅存大多使用硬盘来实现；本地二级存储器、二级存储器和海量存储器统称为外部存储器，简称外存。

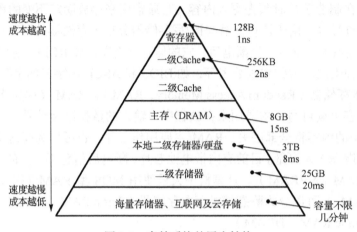

图 3-1　存储系统的层次结构

由图 3-1 可知，存储器的层次结构中越往上的层级，其速度越快，成本越高；越往下的层级的速度越慢，成本越低。通常情况，层级越往下，其容量整体呈越大的表现趋势。这种存储层次的划分依赖于程序访问的局部性原理（参见第 3.3.1 节），Cache 技术利用时间局部性和空间局部性。把程序近期可能用到的数据存放在靠上的层级（靠近处理器的层级），把近期不会用到的数据存放在靠下的层级，通过恰当地控制数据在层级间的移动，可以极大地提高处理器获得数据的速度。

在存储系统的层次结构中，把程序和数据按不同的层次存放在各级存储器中，使得整个存储系统在速度、容量、价格等方面具有较好的综合性能指标。Cache 存放的是主存中最活跃内容的副本，数据和指令在 Cache 和主存之间的调动由硬件自动完成。为了扩大存储器的容量，计算机运行时把所需的应用程序、系统软件和数据都先存放在辅存中，然后在运行过程中分批调入主存，数据和指令在主存和辅存之间的调动由操作系统完成。

现代计算机一般使用多端口寄存器组来实现寄存器，使用 SRAM 构建片上的 Cache，使用 DRAM 构建程序的主存储器，使用磁盘或闪存构建大容量的永久存储器。此外，还有少量的 ROM 存放引导程序和基本输入/输出系统。

1. 寄存器

片上寄存器（Register）是计算机中访问速度最快的存储器，它保存着处理器所需的工作数据。片上寄存器是以与 CPU 相同的方法制备的，与 CPU 的时钟频率相同，且与 CPU 其他部分之间的数据通路都较短，因此片上寄存器的访问速度快。此外，片上寄存器可以直接被 CPU 访问，而访问其他的外部存储器都需要一个过程，包括存储器管理、地址翻译以及复杂的数据缓冲和控制机制。但是，CPU 寄存器不能存放程序，只有少量 CPU 寄存器可以用来存储工作数据和状态信息。

2．一级 Cache 和二级 Cache

存储器层次结构中，在寄存器的下一层就是 Cache。Cache 的大小一般比主存小几个数量级。根据程序的性质和数据的分布，可知多数程序中大多数时间内只使用较小的指令和数据集合。

图 3-1 显示了两级 Cache 存储器，若被访问的数据不在一级 Cache 中，则将访问二级 Cache。早期的 Cache 位于主板上，随着芯片技术的进步，人们在处理器芯片上实现大部分的 Cache，但是现在并不是所有的系统都只有两级 Cache，有的系统还有三级 Cache。

3．主存（DRAM）

若数据不在 Cache 中，则该数据必须从计算机的主存中获得。主存用来存放计算机正在执行的或经常使用的程序和数据，CPU 可以直接对主存进行访问。主存具有存取速度快的特点，但容量有限，其容量大小受地址总线位数的限制。现代计算机采用逻辑地址访问主存，操作系统负责维护逻辑地址和物理地址转换的页表，存储管理部件（Memory Management Unit，MMU）负责将逻辑地址转换为物理地址。

现代主存基本都采用同步动态随机存储器（Synchronous Dynamic Random-Access Memory，SDRAM）实现。SDRAM 芯片一般采用行列地址线复用技术，对 SDRAM 进行读/写时，需要先发送行地址并打开一行，再发送列地址读/写需要访问的存储单元。

主存的读/写速度对计算机的整体性能影响很大。为了提升处理器的访存性能，处理器采用了大量的结构优化方法。例如，在片内增加了多级 Cache，或将主存控制器与 CPU 集成在同一芯片内，以减小平均访存延迟。大部分现代处理器芯片已经集成了主存控制器。

4．本地二级存储器/硬盘

程序和数据需要保存在非易失性存储器中，价格最低的存储机制之一是硬盘，它以磁信号的形式将数据保存在旋转的盘片上。因为主存通常不能容纳处理器所需的所有程序和数据，所以计算机采用了一种称为虚拟存储器的管理机制（参见第 3.4 节）。其中主存中仅包括当前要使用的数据，那些不使用的数据仍然保存在硬盘上。当处理器需要的数据不在主存中时，操作系统开始介入并使主存和磁盘之间交换一个页（Page）的数据，其典型大小为 4～64KB。虚拟存储器系统允许用户运行比主存大得多的程序，且不会导致系统性能显著下降。即由 512MB 的 DRAM 和 100GB 的硬盘构成的虚拟存储系统的性能与具有 100GB 的 DRAM 的存储系统性能相当，虚拟存储器还提供了一种保护数据的手段。目前，机械硬盘被速度更快、性能更可靠的固态硬盘（SSD）代替，SSD 将 DRAM 和旋转磁盘连接起来。

5．二级存储器

二级存储器由光存储器和磁带存储器等构成，光存储器包括 CD、DVD 或者蓝光光盘。光盘将数据以凹痕的方式记录在塑料盘片上的螺旋轨迹中，并使用激光根据凹痕处是否有反光来读取数据。光盘的读取速度比硬盘的读取速度慢，这主要是因为 CD 或 DVD 盘片的转速与硬盘片旋转速度相比差距太大。另外，CD 通常可以容纳 650MB 的数据。

磁带存储器通过很长的磁带而不是旋转的磁盘来记录数据。磁带可以容纳大量的数据，

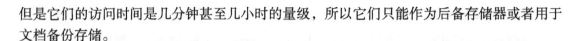

但是它们的访问时间是几分钟甚至几小时的量级，所以它们只能作为后备存储器或者用于文档备份存储。

6. 海量存储器、互联网及云存储

互联网和云存储均可以提供远程分布式存储。数据存储在计算机外部，通常位于第三方提供的虚拟服务器中。即用户不需要知道数据到底存储在哪里，只需要通过互联网和万维网来存储信息。更重要的是，在发生故障时，可以保证数据的安全。只要可以连接到因特网，数据就可从任何地方访问。例如，安德鲁文件系统（Andrew File System，AFS）或者网络文件系统（Network File System，NFS），这样的分布式文件系统允许程序访问存储在远程的网络服务器上的文件。

3.1.3　存储器技术

目前，构建存储器层次结构主要有 4 种技术。DRAM 技术（第一种技术）和 SRAM 技术（第二种技术）分别实现了主存储器和高速缓冲存储器。DRAM 每比特成本要低于 SRAM 每比特成本，但是其访问速度比 SRAM 的访问速度慢。价格存在差异的原因是 DRAM 每比特占用的存储器空间较少，因此等量的硅制造的 DRAM 的容量会比 SRAM 的容量大。第三种技术是闪存，这种非易失存储器用作个人移动设备中的二级存储器。第四种技术是磁盘存储器，它通常是服务器中容量最大且速度最慢的一层。以上这些技术的访问时间和每比特的成本差异都很大。

（1）DRAM。DRAM 属于易失性存储器，依靠电容存储电荷的原理存储信息，因此，必须周期性地对其刷新，如单管存放 1 位二进制数由一个 MOS 管及一个电容组成。DRAM 的特点是存储密度较高、访问速度较快、成本低、功耗低，但必须外加刷新电路，其访问速度一般在几十纳秒级。一般计算机中的标准存储器都采用 DRAM。

（2）SRAM。SRAM 属于易失性存储器，只要有电源存在，其内容就不会自动消失。存放 1 位二进制数需由 6 个 MOS 管组成，依靠双稳态电路内部交叉反馈的机制存储信息。SRAM 的特点是访问速度快、不需要刷新，访问速度可以达到纳秒级，能够与处理器内核工作在相同的时钟频率。但是，其成本高、集成度低、结构复杂、功耗大，一般用作 Cache。

（3）闪存（Flash Memory）。闪存是一种电可擦除可编程只读存储器（EEPROM），它是非易失性存储介质，与磁盘比，它的访问速度快、成本高、容量小。

对闪存的写操作可以使存储位损耗。为了应对该限制，大多数闪存产品都有一个控制器，用来将写操作从已经写入很多次的块中映射到写入次数较少的块中，从而使写操作尽量分散，这种技术称为损耗均衡。采用损耗均衡技术，个人移动设备很难超过闪存的写极限。这种均衡技术虽然降低了闪存的潜在性能，但是不需要在高层次的软件中监控块的损耗情况。闪存控制器的这种损耗均衡将制造过程中出错的存储单元屏蔽，从而提高其成品率。

（4）磁盘存储器。磁盘用于保存大量数据，其存储数据的数量级可以达到几百字节到几千千兆字节，而 RAM 只能达到几百字节到几千兆字节。磁盘存储器的特点是存储密度高、成本低、具有非易失性（断电后数据可长期保存），但缺点是访问速度慢，磁盘读信息时间为毫秒级，不能满足现代处理器纳秒级周期的速度要求。

综上所述，磁盘和基于半导体技术的存储器的主要差别是磁盘的访问速度慢，这主要是因为磁盘是机械器件。从磁盘读信息比从 DRAM 中读信息慢了 10 万倍，比从 SRAM 中读信息慢了 100 万倍，比从闪存中读信息慢了 1000 倍，但是这些存储器却因为提高适当的成本即可获得很大的存储容量而使得每比特位的成本降低了许多，但磁盘不存在写损耗问题。然而，闪存的性能更加稳固，更加适用于个人移动设备，如基于闪存存储技术的固态硬盘（Solid State Disk，SSD）在某些情况下是传统旋转磁盘的替代产品。

3.2　主存储器

3.2.1　主存储器的结构和基本操作

存放 1 位二进制数的基本存储单元称为位元，因此存储器的容量必须由大量的位元电路有规则地组合而成。如存储器的容量为 64KB，则需要 64×1024×8 个位元。通常，8 个位元组成一个存储单元。

为了区分不同的存储单元，需要为每个存储单元都赋予不同的编号（地址）。每个存储单元的地址都是唯一的，并且都用二进制码表示。一个地址可访问的存储单元通常是 1 字节，计算机的地址总线传送访问存储器的存储单元所需的地址。由于位元的字线控制该位元是否被选中，因此，要想在众多的位元中选择指定的单元，就要解决如何将地址总线与各位元的字线和位线连接的问题。

主存储器芯片包括由许多位元组成的存储体、地址译码器和读/写控制电路等，若主存储器芯片是 DRAM 芯片，则还要读出放大电路和刷新控制电路，主存储器结构如图 3-2 所示。

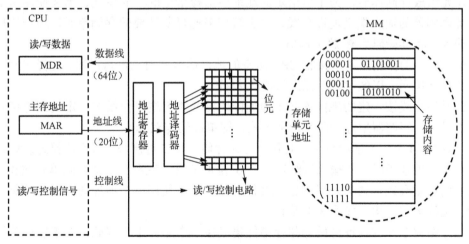

图 3-2　主存储器结构

【例 3-1】利用图 3-2 中的主存储器结构，分析以下问题

（1）主存储器中存放的是什么信息？CPU 何时会访问主存储器？

（2）地址译码器的输入和输出各是什么？可寻址范围是多少？

（3）主存储器地址空间大小是否等于主存储器的容量？

【解】

（1）指令及其数据。CPU 执行指令时需要取指令、取数据、存数据。

（2）输入是地址，输出是地址驱动信号（只有一根地址驱动信号连接的位元被选中）。可寻址范围为 $0 \sim 2^{20}-1$，即主存地址空间为 1MB（按字节编址时）。

（3）主存储器地址空间大小不等于主存储器容量，主存储器容量由实际安装的主存储器确定。若是字节编址，则每次最多可读/写 64 位（8 个存储单元），访问主存储器使用的是 8 个存储单元中的最低地址。

1. 存储体

由于一个位元可以存储一位二进制数，位元内部具有两个稳定的且相互对立的状态，并能够在外部对其状态进行识别和改变。不同类型的位元决定了由其所组成的存储器件的类型不同。一个位元只能保存一位二进制数，若有 N 条地址线，M 条数据线，则需要用 $2^N \times M$ 位位元，它们按一定的规则排列起来，由这些位元所构成的阵列称为**存储体**或存储矩阵。

各种存储器芯片可简化为如图 3-3 所示的逻辑框图。

地址线数量决定芯片寻址能力的大小，数据线数量决定每个存储器芯片存储信息的位数。$\overline{\text{CS}}$ 为片选信号，当 $\overline{\text{CS}}=0$ 时有效，该芯片可以正常工作。位元电路中通常定义**字线**控制位元是否被选中，**位线**则是位元的数据线，图 3-3 中 $\overline{\text{CS}}$ 和 M 条数据线分别对应字线和位线。

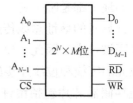

图 3-3 存储器芯片的简化逻辑框图

2. 地址译码器

由位元组成存储体时，为了由给定的地址值选择指定的存储单元，需要使用地址译码器。地址译码器的输入端接地址总线，输出端用来选择所需要的存储单元。地址译码器接收 n 个输入，将其译码后有 2^n 个输出。

地址译码器的作用是用来接收 CPU 送来的地址信号并对它进行译码，选择与此地址码相对应的存储单元，以便对该单元进行读/写操作。

各位元的字线按一定的规则连接到地址译码器的输出端，位线按一定规则连接到存储体的数据线上。存储器地址译码有两种方式，即单译码与双译码。

一个具有 64 个位元的存储体，其每个位元存储一位二进制数，且字线接地址译码器的一个输出端。地址译码器的输入端给定一个 6 位地址时，就会有一个存储单元被选中，其中存储的信息就会经位线与外界连通。这种存储体由于使用一个地址译码器而被称为**单译码结构**，又称为字结构，如图 3-4 所示。

实际存储器芯片的地址译码器与存储体集成在一个芯片中。因此，对于这种单译码结构的存储体，当容量较大时，由于地址译码器的输出线过多，导致集成电路的内部结构复杂，增加了生产工艺方面的困难。所以，单译码结构只在容量较小的存储器中应用。在双译码结构中，将地址译码器分成两部分，即行地址译码器（又称为 X 译码器）和列地址译码器（又称为 Y 译码器）。X 译码器输出行地址选择信号，Y 译码器输出列地址选择信号。

行、列选择线交叉处即为所选中的存储单元，这种结构的特点是译码输出线较少，双译码结构如图 3-5 所示。

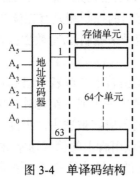

图 3-4　单译码结构

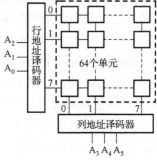

图 3-5　双译码结构

图 3-5 中每个地址译码器均需要 3 根输入地址线，整个结构体需要 16 根地址线，地址线总数与单译码结构相同。与单译码结构不同的是，双译码结构由于两个地址译码器的输出共同选中一个存储单元，因此芯片内部的接线大大减少，两个地址译码器的输出端共有 16 根输出线，比单译码结构中地址译码器的 64 根输出线减少了很多。对于实际使用的存储器芯片，为了减少片内的连线，存储体多采用双译码结构。

74LS138 是一个 3：8 的地址译码器，为 16 引脚双列直插式器件，其引脚如图 3-6 所示。

（1）G_1，$\overline{G_{2A}}$ 和 $\overline{G_{2B}}$ 均为片选输入信号，当 G_1=1，$\overline{G_{2A}}$ =0，$\overline{G_{2B}}$ =0 时，地址译码器处于工作状态。

（2）$\overline{Y_7}$ ～ $\overline{Y_0}$ 为输出信号，低电平有效。

（3）C、B 和 A 均为输入信号，CBA 组合方式有 8 种，取值为 000～111。

图 3-6　74LS138 引脚

74LS138 地址译码器的特点是：所有输出中有且仅有一个为 1，其余输出均为 0。CBA 的组合值可以决定 $\overline{Y_7}$ ～ $\overline{Y_0}$ 中哪个引脚输出一个低电平有效信号，74LS138 输入/输出真值如表 3-1 所示。如当 $G_1 \overline{G_{2A}} \overline{G_{2B}}$ 为 100 时，CBA 组合值为 111，$\overline{Y_7}$ 引脚输出一个低电平，其余 $\overline{Y_6}$ ～ $\overline{Y_0}$ 引脚均为高电平。

表 3-1　74LS138 输入/输出真值表

输入						输出							
G_1	$\overline{G_{2A}}$	$\overline{G_{2B}}$	C	B	A	$\overline{Y_7}$	$\overline{Y_6}$	$\overline{Y_5}$	$\overline{Y_4}$	$\overline{Y_3}$	$\overline{Y_2}$	$\overline{Y_1}$	$\overline{Y_0}$
1	0	0	0	0	0	1	1	1	1	1	1	1	0
			0	0	1	1	1	1	1	1	1	0	1
			0	1	0	1	1	1	1	1	0	1	1
			0	1	1	1	1	1	1	0	1	1	1
			1	0	0	1	1	1	0	1	1	1	1
			1	0	1	1	1	0	1	1	1	1	1
			1	1	0	1	0	1	1	1	1	1	1
			1	1	1	0	1	1	1	1	1	1	1
≠100			–	–	–	1	1	1	1	1	1	1	1

3．I/O 读/写控制电路与片选控制端

存储器的数据线应该接到系统的数据总线上，但与其他连接到总线上的设备一样，存储器的数据线应该经过三态门连接到数据总线上，三态门的控制端只有在读/写存储器时才有效。CPU 在读/写存储器时，是通过发出读/写控制信号来控制读/写数据操作的，因此，存储器数据线的三态门应受这两个信号的控制。

受单片存储器的容量限制，一般的系统存储器都是由若干个或若干组芯片组成的。由于地址信号和读/写控制信号同时加到所有芯片上，若选中一个或一组芯片中的某个存储单元，则其他芯片或其他芯片组中相同地址的存储单元就不应该被选中。因此各芯片还需要有一个片选控制信号 CS，以决定本片是否被选中，加到该引脚上的信号通常称为片选信号。当一个芯片的片选引脚加上有效信号时，加到该芯片上的地址信号和读/写控制信号才起作用，该芯片中的存储单元才能参加读/写操作。

因此，存储器芯片中某个存储单元的信息能否与系统数据总线的信息进行交换，是受读/写控制信号、地址信号和片选信号控制的。对一个芯片来说，缺少任何一个控制条件，芯片的数据线与系统数据总线之间都呈浮空状态。

3.2.2 主存储器的组成与控制

1．存储器与 CPU 的连接

微处理器访问存储器时，需要先通过地址总线发出要访问存储单元的地址，然后发出读/写控制信号，再通过数据总线传送数据。存储器芯片需要接收地址信号、片选信号和读/写控制信号后，才能将指定存储单元的信息与数据总线接通。CPU 与存储器连接时，需要妥善解决存储器芯片与系统地址总线、数据总线和控制总线的连接问题，同时，要考虑 CPU 总线的负载能力、CPU 的速度与存储器的速度之间的匹配问题。

由于单个存储器芯片的容量是有限的，它在字数或字长方面与实际存储器的要求都有很大差距，因此需要在字向和位向进行扩充才能满足需要。微机存储器由多个存储器芯片组成，称为存储器扩展。存储器扩展的方法有位扩展、字扩展和字位扩展三种方法。扩展芯片数量的计算方法是

$$需要芯片数 = 总容量/单片容量 = 字扩展数 × 位扩展数$$

（1）位扩展。把所有存储单元或字的同一位组织在一个芯片中，由多个芯片共同提供一个被访问存储单元的各位信息，称为**位扩展**。即容量满足要求，需对数据位进行扩展，如用 2K×1 位的芯片组成 2K×8 位的系统。

位扩展的连接方式是将多片存储器的地址、片选、读/写控制端相应并联，数据端分别引出。

【例 3-2】用 64K×1 位的芯片组成 64K×8 位的存储器系统。

【解】所需芯片数量 = 1×8=8 片，扩展方式采用位扩展，其示意图如图 3-7 所示。

从左到右芯片编号依次为①、…、⑧，所有芯片的片选 $\overline{CS}$ 与读/写控制端 $\overline{WE}$ 并联，当 CPU 的访存信号有效（$\overline{MREQ}$=0）时，8 个芯片同时工作，共同完成 8 位数据的传送。

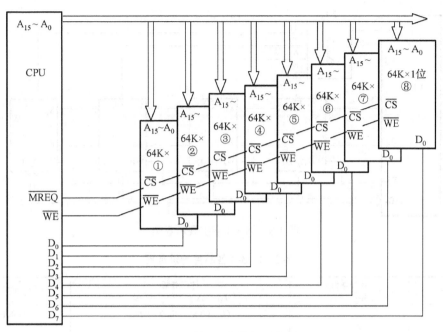

图 3-7　例 3-2 位扩展示意图

（2）字扩展。一个芯片提供被访问存储单元的所有位，再由多个芯片提供整个存储器的容量，这种方法称为**字扩展**。即数据位满足要求，需要对地址空间进行扩展，如用 2K×8 位的芯片组成 8K×8 位的存储器系统。

字扩展需要将各芯片的地址线、数据线、读/写控制线对应并联，利用片选信号区分各芯片的地址范围。通常动态存储器一般不设置 $\overline{CS}$ 端，但可用 RAS（Row Address Strobe，行地址选通脉冲）端来扩展字数。只有当 RAS 由 1 变或 0 时，才会激发出行时钟，存储器才会工作。

（3）字位扩展。当数据位和地址空间均不能满足系统要时，既需要字扩展又需要位扩展。如用 2K×8 位的芯片组成 8K×16 位的存储器系统。

字位扩展的方法是先进行位扩展，再进行字扩展。位扩展先确定每组芯片的数量，该组芯片具有整个存储器要求的位数；字扩展确定所需芯片的组数；在进行位扩展和字扩展时应遵循各自的扩展规则。

例如，利用 1K×4 位的芯片组成 4K×8 位的存储器。所需芯片数量为

$$(4K×8 \text{ 位})/(1K×4 \text{ 位}) = 4×2 = 8 \text{ 片}$$

先将 2 片为一组进行位扩展，再用这样的 4 组共同进行字扩展。

【例 3-3】利用 16K ×8 位存储器芯片组成 64K×8 位存储器。要求确定地址扩展方式，画出 CPU 和存储器扩展连接图，并确定地址范围。

【解】芯片数量 = (64K×8 位)/(16K×8 位)=4 片，扩展方式为字扩展，其示意图如图 3-8 所示。从左到右芯片的编号依次为 1、2、3 和 4，各芯片地址范围如表 3-2 所示。

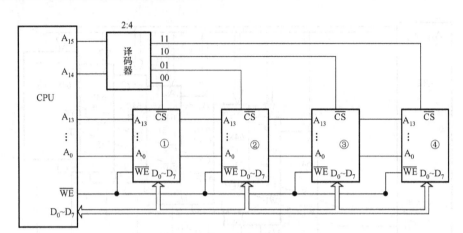

图 3-8　例 3-3 字扩展示意图

表 3-2　例 3-3 各芯片地址范围

片号	片外寻址 A_{15} A_{14}	片内寻址 A_{13} A_{12} … A_1 A_0	地址范围
1	**0 0**	00 0000 0000 0000 ⋮ 11 1111 1111 1111	0000H ⋮ 3FFFH
2	**0 1**	00 0000 0000 0000 ⋮ 11 1111 1111 1111	4000H ⋮ 7FFFH
3	**1 0**	00 0000 0000 0000 ⋮ 11 1111 1111 1111	8000H ⋮ BFFFH
4	**1 1**	00 0000 0000 0000 ⋮ 11 1111 1111 1111	C000H ⋮ FFFFH

2．存储器的译码方法

存储器扩展容量时经常面临地址分配的问题。当系统地址总线的位数多于整个存储器容量要求的地址线数量时，要在地址方向上进行扩充（即字扩展）。字扩展后需要进行两种寻址方式：一种是寻址特定的存储器芯片（组），即**片选寻址**；另一种是寻址芯片（组）内的特定存储单元，即**片内寻址**。片内寻址由存储器芯片的片内地址总线的条数决定；片选寻址通过存储芯片的片选信号来实现。

片选寻址时，除注意各个芯片地址重叠和地址冲突问题外，还应注意片选信号的译码方法。片选信号的译码方法包括线选法和译码法，其中译码法又分为局部译码法和全局译码法。

（1）线选法。**线选法**是指不采用地址译码器，用除片内寻址外的高位地址线直接（或经反相器）分别接至各个存储芯片的片选端。当某地址线信息为 0 时，就选中与其对应的存储芯片。注意，这些片选地址线每次寻址时只能有一位有效，不允许同时多位有效，这样才能保证每次只选中一个（或组）芯片。线选法虽然连线简单，且节省了地址译码器，但容易产生地址冲突。

（2）局部译码法。**局部译码法**是用除片内寻址外的高位地址的一部分来译码产生片选信号的。即与存储器芯片直接连接的地址信号外，将剩余的高位地址总线中的一部分进行译码，它产生存储器的片选信号，这种方法适用于线选法地址不够用同时又需要寻址全部地址空间时使用。局部译码法因为有多余闲置的地址信号，所以导致一个存储单元出现多个地址的现象，这种现象称为**地址重叠**。

（3）全局译码法。**全局译码法**是将除片内寻址外的全部高位地址线都作为地址译码器的输入信号，地址译码器的输出信号作为各个芯片的片选信号，分别连接存储器芯片的片选端，从而实现对存储芯片的选择。由于剩余高位地址总线全部参加译码并形成片选信号，因此该方法的各存储器芯片之间不存在地址重叠和地址冲突等问题，存储单元地址唯一确定，且可实现地址连续。

【例 3-4】系统采用 8 位 CPU，其容量为 64KB，用 $1K \times 4$ 位的 RAM 芯片组成 $4K \times 8$ 位的 RAM 系统，分别采用线选法、局部译码法和全局译码法进行地址扩展，画出连接图并确定地址范围。

【解】芯片总数 $= 4 \times 2 = 8$ 片，采用字位扩展，2 片为一组完成位扩展，共有 4 组。

（1）线选法。不采用地址译码器，用 $A_{13}A_{12}A_{11}A_{10}$ 地址线直接作为存储器芯片的片选端，多余地址线闲置，当 $A_{13}A_{12}A_{11}A_{10}$ 某地址线信息为 0 时，选中与之对应的存储芯片。线选法连接方式如图 3-9 所示。

若 $A_{15}A_{14}=00$，则 $A_{13}A_{12}A_{11}A_{10}$ 每次只有一个地址为 0，其地址空间分配如表 3-3 所示。但是当给定一个地址 $A_{13}A_{12}A_{11}A_{10}$ 中有多位 0 时，就会选中多组芯片，例如，当 $A_{13}A_{12}A_{11}A_{10}$ $= 0000$ 时，同时选中全部 4 组存储器芯片，此时会导致选中芯片中的数据同时送到总线上而出现混乱，这种现象称为**地址冲突**。

线选法连线简单，该方法一般适用于只有两组芯片需要选择的情况，这时，用一根地址线的两个状态分别控制两组芯片的片选端，这样不会产生地址冲突，当多于两组芯片的片选信号需要控制时，应使用译码法。

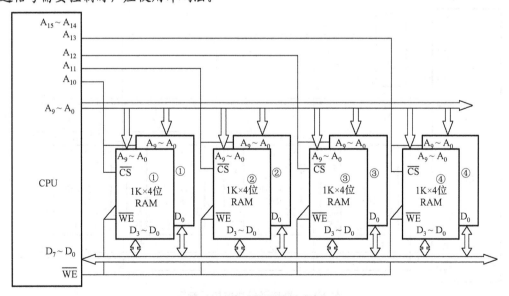

图 3-9 线选法连接示意图

表 3-3 例 3-4 线选法地址空间分配

组号	A_{15} A_{14}	A_{13} A_{12} A_{11} A_{10}	A_9 A_8 $\cdots$ A_1 A_0	地址范围
①		1 1 1 **0**	00 0000 0000 ⋮ 11 1111 1111	3800H ⋮ 3BFFH
②		1 1 **0** 1	00 0000 0000 ⋮ 11 1111 1111	3400H ⋮ 37FFH
③	0 0	1 **0** 1 1	00 0000 0000 ⋮ 11 1111 1111	2C00H ⋮ 2FFFH
④		**0** 1 1 1	00 0000 0000 ⋮ 11 1111 1111	1C00H ⋮ 1FFFH

（2）局部译码法。本系统采用 2：4 地址译码器即可满足系统扩展的要求，因此 $A_{11}A_{10}$ 送入地址译码器产生片选信号，多余地址线 $A_{15}\sim A_{12}$ 闲置，局部译码法连接方式如图 3-10 所示。

该方法地址空间分配如表 3-4 所示。由于局部译码法的 $A_9\sim A_0$ 用于片内寻址，因此字扩展需要用 $A_{11}A_{10}$ 控制 4 组片选信号，这样其余 4 根地址线（$A_{15}\sim A_{12}$）闲置，这时无论 $A_{15}\sim A_{12}$ 为何值，都不影响选中存储器的任意一个地址的存储单元，由于 $A_{15}\sim A_{12}$ 有 2^4 个取值，因此存储器的每个存储单元都有 16 个地址，这种一个存储单元出现多个地址的现象称为地址重叠。

（3）全局译码法。为了避免局部译码产生地址重叠，将高位地址（$A_{15}\sim A_{10}$）全部送入地址译码器产生片选信号，可采用 6：64 地址译码器，全局译码法连接方式如图 3-11 所示。

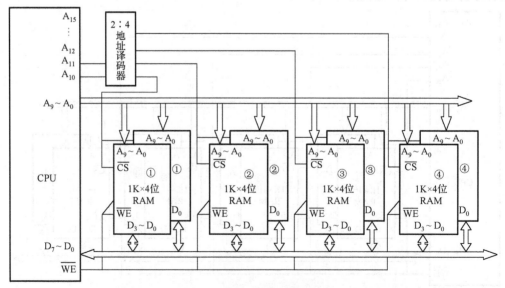

图 3-10 局部译码法连接示意图

表 3-4　例 3-4 局部译码法地址空间分配

组号	$A_{15}\ A_{14}\ A_{13}\ A_{12}$	$A_{11}\ A_{10}$	$A_9\ A_8\ \cdots\ A_1\ A_0$
①	任意值	**0　0**	00　0000　0000 ⋮ 11　1111　1111
②	任意值	**0　1**	00　0000　0000 ⋮ 11　1111　1111
③	任意值	**1　0**	00　0000　0000 ⋮ 11　1111　1111
④	任意值	**1　1**	00　0000　0000 ⋮ 11　1111　1111

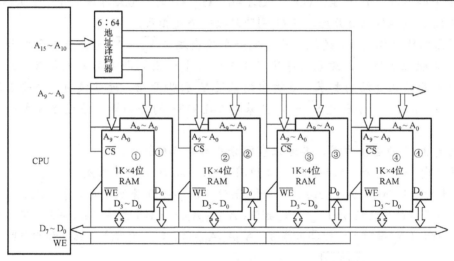

图 3-11　全局译码法连接示意图

该方法地址空间分配如表 3-5 所示。由表可知，存储单元地址唯一，且地址连续，每次只有一组芯片被选中并工作，因此全局译码法不存在地址重叠和地址冲突问题。

综上分析，全局译码法更便于系统扩展，但该方法对译码电路要求较高。无论是译码法还是线选法，只要系统有空闲不用的地址线，就会产生地址重叠的问题。而与地址重叠相比，地址冲突对系统的影响更大。

表 3-5　例 3-4 全局译码法地址空间分配

组号	$A_{15}\ A_{14}\ A_{13}\ A_{12}\ A_{11}\ A_{10}$	$A_9\ A_8\ \cdots\ A_1\ A_0$	地址范围
①	0　0　0　0　0　0	00　0000　0000 ⋮ 11　1111　1111	0000H ⋮ 03FFH
②	0　0　0　0　0　1	00　0000　0000 ⋮ 11　1111　1111	0400H ⋮ 07FFH

续表

组号	A_{15} A_{14} A_{13} A_{12} A_{11} A_{10}	A_9 A_8 $\cdots$ A_1 A_0	地址范围
③	0 0 0 0 1 0	00 0000 0000 ⋮ 11 1111 1111	0800H ⋮ 0BFFH
④	0 0 0 0 1 1	00 0000 0000 ⋮ 11 1111 1111	0C00H ⋮ 0FFFH

若本题使用 74LS138 做地址译码器，要求采用全局译码法，存储空间地址从 0 开始并且连续，则 CPU 与 RAM 芯片具体应该如何连接？地址范围如何确定？

【解】全局译码是将片内寻址以外的所有高位地址（$A_{15} \sim A_{10}$）全部送译码器，根据 78LS138 译码器的工作原理，$G_1=1$，$\overline{G_{2A}}=0$，$\overline{G_{2B}}=0$ 时，地址译码器才处于工作状态，为了保证 CPU 的地址从 0 开始，在 G_1 引脚外接一个反相器。

译码器的输入端 CBA 的组合决定某一个输出端（$\overline{Y_0} \sim \overline{Y_7}$）为低电平信号，由于本系统为 4 组位扩展，因此采用译码器其中的 4 个输出端即满足系统要求。此外，考虑地址从 0 开始又连续的要求，故输出端采用 $\overline{Y_0}$ 引脚开始，连续使用 4 个输出端控制 4 组芯片的片选 $\overline{CS}$，分别是 $\overline{Y_0} \sim \overline{Y_3}$，采用 74LS138 的全局译码法连接方式如图 3-12 所示。

根据图 3-12 的连接方式，其地址空间分配如表 3-6 所示。

对于片内寻址部分（$A_9 \sim A_0$），4 组芯片 $A_9 \sim A_0$ 的变化范围是相同的。

对于片外寻址部分（$A_{15} \sim A_{10}$），由于 $G_1 \overline{G_{2A}}\ \overline{G_{2B}} =100$ 系统才能工作，因此 $A_{15}A_{14}A_{13}$ 为 000。4 组芯片的片选信号由 $\overline{Y_0} \sim \overline{Y_3}$ 控制，$A_{12}A_{11}A_{10}$ 与 CBA 直接相连，因此，组①工作时，$A_{12}A_{11}A_{10}=000$（$\overline{Y_0}$ 有效）；组②工作时，$A_{12}A_{11}A_{10}=001$（$\overline{Y_2}$ 有效），组③和④同理。

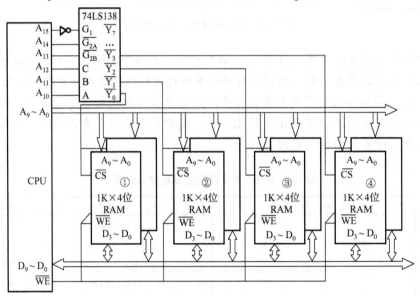

图 3-12　采用 74LS138 全局译码法连接示意图

表 3-6 采用 74LS138 全局译码法地址空间分配

组号	G_1 A_{15}	$\overline{G_{2A}}$ A_{14}	$\overline{G_{2B}}$ A_{13}	C A_{12}	B A_{11}	A A_{10}	A_9 A_8	$\cdots$	A_1 A_0	地址范围
①	0	0	0	0	0	0	00 0000		0000	0000H
							$\vdots$			$\vdots$
							11 1111		1111	03FFH
②	0	0	0	0	0	1	00 0000		0000	0400H
							$\vdots$			$\vdots$
							11 1111		1111	07FFH
③	0	0	0	0	1	0	00 0000		0000	0800H
							$\vdots$			$\vdots$
							11 1111		1111	0BFFH
④	0	0	0	0	1	1	00 0000		0000	0C00H
							$\vdots$			$\vdots$
							11 1111		1111	0FFFH

3.2.3 主存储器的读/写操作

有些计算机系统有专门的访存指令，通常称为加载/存储指令。加载指令用于将存储单元内容装入 CPU 寄存器中；存储指令用于将 CPU 寄存器中的内容存储到存储单元中。为了清楚地描述指令的功能，采用**寄存器传送语言**（Register Transfer Language, RTL）进行描述。

例如，在 ARM 系统中，加载/存储指令采用 LDR/STR 指令实现。

（1）LDR R_0, [R_1] $R[R_0] \leftarrow M[R[R_1]]$

（2）STR R_0, [R_1, R_2] $R[R_0] \rightarrow M[R[R_1] + R[R_2]]$

在 IA-32 指令系统中，没有专门的加载/存储指令，采用 MOV 指令可以实现对存储器的读/写操作，实现读/写功能 MOV 指令的两个操作数，一个是寄存器操作数，另一个是存储器操作数。例如，利用 IA-32 指令实现存储器读/写操作。

（1）MOV EAX, [EBP] $R[EAX] \leftarrow M[R[EBP]]$

（2）MOV [EBX, ESI], ECX $M[R[EBX] + R[ESI]] \leftarrow R[ECX]$

  📖 RTL 规定：R[r]表示寄存器中的内容，M[addr]表示存储单元 addr 中的内容。若要表示 R_0 所指寄存器中的内容，则用 $R[R_0]$ 表示。若要表示 EBP 寄存器间接寻址操作（即寄存器 EBP 的内容是要访问的存储单元的地址），则用 M[R[EBP]]表示。

传送方向用 "←" 或 "→" 表示，通常箭头发出端为源操作数，接收端为目的操作数。

例如，对于指令 "MOV AX, [EBP+4]"，其功能为 $R[AX] \leftarrow M[R[EBP] + 4]$，含义是：先将寄存器 EBP 的内容与 4 相加得到存储器的地址，再根据该地址将两个连续存储单元中的内容（源操作数）送到寄存器 AX（目的操作数）中。

1. 读操作（加载）

以 "MOV EAX, [EBP]" 为例进行说明，该指令实现了加载的功能，即读存储器的操作。指令源操作数为存储操作数，操作数的主存地址在寄存器 EBP 中，读操作数的过程如下。

（1）CPU 将访问主存地址通过总线接口送到地址总线（AB）上，然后由地址译码器选中要访问的存储单元。

（2）在读信号等控制信号的作用下，主存将选中存储单元中的数据（操作数）送上数据总线（DB），然后送到总线接口部件中。

（3）CPU 从总线接口部件中取出操作数，存放到寄存器 EAX 中。

2．写操作（存储）

以 "MOV [EBX, ESI], ECX" 为例进行说明，该指令实现了存储的功能，即写存储器的操作。指令目的操作数为存储器操作数，目的操作数的主存地址为 R[EBX]+R[ESI]，写操作数的过程如下。

（1）计算操作数的有效地址。将寄存器 EBX 和寄存器 ESI 中的内容分别送到 ALU 部件中，在 "+" 信号的作用下，计算出寻址存储器的有效地址。

（2）CPU 将访问主存地址通过总线接口送到地址总线（AB）上，然后由地址译码器选中要访问的存储单元。

（3）在写信号等控制信号的作用下，CPU 将寄存器 ECX 中的数据（操作数）通过总线接口部件送到数据总线（DB）上。

（4）主存将 DB 上的数据写入选中的存储单元中。

上述两条指令只介绍了存取操作数的过程，在此操作前，都需要访问存储器取指令。存取操作数的实现过程根据指令寻址方式的不同而不同，对于复杂寻址的存储器操作数或多次间址，都会增加寻址时间或访存的次数。

3.3　高速缓冲存储器（Cache）

3.3.1　程序访问的局部性

存储器的层次结构可以有效地解决存储器的容量、速度和成本之间的矛盾，迫使存储系统不得不从经济的角度考虑采用分层结构，而程序访问的局部性原理又从技术上保证了分层结构的可用性。程序访问的局部性是指对局部范围的存储器地址频繁访问，而对此范围以外的地址则访问甚少的现象。它包含两层意义：时间局部性和空间局部性。

（1）**时间局部性**（Temporal Locality）是指在一小段时间内，最近被访问过的程序和数据很可能再次被访问。例如，程序中的循环和堆栈等操作，将在一段时间内有规律地访问相同的变量。

（2）**空间局部性**（Spatial Locality）是指一旦一个指令或一个存储单元被访问，那么它们附近的存储单元也将很快被访问。此外，对比顺序执行指令和转移类指令，程序和数据多以顺序执行为主。例如，程序中的数组、表、树等形式的聚集存放，所以要合理地把信息存放在不同的存储介质中。

例如，某程序包括变量 a、b 和 c，其中 a 和 c 是整数，b 是由整数组成的数组。假设 a 和 c 经常被访问，而 b 很少被访问。若数据的声明顺序为 a、c 和 b，则这两个经常访问的变量在存储器中是相邻的，可以被缓存在一起。程序设计人员和编译器会针对空间局部性对这两个变量进行特殊考虑。

大量典型程序的运行情况分析表明：在一个较短的时间间隔内，地址往往集中在存储器逻辑地址空间的很小范围内。程序地址的分布本来就是连续的，再加上循环程序段和子程序段的重复执行，因此，对程序地址的访问就自然地具有相对集中的倾向。数据分布的这种集中倾向不如指令明显，但对数组的存储和访问以及工作单元的选择都可以使存储器的地址相对集中。

【例 3-5】内积运算 $\sum a_i b_i$，利用访问局部性原理分析空间局部性和时间局部性。

【解】$a_0, a_1, a_2, \cdots, a_i$ 在主存中是相邻存放的，内积运算会连续访问 $a_0, a_1, a_2, \cdots, a_i$，说明执行顺序与存放顺序一致，因此，$a_i$ 的空间局部性较好。但是每个 a_i 只被访问一次，故 a_i 的时间局部性差。b_i 也是同理。

a_i 和 b_i 在存储空间中存放的位置可能相距很远，$a_i b_i$ 运算时，a_i 和 b_i 几乎在相同的时间被访问，这部分程序会被循环使用。因此，$a_i b_i$ 指令所在的存储空间的时间局部性较好。

局部性原理仅起到指导作用，若程序要访问一个非常大的矩阵且数据分布是随机的，此时可能不会表现出空间局部性。因此，某些程序同时表现出时间局部性和空间局部性，而有些程序没有。Cache 利用程序访问的局部性原理，把计算机频繁访问的信息放在速度较快、容量较小的 Cache 中；而将不频繁访问的信息放在速度较慢、价格较低的存储器中，这样可以使程序的执行速度得到极大的提高。

【例 3-6】已知功能相同的程序段 A 和程序段 B，分析两个程序段中数组 a、变量 sum 和指令 for 循环体的空间局部性和时间局部性。

【解】为了得到程序段 A 和程序段 B 的空间局部性和时间局部性普遍结论，便于直观观察主存，本例取 M=2，N=3，即 a[2][3]。程序段 A、程序段 B 及主存内容如图 3-13 所示。

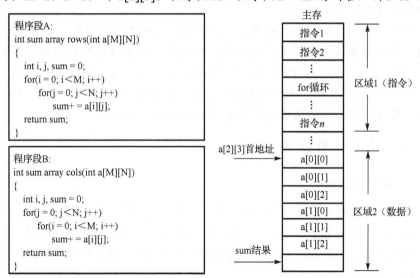

图 3-13　程序段 A、程序段 B 及主存内容

由于指令和数据存放在存储器的不同区域，因此本例分析空间局部性和时间局部性通过以下两个方面进行。

- 通过数组 a 和变量 sum 分析程序数据引用的局部性。
- 通过 for 循环分析取指令的局部性。

程序段 A 的时间局部性和空间局部性分析：

（1）数组 a 的访问顺序从 a[0][0] 到 a[1][2]（图 3-13 中的区域 2），说明执行顺序与存放顺序一致，其空间局部性较好，但是每个 a[i][j] 只能被访问一次，故时间局部性很差。

（2）sum 变量在程序每次循环中都要被访问，其时间局部性较好。对于单个变量 sum 是不考虑空间局部性的，因为编译器通常会将 sum 分配在寄存器中，循环执行时从寄存器中取出 sum 进行运算，最后再把运算结果通过寄存器写回到存储单元中，因此，不需要考虑 sum 的空间局部性问题。

（3）对于 for 循环体，因为循环体中的指令是连续存放的，所以 for 循环体具有良好的空间局部性。for 循环体被连续重复执行 2×3 次，因此其时间局部性也很好。

程序段 B 的时间局部性和空间局部性分析：

（1）数组 a 的访问顺序为 a[0][0], a[1][0]；a[0][1], a[1][1]；a[0][2], a[1][2]，执行顺序与存放顺序不一致，每次操作需要跳过 3 个存储单元，因此其空间局部性不好。数组 a 的时间局部性与程序 A 的时间局部性一样。

（2）对于变量 sum 与 for 循环体，其程序 B 的空间局部性和时间局部性与程序 A 的空间局部性和时间局部性相同。

通过对两个程序段的局部性分析发现：

（1）重复引用相同变量的程序会有良好的时间局部性，如 sum 变量。

（2）代码区别于程序数据的一个重要属性是在程序运行时代码是不能被修改的。对取指令来说，循环操作具有良好的时间局部性和空间局部性。循环体越小，循环迭代次数越多，其时间局部性和空间局部性越好。

总结：为了清晰、直观地表示存储器中指令和数据的存放和执行，本例采用 a[2][3] 进行讨论，由于数组元素较少且指令代码较短，因此两个程序段的空间局部性和时间局部性的效果不是十分明显。但是当增大数组的步长后，两个程序段因两重循环的顺序不同，导致两者对数组 a 访问的空间局部性相差较大，进而导致执行时间的不同。尤其是针对多维数组的程序，程序的很小改动都能对其空间局部性有很大影响。

3.3.2 Cache 的基本工作原理

1. Cache 的性能指标

根据局部性原理，可以在主存和 CPU 之间设置一个高速的、容量相对较小的 Cache，若当前正在执行的程序和数据存放在 Cache 中，则程序运行不必从主存储器取指令和取数据，而是访问这个 Cache 即可。Cache 中保存的内容是 CPU 对主存储器当前访问频率较高区域中内容的映射。

CPU 进行读/写操作时，将所访问存储器的物理地址同时送入主存储器和 Cache 中，Cache 控制器对 CPU 输出的地址进行检测比较，若 Cache 标记区中有所对应的地址码，则说明 CPU 访问存储单元的主存块在 Cache 中，称 **Cache 命中**，否则称 **Cache**

失效。Cache 命中时，CPU 可从 Cache 中读取当前需要的指令代码和数据。Cache 失效时，CPU 从主存储器中读取指令和数据的同时，将当前被访问主存储器相邻存储单元中的内容复制到 Cache 中，以保证 CPU 所执行的访问操作主要集中在 CPU 和 Cache 中。

（1）命中率。Cache 命中率是衡量其效率的一个指标，**命中率**是指 CPU 所要访问的信息正好在 Cache 中的概率，即命中的访问次数与总访问次数之比。而将所要访问的信息不在 Cache 中的比率称为**失效率**。即

$$命中率（H_c）= 命中次数/总访问次数 \tag{3.1}$$

$$失效率 = 1-H_c \tag{3.2}$$

用 N_c 表示 Cache 完成存取的总次数，N_m 表示主存完成存取的总次数，则命中率还可表示为

$$H_c = N_c/(N_c+N_m) \tag{3.3}$$

（2）平均访问时间。评价 Cache 性能的另一个更重要的指标是**平均访问时间 T**（或平均存取周期），它是与命中率关系密切的最基本的存储体系的评价指标。

设 T_c 为 Cache 的存取时间，T_m 为主存的存取时间，则平均访问时间 T 为

$$T = H_c×T_c+(1-H_c)×(T_m+T_c) \tag{3.4}$$

在存储系统中，提高 Cache 命中率的目的是用较小的硬件代价使主存的平均访问时间 T 尽可能接近 T_c，此时 Cache 的命中率应接近 1，一个组织良好的 Cache 系统命中率可达 95% 以上。

2. Cache 的工作原理

在含有 Cache 的存储系统中，为了便于信息交换，把 Cache 和主存分成若干个大小相同的块（Block），Cache 与主存之间是以块为单位进行数据交换的。通常把主存中的块称为**主存块**。Cache 中同样大小的区域称为 **Cache 块**。部分文献中将 Cache 块还称为 Cache 行（Line）或 Cache 槽（Slot）。

Cache 的基本结构如图 3-14 所示。设主存地址码有 n 位（$n=m+b$），块内地址码有 b 位，若按字节编址，则主存可以寻址空间为 2^n 个存储单元。

将主存分块，每块有 B 字节，则主存一共被分成 M 块。即

$$M = 2^n / B = 2^n / 2^b = 2^m$$

Cache 与主存按同样大小分块，块内字节与主存内字节相同，主存块和 Cache 块的容量均为 2^b，Cache 总共可以分成 2^c 个块。Cache 块的大小及最优值取决于 Cache 总容量、代码的属性以及采用的数据结构，通常以主存的一个读/写周期中能访问的数据长度为限。

Cache 块都由数据块、1 位有效位和多位标记位构成。Cache 块的数据块大小均为 2^b，1 位有效位用于指明该 Cache 块是否包含有效信息，多位标记位用于标识数据是否存储在该 Cache 块中。

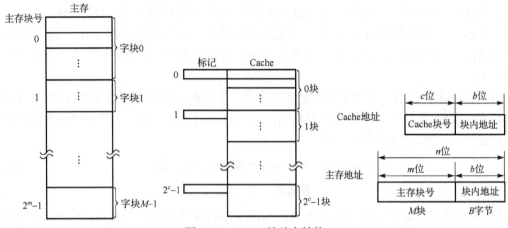

图 3-14　Cache 的基本结构

（1）标记位。由于 Cache 的容量远小于主存的容量，因此 Cache 中的块数要远少于主存中的块数。主存中只有一部分块的内容可以存放在 Cache 块中，它保存的信息只是主存中最活跃的若干块的副本。但是，Cache 块中每个位置都可能对应于主存中多个不同的地址，那么怎样才能确定所请求的字是否在 Cache 块中？

解决方案是在每个 Cache 块中都设有标记位（Tag），用于指明 Cache 块是哪个主存块副本的映射，通过标记位来明确 CPU 要访问的数据是否在 Cache 块中。

标记位中包含地址信息，这些地址信息可以用来判断 Cache 块中的字是否就是所请求的字。标记位是当前主存块地址位的一个子集，它只包含主存地址的高位，而没有用来表示 Cache 块号的那些位。

📖 每个 Cache 块都有标记位，它能唯一标识主存块是否存储在 Cache 块中。**存放标记位的 RAM**（简称 Cache Tag RAM）是一种由高速随机访问存储器和数据比较器构成的特殊设备，保存数据的 Cache 和保存标记位的 RAM 是独立的，它们可以同时被访问。

（2）有效位。在系统启动或复位时，Cache 中没有任何数据，标记位中的值没有意义，甚至在执行一些指令后，Cache 中的一些块依然为空，即 Cache 块中的信息是无效的，故可以忽略 Cache 块的标记位。只有在 Cache 块中装入了主存块后，相关信息才有效。那么，如何指明某个 Cache 块中包含的信息是有意义的信息呢？

解决方案是在每个 Cache 块中都增加一个**有效位**（Valid Bit），用有效位来表示 Cache 块中的信息是否有效。若有效位为 1，则表示信息有效；若有效位为 0，则表示信息无效。有效位标识一个 Cache 块是否含有一个有效地址，若该位没被设置，则不能使用该 Cache 块中的内容。

通常，系统启动或复位后，所有 Cache 块中的有效位均为 0；若访问 Cache 块命中，则该块的有效位为 1；若访问 Cache 块失效，则有效位为 0。装入新的主存块时，将有效位置 1，若将有效位清 0，则淘汰某个 Cache 块中的主存块。

由于 Cache 的容量指的是所有 Cache 块容量的和，因此 Cache 的容量信息不包括标记位和有效位。在直接映射中，主存的地址格式将整个地址位划分成三个部分，即主存标记、Cache 块号和块内地址。

CPU 访问 Cache 需要从主存取指令或读/写数据，首先检查 Cache 中是否存在要访问的信息，若存在，则直接访问 Cache；若不存在，则从主存中把当前访问信息所在的主存块复制到 Cache 中。因此，Cache 中的内容是主存块中部分内容的副本。

以读操作为例说明 Cache 的工作原理，Cache 的读操作流程如图 3-15 所示，其主要过程如下。

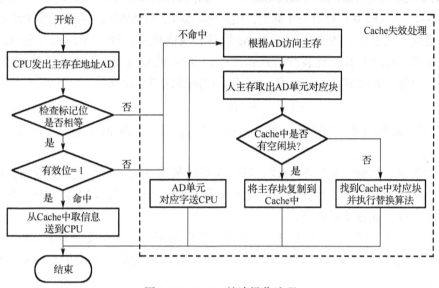

图 3-15　Cache 的读操作流程

（1）当 CPU 发出读请求时，根据标志位和有效位的比较，判断信息是否在 Cache 中。

（2）若访问 Cache 命中，则说明需要的数据已在 Cache 中，此时直接对 Cache 进行读操作；若 Cache 没有命中，则仍需访问主存，并把该数据所在的整个字块信息一次调入 Cache 内。

（3）若对应的 Cache 块已满，则必须根据某种替换算法，用其他 Cache 块替换掉已满 Cache 块。

在指令执行过程中，Cache 读操作由硬件实现。由于 Cache 对程序设计人员来说是透明的，因此，程序设计人员编程时不用考虑信息存放在主存中还是存放在 Cache 中。

3.3.3　Cache 地址映射

为了把存放在主存块中的数据按照某种规则装入 Cache 中，需要在主存的地址和 Cache 地址间建立一种确定的逻辑关系，即应用某种函数把主存地址空间映射到 Cache 地址空间中，该过程称为**地址映射**。数据一旦按照这种映射关系装入 Cache 中后，执行程序时，主存地址就转换成 Cache 地址，这种转换过程称为**地址变换**。地址映射的方法有三种：直接映射、全相联映射和组相联映射。

1. 直接映射

直接映射是指主存中的每个字块只能被放置到 Cache 中唯一指定的一个位置，若这个位置已有内容，则产生块冲突，原来的块将无条件地被替换出去。直接映射方法将主存块号对 Cache 的块数取模得到 Cache 的块号，这相当于将主存的空间按 Cache 的尺寸分或块

群，每个块群内将相同的块号映射到 Cache 中相同的位置。直接映射的函数关系为

$$\text{Cache 块号} = (\text{主存块号}) \mod (\text{Cache 块数}) \tag{3.5}$$

Cache 直接映射的组织形式如图 3-16 所示，Cache 中某块的位置与主存中某块的位置之间有直接的关系。如主存的块 0（第 0 块群）、块 2^c（第 1 块群）和块 2^{c+1}（第 2 块群）都映射到 Cache 的第 0 块。但是，系统如何知道 Cache 中被访问的第 0 块是来自主存的哪一个块群呢？解决方案是在每个 Cache 块中都有一个标记，用来标识该 Cache 块来自主存中的哪个块群。

主存地址分成三段：主存标记、Cache 块号和块内地址，分别为 t 位、c 位和 b 位。主存标记用于与 Cache 块标记比较判断是否命中；Cache 块号直接用于查地址映射表；块内地址用于块内寻址。根据式(3.5)的定义，直接映射函数的关系定义为

$$j = i \bmod 2^c \tag{3.6}$$

式中，j 为 Cache 的块号，主存共有 2^m（$0 \sim 2^m - 1$）个字块，Cache 共有 2^c（$0 \sim 2^c - 1$）个块，主存标记位为 $t = m - c$ 位。

直接映射下，加载一条指令/数据，其组织形式如图 3-15 所示，CPU 发出访问主存的地址，在控制信号作用下，根据地址中 c 位字段找到 Cache 块，将主存地址 t 位与 Cache 块的标记位比较，比较结果如下。

（1）若比较结果相等且有效位为 1，则说明主存的字块已经存放在 Cache 块中，且需要的信息有效，这时，访问 Cache 命中，系统根据 b 位块内地址，直接从 Cache 中取得所需的指令/数据。

（2）若比较结果不相等或有效位为 0，则访问 Cache 失效，从主存读入新的字块送到对应的 Cache 块中，并且修改 Cache 标记，同时有效位置 1，并将 Cache 中的指令/数据送到 CPU 中。

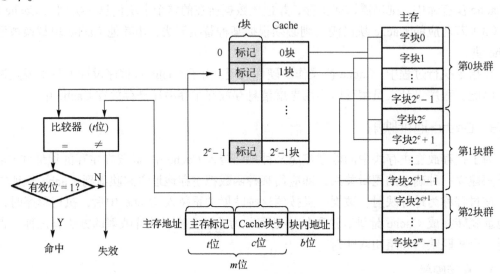

图 3-16　Cache 直接映射的组织形式

【例 3-7】已知某系统采用直接映射，主存地址容量为 1MB，Cache 容量为 8KB，主存分块大小为 512B。试问：

（1）主存和 Cache 的地址格式。

（2）直接映射地址变换和访存情况。

【解】（1）主存地址为 2^{20}（20 位），Cache 地址为 2^{13}（13 位），块内地址为 2^9（9位）。则 Cache 块号为 $13-9=4$ 位，表示 Cache 可分为 $2^4=16$ 块。

主存共有 $2^{20}/2^9=2048$ 块，按照主存每 16 块分为一个块群，将 2048 块主存按照 Cache 容量大小分成 2048/16=128 个块群。

主存与 Cache 的地址格式和映射关系如图 3-17 所示。

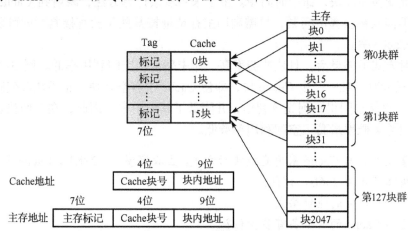

图 3-17　主存与 Cache 的地址格式和映射关系

（2）由公式 $j=i \bmod 2^c$ 可知，直接映射中，主存的第 0 块和第 16 块只能映射到 Cache 的第 0 块。而主存的第 1 块和第 17 块只能映射到 Cache 的第 1 块，依此类推。如图 3-18 所示，主存中每个块调到 Cache 中时，都要通过标记位表明它是来自主存的哪一块群的映射，因此主存共有 7 位标记位。在 CPU 访问主存时，根据主存地址中的 Cache 块号找到 Cache 对应的块，然后对 7 位标记位进行比较，有以下两种可能。

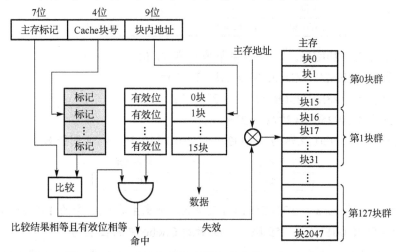

图 3-18　直接映射方式访存过程

① 若结果相同且有效位为 1，则表示访问 Cache 命中，可对 Cache 进行访问，即根据 9 位块内地址从 Cache 中取得所需指令或数据。

② 若结果不相等或有效位为 0，则表示访问 Cache 失效，此时从主存读入新字块来替换旧字块，进而完成数据传送，同时修改 Cache 标记位，有效位置 1。

直接映射方式的特点如下。

（1）最简单的地址映射方式，且成本低、易实现。

（2）地址变换速度快，命中时间短。由于采用取余计算方法，映射到 Cache 中的地址唯一，因此不涉及替换算法问题，只需利用主存地址按某些字段直接判断即可确定所需字块是否已在 Cache 中。

（3）映射方式不够灵活，且块冲突率高、命中率低、空间利用率低。例 3-7 中，主存的 2^7 个字块只能对应唯一一个 Cache 块，即使 Cache 中有空余块，也不能改变映射位置。这使得 Cache 存储空间得不到充分利用，并降低了其命中率。因此，在三种映射方式中，直接映射的块冲突概率最高、空间利用率最低。

【例 3-8】设主存与 Cache 采用直接映射方式，主存容量为 128KB，Cache 容量为 4KB，每个 Cache 块容量均为 256B，试问：

（1）主存和 Cache 的地址格式。

（2）主存和 Cache 的地址各有多少位？

（3）主存和 Cache 各有多少块？

（4）主存地址为 1032CH 的存储单元映射到 Cache 中的位置。

【解】

（1）Cache 地址格式为

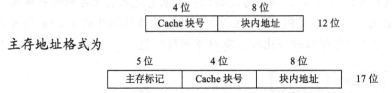

主存地址格式为

（2）主存容量为 128KB=2^{17}，主存字节地址有 17 位。

Cache 容量为 4KB=2^{12}，Cache 字节地址有 12 位。

（3）主存块数为 128KB/256B =$2^{17}/2^8$= 2^9 = 512。

Cache 块数为 4KB/256B =$2^{12}/2^8$ =2^4 = 16。

（4）主存地址 1032CH 表示为 1 0000 0011 0010 1100B，地址划分如下。

主存标记	Cache 块号	块内地址
1 0000	0011	0010 1100

直接映射下，主存地址为 1032CH 的存储单元，所属主存块群号为 1 0000（第 16 块群），主存的块号为 1 0000 0011（第 259 块），映射到 Cache 中的位置为

（主存块号）mod（Cache 的块数）=1 0000 0011 mod 2^4=0011（第 3 块）

2. 全相联映射

全相联映射就是主存中任何一个字块均可以映射到任何一个 Cache 块的位置上，也允许从被占满的 Cache 中替换出任何一个块。访问时，主存字块的标记位需要与 Cache 所有的标记位进行比较，才能判断出所访问主存地址的内容是否已在 Cache 中，因此，与直接映射相比，全相联映射的主存标记位从(m − c)位增加到 m 位。

若例 3-7 采用全相联映射，则全相联映射示意图如图 3-19 所示，Cache 依然分为 16 块。主存也依然是 2048（2^{11}）字块，但是需要对主存中 2048 个字块与 Cache 中的标记位进行比较，才能判断 Cache 是否命中。因此，全相联映射中，主存中的任意一块都可以映射到 Cache 的任意一块。与直接映射相比，主存地址中除去块内地址 9 位信息外，主存的标记位从直接映射的 7 位增加到 11（7＋4）位。

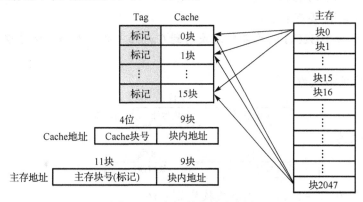

图 3-19　全相联映射示意图

全映射地址变换示意图如图 3-20 所示，与直接映射相比，全相联映射地址变换时，主存的高 11 位标记位需要与全部 Cache 块的标记位进行比较，才能判断出所访问主存地址的内容是否已在 Cache 中。若有 1 个标记位相等且有效位为 1，则表示访问 Cache 命中，根据块内地址对 Cache 块进行访问；若标记位都不相等，则表示访问 Cache 失效，将该主存块复制到 Cache 的任何一个空闲块中，并将 Cache 有效位置 1，标记位的设置与主存标记位的设置相同（表示信息来源于主存的具体块号）。

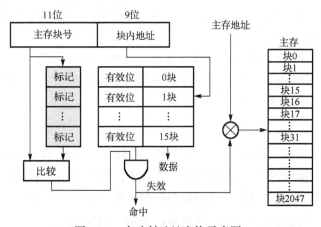

图 3-20　全映射地址变换示意图

全相联映射方式的特点如下。

（1）比较操作需要很多逻辑电路，使地址变换速度变慢，且映射时间长，所以该操作实现起来比较困难。

（2）由于映射方式不受任何限制，因此 Cache 的块冲突概率最低，且空间利用率最高。

（3）当某个 Cache 块已满时，需要采用替换算法，确定哪个 Cache 块应该被替换。

（4）全相联映射方式是最灵活但成本最高的一种方式。通常适用于容量较小的 Cache。

【例 3-9】 设主存与 Cache 采用全相联映射，主存容量为 128KB，Cache 容量为 4KB，每个 Cache 块容量均为 256B，试问：

（1）主存和 Cache 的地址格式。

（2）主存和 Cache 各有多少块？

（3）主存地址为 1032CH 的存储单元映射到 Cache 中的位置和访问过程。

【解】

（1）Cache 地址格式为

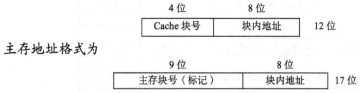

主存地址格式为

9 位	8 位	
主存块号（标记）	块内地址	17 位

（2）主存块数为 $2^9 = 512$，Cache 块数为 $2^4 = 16$。

（3）主存地址 1032CH 表示为 1 0000 0011 0010 1100B，地址划分为

主存块号（标记）	块内地址
1 0000 0011	0010 1100

全相联映射下，1032CH 存储单元主存的块号为 1 0000 0011（第 259 块），可以映射到 Cache 中的任意一个块上。

访问 1032CH 存储单元的具体过程如下。

① 先将主存的高 9 位标记位（1 0000 0011）与每个 Cache 块的标记位进行比较。

② 若有 1 个标记位相等且有效位为 1，则访问 Cache 命中，此时，CPU 根据块内地址 0010 1100 从 Cache 块中取出信息。

③ 若标记位都不相等，则访问 Cache 失效，此时，将 1032CH 存储单元所在主存的第 1 0000 0011 块（第 259 块）复制到 Cache 的任何一个空闲块中，并将有效位置 1，标记位置 1 0000 0011（表示信息取自主存第 259 块）。

3. 组相联映射

组相联映射方式是对直接映射和全相联映射的折中，将 Cache 分成大小相等的组，每个主存块被映射到 Cache 固定组中的任意一个块中，即采用<u>组间直接映射和组内全相联映射</u>。主存中的各块与 Cache 的组号有固定的映射关系，映射关系为

$$\text{Cache 组号} = (\text{主存块号}) \bmod (\text{Cache 组数}) \tag{3.7}$$

例如，Cache 共有 16 块，若将其分成 8 组，则每组有 2 块，此时，主存第 100 块应映射到 Cache 第 4 组的任意一块中（100 mod 8 = 4）。

组相联映射中，主存地址分成三个字段，分别是主存标记、Cache 组号和块内地址。主存地址格式为

t 位	q 位	b 位
主存标记	Cache 组号	块内地址

组相联映射采用组间直接映射，使得主存每个组群中包含的块数和 Cache 组数均相同，即

$$主存中组群块数 = 2^q \tag{3.8}$$

主存的标记（t 位）表示信息从哪个组群映射到 Cache 中，因此组群数为 2^t，主存的块号有 $t + q$ 位，块数为 2^{t+q}。

组内包含 2 块的组相联映射称为 **2 路组相联映射**；组内包含 4 块的组相联映射称为 **4 路组相联映射**。随着技术的发展和 Cache 容量的不断增加，目前有许多处理器采用 8 路组相联映射或 16 路组相联映射。

若采用 n 路组相联映射的 Cache，则每组有 n 个 Cache 块，每个 Cache 块都有对应的有效位、标记位和数据块，其访存过程如下。

（1）根据主存地址中的 Cache 组号找到 Cache 中对应的组。

（2）将主存地址中主存标记位与对应 Cache 组中 n 个块标记位进行比较。

（3）若有 1 个标记位相等且有效位为 1，则访问 Cache 命中，则从该组的 Cache 块取出对应存储单元的信息；若标记位都不相等，或有 1 个标记位相等但有效位为 0，则访问 Cache 失效，CPU 从主存读取一块信息到 Cache 块中。

组相联映射的性能与复杂性介于直接映射与全相联映射两种方式之间。由于组相联映射所需比较器的位数和个数都比全相联映射所需比较器的位数和个数少，因此组相联映射易于实现，其查找速度也快于全相联映射的查找速度。组相联映射的关键是确定组的规模大小，根据组相联映射的特点可知：

（1）当 Cache 组的规模最小（每组只有 1 个 Cache 块）时，此时组数与块数相等，就转换成直接映射。

（2）Cache 组的规模越大，越接近全相联映射。

（3）当 Cache 组的规模最大（Cache 组数 = 1）时，就是全相联映射。

【例 3-10】设主存与 Cache 采用组相联映射，主存容量为 128KB，Cache 容量为 4KB，每个 Cache 块容量均为 256B，采用 2 路组相联映射，试问：

（1）主存地址格式。

（2）说明主存和 Cache 的分组和分块情况。

（3）主存地址为 1032CH 存储单元映射到 Cache 中的位置和访问过程。

【解】

（1）主存地址格式为

6 位	3 位	8 位	
主存标记	Cache 组号	块内地址	17 位

（2）Cache 容量为 2^{12}B，每个 Cache 块容量均为 2^8B，每组有 2 块，则 Cache 分组 = 2^{12} / 2^8 / 2^1 = 2^3 = 8 组。即 Cache 的 4KB 容量被分成 8 组，每块容量均为 256B。

根据组相联映射方式，Cache 分为 8 组，主存也对应每个组群中有 8 块。主存总块数 = 2^{6+3} = 2^9 = 512 块，主存的组群数 = 2^6 = 64，即主存 128KB 被分为 512 块，每个组群均为 8 块，共 64 个组群。

（3）主存地址 1032CH 地址划分表示为

1 0000 0	011	0010 1100

组相联映射示意图如图 3-21 所示。地址为 1032CH 存储单元在主存中的块号为 1 0000 0011（第 259 块），属于主存第 1 0000 0 组群（第 32 组群），映射到 Cache 中的位置是：Cache 第 011 组（第 3 组）内的任意一个空闲块中。

访问 1032CH 存储单元的具体过程如下。

（1）根据主存地址 Cache 组号字段 011 找到 Cache 第 3 组。

（2）将主存标记 1 0000 0 与 Cache 第 3 组中的 2 个 Cache 块的标记位同时进行比较。

（3）若有 1 个标记位相等且有效位为 1，则访问 Cache 命中。此时，根据块内地址 0010 1100 从对应 Cache 块中取出存储单元内容送入 CPU 中。

（4）若标记位都不相等，或有 1 个标记位相等但有效位为 0，则访问 Cache 失效。此时，将 1032CH 存储单元所在主存第 1 0000 0011 块（第 259 块）复制到 Cache 第 3 组的任意一个空闲块中，并将有效位置 1，标记位置 1 0000 0（表示信息取自主存第 32 组群）。

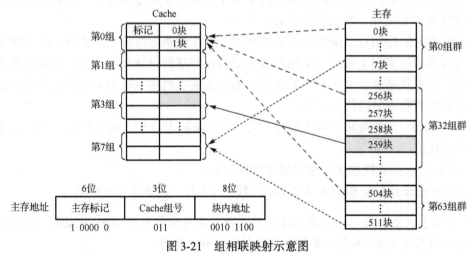

图 3-21 组相联映射示意图

3.3.4 Cache 替换算法

Cache 的工作状态有命中和失效两种。若 Cache 为失效状态，则必须用一个适当的方法在 Cache 中选择一个即将被置换的旧块。当一个新的主存块要调入 Cache 中，而允许存放此块的位置已被占满时，就要产生替换，这是为了满足 Cache 工作原理是保存最新数据的要求。替换问题与 Cache 的组织方式是紧密相关的。

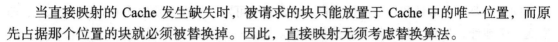

当直接映射的 Cache 发生缺失时，被请求的块只能放置于 Cache 中的唯一位置，而原先占据那个位置的块就必须被替换掉。因此，直接映射无须考虑替换算法。

全相联映射和组相联映射方式均存在多中选一的问题。在全相联映射中，所有的 Cache 块都将可能被替换。在组相联映射中，将在选中的组中挑选被替换的 Cache 块，Cache 中同组的各个块都可能被替换。常用的替换算法有以下 4 种。

（1）先进先出（FIFO）算法。FIFO（First In First Out）算法的原则是根据主存中的内容映射到 Cache 中的先后顺序，将最先调入 Cache 的字块最先替换出去，它不需要随时记录各字块的使用情况，所以该算法实现容易且开销小。其缺点是一些需要经常使用的程序因最早进入 Cache 而面临被替换的危险。因此，这种算法可能产生较高的失效率。

（2）近期最少使用（LRU）算法。LRU（Least Recently Used）算法的原则是将近期最久未使用的主存块替换出来。该算法赋予每个 Cache 块一个访问字段，用来记录 Cache 中各块自上次被访问以来经历的时间，以便确定哪个字块是最近最久未使用的字块。因此，LRU 算法实现较为复杂，系统开销大，但平均命中率高于 FIFO 算法的平均命中率。

（3）最不经常使用（LFU）算法。LFU（Least Frequently Used）算法的原则是替换掉 Cache 中引用次数最少的块。该算法要在每个 Cache 块中均增加一个计数器，需要随时记录 Cache 中各块的使用情况，以便确定哪个字块是近期最少使用的字块。

（4）最佳置换（OPT）算法。OPT（Optimal）算法的原则是将永远不用或最长时间内都不用的字块替换掉，该算法必须先执行一次程序，统计 Cache 的替换情况。这种以先验统计信息为基础的替换方式，因程序在执行过程中很难预料程序的流向而难以实现。

（5）随机替换算法。随机替换（Random Replacement）算法的原则是从候选的主存块中随机地选一个字块替换出去。该算法可能会使用一些硬件，如 MIPS 支持随机替换处理 TLB 缺失问题。该算法速度较快，主要缺点是随机替换出的数据很可能立即又要使用，从而增加了映射次数，降低了 Cache 的命中率和工作效率。

在全相联映射或组相联映射中，LFU 算法和随机替换算法是两种主要的替换算法。Cache 中替换算法是由硬件实现的，意味着这类算法容易实现，其中随机替换算法用硬件很容易实现。而对于 2 路组相联映射的 Cache，随机替换算法比 LRU 算法的失效率高 1.1 倍。随着 Cache 容量增大，所有替换算法的失效率都下降了，绝对差别也变小了。实际应用中，2 路组相联映射或 4 路组相联映射实现 LRU 的代价太高，这是因为跟踪使用信息的代价很高。因此，随机替换算法的性能比用硬件简单实现的 LRU 算法的性能还要好。

3.3.5　Cache 设计考虑因素

Cache 的设计比较复杂，除地址映射和替换算法外，需要考虑的因素很多，其中一些因素依赖计算机系统自身的属性。下面介绍一些影响 Cache 系统设计的因素。

1. 块大小

块是 Cache 中的基本存储单位，块的大小和 Cache 性能密切相关。最佳的块容量取决于以下几个方面。

（1）正在执行的程序的性质。典型计算机从数据总线发送/接收一个数据字，每次存储器访问都需要一个地址和一个数据元素。假设总线可以工作在突发模式（Burst Mode），即发送一个地址，然后获得一批连续的数据值。那么，这样的总线相对每次只能传输一个数据元素的总线来说能更好地传输容量较大的块。

（2）指令和数据的混合情况。针对指令与针对数据的最佳块容量不一定相同。

IA-32 的指令长度是可变的，其范围从 2 字节到 10 字节或更多的字节。假设块容量非常小，很长的指令可能会在两个不同的缓存中，读取这样的一条指令必须访问两次 Cache。因此增加块的容量可以减小访问 Cache 的次数。

增加块容量会提高 Cache 的效率，然而，当块容量不断增加时，Cache 的命中率也会下降，容量大的块的性能很大程度上依赖数据访问的局部性。当发生 Cache 失效时，将一块调入 Cache，该块可能包含不经常访问的数据，反而把经常访问的数据替换出去了。

通过模拟实验发现：数据 Cache 的失效率随块容量的增加，先逐渐降低，然后逐渐升高，直到块容量与 Cache 容量本身相等；而指令 Cache 的失效率随块容量的增加而降低。这表明，程序访问的局部性对指令的影响比对数据的影响更大。一般情况下，只要给定 Cache 容量就有一个最佳的块容量，如 256B 的 Cache，最佳块容量为 64B。Cache 容量越大，最佳块容量也越大。

2．Cache 写策略

Cache 块内写入的信息必须与被映射的主存块内的信息完全一致。由于 Cache 中保存的只是主存的部分副本，因此这些副本与主存中的内容能否保持一致，是 Cache 能否可靠工作的一个关键问题。对 Cache 常见的更新策略包括直写法和回写法。

（1）直写法（Write Through）是指 CPU 对 Cache 和主存同时执行写操作，这样使 Cache 和主存保持数据始终一致，这种方法会增加访存次数，导致系统变慢，这是因为写主存储器的时间比写 Cache 的时间要长。若下一个操作是读 Cache，则主存储器可以同时完成更新。

（2）回写法（Write Back）又称标识交换（Flag Swap），在具有写回策略的 Cache 系统中，只有在 Cache 块被替换时才会发生向主存的写操作，即对 Cache 的写操作并不会每次都导致对主存的更新。只有在某块由于读失效而被替换出去时，才将该块写回存储器。这种方法减少了对主存的写操作，因此运行速度快。

3．Cache 一致性

因为 Cache 中的内容是某些主存块的副本，所以当 CPU 利用写操作修改数据时，必须对主存和 Cache 中的数据副本进行修改，否则会出现一个数据存在两个不同副本的情况，这样会导致严重的错误。因此，Cache 一致性又称为数据一致性。以下情况会影响 Cache 的一致性。

（1）当多个设备都允许访问主存时。例如，磁盘这类高速 I/O 设备可通过 DMA 方式直接读/写主存，若 Cache 中的内容被 CPU 修改而主存块没有更新，则从主存传送到 I/O 设备的内容无效；若 I/O 设备修改了主存块中的内容，则对应 Cache 块中的内容无效。

（2）多处理器系统中，当多个 CPU 都带有各自的局部 Cache 而共享主存时。若某个 CPU 修改了自身 Cache 和共享主存中的内容，而另一个 CPU 可能在其局部 Cache 中缓存了相同数据的一个副本，则因为该 CPU 缓存的数据已过时，所以对应的主存块和 Cache 块的内容都变为无效。

4. 多级 Cache

随着半导体技术的飞速发展、存储器价格的降低、Cache 系统容量的增大以及 Cache 复杂性的提高，计算机系统开始实现两级 Cache，即一级 Cache 和二级 Cache。一级 Cache 在 CPU 内部，容量小但速度快；二级 Cache 在主板上，由容量较大和速度较快的存储器构成。对于两级 Cache 构成的 Cache 系统，首先访问一级 Cache，若没有所需数据，再访问二级 Cache，若仍然没有找到数据，则需要访问主存储器。两级 Cache 系统的访问时间是一级 Cache 的访问时间、二级 Cache 的访问时间和主存储器的访问时间三者之和。

现代高性能 Cache 系统具有多个级别的 Cache，即一级 Cache、二级 Cache 和三级 Cache。若数据不在一级 Cache 中，则在二级 Cache 中查找，若数据还没有找到，则在三级 Cache 中查找。与二级 Cache 类似，三级 Cache 不保存来自存储器的数据，而是保存被替换出二级 Cache 的数据。

三级 Cache 被多个核共享。加载数据时，数据直接从三级 Cache 传给一级 Cache，并不通过二级 Cache。被传送的数据或者被多个处理器使用的数据保存在三级 Cache 中，或者因为不需要共享而删除这些数据。多级 Cache 在不增加最快 Cache 容量的情况下，为用户提供了更好的性能，因此也具有更高的性价比。

5. 指令和数据 Cache

数据和指令共享相同的存储器，这是冯·诺依曼计算机结构的核心思想。但是，指令和数据具有不同的特性，程序在执行过程中不会发生变化，除将程序块调入 Cache 外，是不会修改指令 Cache 中内容的。因此，指令 Cache 比数据 Cache 要容易实现。采用分离 Cache（指令 Cache 和数据 Cache）实现指令和数据的同时访问，可以提高 CPU 与存储器间的带宽。

目前，多数的处理器都采用分离 Cache。一些计算机还实现了特殊的 Cache，如分支目标 Cache 和返回地址 Cache。分支目标 Cache 存储与分支有关的信息，如分支地址和目标地址处的指令操作码。返回地址 Cache 用于保存子程序返回地址，减少返回地址保存在堆栈中带来的子程序返回开销。

3.4　虚拟存储管理

虚拟存储器的概念是 1961 年英国曼彻斯特大学 Kilbrn 等人提出的，其基本思路是将辅助存储器的一部分当作主存使用，进而扩大程序的存储空间。将主存和部分辅存组成的存储系统称为**虚拟存储器**。或者说，在主存和辅存之间增加部分软件和必要的硬件支持（地址映射与转换结构等），使主存和辅存形成一个有机的整体。

目前，各种通用计算机系统都采用这种虚拟存储技术。这样，程序员就可以在一个比物理内存空间大得多、又不受物理内存空间限制的虚拟的逻辑地址空间中编写程序。程序执行过程中，只需要将当前执行的部分程序和数据调入主存，其他不用的程序和数据暂时放在硬盘中。

3.4.1　虚拟存储器

虚拟存储器使计算机具有辅存的容量和接近主存的速度。使得程序设计人员可以按比主存大得多的空间来编制程序，即按虚拟存储空间编址。虚拟存储器不仅是解决存储容量和存取速度之间矛盾的一种有效工具，而且是管理存储设备的有效工具。若采用虚拟存储器，用户在编写程序时，只需要将工作的重点放在解决具体问题上，无须考虑所编程序在主存中是否放得下以及放在什么地方的问题，因此虚拟存储器为软件编程提供了极大方便。

采用虚拟存储技术的计算机，指令执行是通过**存储器管理部件**（Memory Management Unit，MMU）将指令的**逻辑地址**（或虚拟地址、虚地址）转化为**物理地址**(或主存地址、实地址）。在地址转换过程中，由硬件检测是否发生访问信息不在主存、地址越界或访问越界等情况。若发生信息不在主存，则由操作系统将数据从硬盘读到主存；若发生地址越界或访问越界，由操作系统进行相应的异常处理。因此，虚拟存储技术不仅可以解决编程空间受限问题，也可以解决多道程序共享主存带来的安全问题。

从原理角度看,主存-辅存与 Cache-主存有很多相似之处,它们都采用相同的地址转换、映射方法和替换算法。Cache 采取的直接映射、全相联映射和组相联映射三种方法完全是由硬件实现的；而虚拟存储器一般采用由操作系统和硬件相结合的方法来实现映射。

虚拟存储器通过增设地址映射机构来实现程序在主存中的定位的。这种定位技术是把程序分割成若干个较小的段或页，利用相应的映射表机构来表明该程序的某段或某页是否已装入主存。若已装入主存，则应同时指明其在主存中所处的位置；若未装入主存，则应到辅存中调用段或页，并建立程序空间和主存空间的地址映射关系。

程序执行时将逻辑地址转换成物理地址再访问主存。由于采用的存储映射算法不同，因此形成了不同的虚拟存储器管理方式。根据信息传送单位的不同，**虚拟存储器的管理方式有页式管理、段式管理和段页式管理三种方式。**

3.4.2 存储管理

IA-32 处理器的分段机制和分页机制均采用存储管理单元（存储器管理部件，MMU）结构，在主存和辅存之间，通过 MMU 进行虚地址和实地址的自动变换，从硬件上支持并加速操作系统的存储管理。

1．段式虚拟存储器

段式虚拟存储器是以段为基本信息单位的虚拟存储器。段式虚拟存储器采用段式存储管理，根据程序的逻辑结构将地址空间分成不同长度的区域，这个具有共同属性的存储区域就是逻辑段，简称段（Segment）。段是利用程序的模块化性质，按照程序的逻辑结构划分成的多个相对独立部分，如过程、数据库、阵列等。段作为独立的逻辑单位可以被其他程序段调用，通过形成段间连接来产生规模较大的程序。

一个程序通常包含多个段，如有代码段、数据段和堆栈段等。每个段既需要通过段基址表明该段在主存的起始地址，又需要表明段的长度。一个程序使用一个段表保存各个段的属性，段表一般驻留在主存中，用来指明各段在主存中的位置。段表中每行都记录了某个段对应的若干信息，包括段号、装入位、段基址和段长等。

段表、主存及程序的位置关系如图 3-22 所示，段表将程序的逻辑结构段与其在主存中存放的位置关系进行对照。由于段的大小可变，因此段表中需要表示出段基址、段长、段号及装入位。其中，段号是指逻辑段号。若装入位为 1，则表示该段已调入主存；若装入位为 0，则表示该段不在主存中。

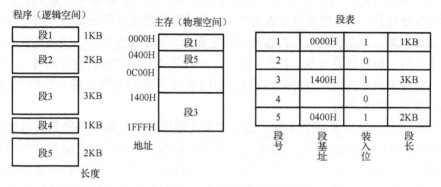

图 3-22　段表、主存及程序的位置关系

　　为了实现逻辑地址到物理地址的转换，在系统中设置了段表基址寄存器，用于存放段表起始地址和段表长度。**逻辑地址包括段号和段内偏移量两部分**。地址转换时，首先，系统将逻辑地址中的段号与段表长度进行比较，若段号大于段表长度，则表示访问越界，产生越界中断信号；若段号小于段表长度，则表示访问未越界，利用段号与段表的起始地址形成访问段表的地址。然后，根据段表内装入位来判断逻辑地址是否已调入主存。若已调入主存，即从段表读出该段在主存中的段基地址（段的起始址），则将该段基址与段内偏移量相加，得到对应主存的物理地址。段式虚拟存储器的地址转换过程如图 3-23 所示，图中主存的物理地址为 8100H（即 8000H+100H）；若未调入主存，则由操作系统首先控制在辅存中找到该段，然后确定将该段装到什么位置。

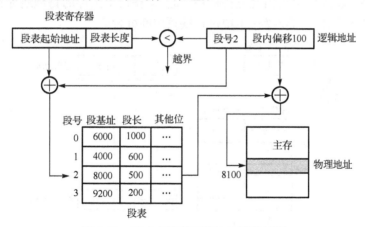

图 3-23　段式虚拟存储器地址转换过程

　　由于段的分界与程序的自然分界相对应，因此段具有逻辑独立性，易于程序操作和保护，也便于多道程序共享。段式管理得到许多编译程序的支持，编译程序能自动地根据源程序的情况产生若干个段。但因为段长度的差异，使得段起点和段终点不确定，这为主存空间的分配带来困难，并且容易在段间留下许多空余的零散存储空间，从而造成空间浪费。

2. 页式虚拟存储器

页式虚拟存储器是以页为基本信息单位的虚拟存储器。把主存和辅存都划分成若干大小相等的页，页的大小一般是固定的。虚拟空间中的页称为**逻辑页（或虚页）**，主存空间也分为同样大小的页，称为**物理页（或实页）**，有时又把物理页称为**页框**。CPU 访问主存时送出的是逻辑地址，判断该地址的内容是否在主存中，若不在主存中，则将所在页的内容从辅存调入主存后才执行相关命令；若在主存中，则找出该存储内容在主存的哪一页。为此，需要建立一张逻辑页号与物理页号的映射表，用于记录程序的逻辑页调入主存时被安排在主存的位置，这张表称为**页表**。

程序中的逻辑地址**分成两个字段：高位字段为逻辑页号，低位字段为页内地址**。物理地址由物理页号和页内地址组成。页式虚拟存储器利用页表来实现逻辑地址到物理地址的转换。在页表中，每个逻辑页号对应一个表目，表目内容至少包含该逻辑页所在的主存的物理页号，并用它作为主存物理地址的高位字段，与逻辑地址的低位字段拼接即可生成物理地址。

页式虚拟存储器的逻辑地址到物理地址的转换是通过页表实现的，页表中的控制位有装入位、修改位、替换位等信息位。其中，装入位为 1 表示该逻辑页已调入主存，为 0 表示尚未调入主存；修改位为 1 表示物理页内容已修改，为 0 表示尚未修改；替换位为 1 表示该物理页将要替换内容，为 0 表示不替换内容。

页式虚拟存储器逻辑/物理地址转换过程如图 3-24 所示，页表中每条记录都包含对应的物理页号，通过页表基址寄存器确定表的起始地址。当程序给出逻辑地址时，CPU 首先以逻辑页号为偏移地址查表，从页表中获得物理页号，同时利用控制位中的装入位判断该页是否装入主存。若装入位为 1，则表示该页已装入主存，则从页表中找到对应的物理页号，将此物理页号与逻辑地址中页内地址拼接在一起，就获得了主存的物理地址；若装入位为 0，则表示该页未装入主存，需要操作系统进行缺页中断处理。

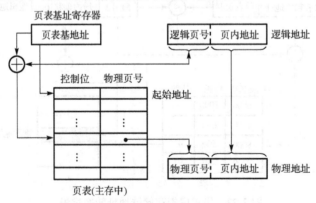

图 3-24　页式虚拟存储器地址转换过程

一般来说，页面的规模相对于程序的逻辑块的规模小很多。当一个连续的逻辑块以页为单位映射到不连续的主存空间时，只要主存中的空白区规模大于一个页面，就可以被利用，因此主存的空间利用率极高，这是页式虚拟存储器相对于段式虚拟存储器的优点。但程序的数量不可能正好是页面的整数倍，最后一页就会造成空间的浪费。由于页不是逻辑上独立的实体，在截取页时可能会把某些程序、数组等数据结构截断，因此在对页面进行修改、保护和共享等方面，页式虚拟存储器不如段式虚拟存储器方便。

3．段页式虚拟存储器

段页式虚拟存储器将段式虚拟存储器和页式虚拟存储器相组合。首先将程序分段，然后再将每段分成大小相同的若干页。页是虚拟内存和主存之间基本的传送单位，每个程序对应一个段表，每段对应一个页表，这种访问是通过一个段表和若干个页表进行的。用段表来管理所有段，段表中存放对应该段的页表基址等有关信息，每段都有自己的页表，其中存放对应本段每页的物理页号，当程序装入某段的各个页时，这些页在主存中不一定是连续的。

逻辑地址分为 4 个字段，分别是基号、段号、段内页号和页内地址。其中，基号是用户标识号，有多个用户在计算机上运行的程序，称为多道程序，多道程序的每道程序都需要一个基号，由该基号指明该道程序的段表起始地址。

CPU 访问虚拟存储器时，其逻辑地址转换为物理地址需要经过 2 次查表才能完成，其过程如图 3-25 所示。首先，根据基号确定某程序的段表起点（存放在段表基址寄存器中）；其次，根据逻辑地址中的段号，在段表中查出该段的页表基址（页表起始地址）；再次，由页表基址及逻辑地址中的段内页号，找到该程序的段内某页所在主存的物理页号；最后，将物理页号与逻辑地址中的页内地址进行拼接，形成了该程序逻辑地址对应的物理地址。

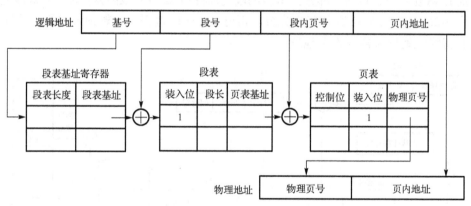

图 3-25　段页式虚拟存储器的地址转换过程

4．虚拟存储器的实现

在虚拟存储器中，逻辑地址转换为物理地址必须经过查表，如段式管理需要查 1 次段表；页式管理需要查 1 次页表；段页式管理要查段表和页表各 1 次。由于每个进程维护页表需要可观的空间代价，因此这些表只能放在主存中，每次进行地址转换都需要先查询主存，这明显影响计算机的性能，降低虚拟存储器的读/写速度。

（1）快表与慢表

为了提高页表访问的速度，使虚拟存储器的访问速度接近主存的访问速度，现代计算机中通常包含一个**转换旁路缓冲器**（Translation Lookaside Buffer，TLB）又称为**快表**。

页式管理的地址转换过程中，需要频繁访问主存中的页表。为了加快存取速度，减少多次访问主存带来的开销，仿照高速缓冲存储器局部性原理，采用 Cache 技术将当前最常用的页表信息存放在 TLB 中。相应地称存放在主存中的页表称为**慢表**。TLB 设置在 Cache 中，其容量比慢表容量小，快表由硬件组成，按内容寻址。慢表在主存中，按地址寻址，快表是慢表的部分副本。TLB 和慢表构成了一个由二级 Cache 组成的存储系统。

（2）虚/实地址转换

利用 TLB 和慢表联合进行的地址变换，在查表时，根据逻辑地址中的逻辑页号先去查快表，与快表的每个逻辑页号中的标记部分相比较，若找到且有效位为 1，则称 **TLB 命中**，否则，称 **TLB 缺失**。

如果 TLB 命中，可直接通过 TLB 进行地址转换，即将命中表项中的物理页号取出，与页内地址拼接形成物理地址（实地址）。如果 TLB 缺失，这时判断该页是否已经装入主存，若在主存中，则需要访问主存去查慢表，从慢表中找到该逻辑页号对应的物理页号；若不在主存，应产生缺页中断，再将该页从辅存调入主存。事实上，TLB 缺失比缺页发生的概率要高得多。

3.5　IA-32 系统地址转换

为了便于多用户、多任务下的存储管理，在 IA-32 系统保护模式下，支持段页式管理，段页式管理方式使存储空间采用逻辑地址、线性地址和物理地址来进行描述。其中，IA-32 中的逻辑地址由 48 位组成，包括两部分：16 位的段选择符和 32 位的段内偏移量（有效地址）。

如图 3-26 所示，IA-32 存储管理先分段再分页，分段过程将逻辑地址转换为线性地址，分页过程将线性地址转换为物理地址。

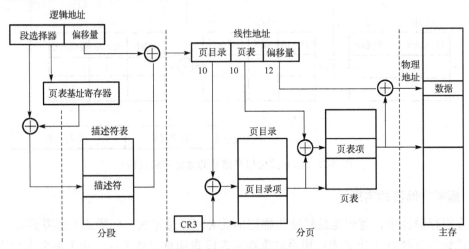

图 3-26　段页式虚拟存储器的地址转换过程

3.5.1　逻辑地址向线性地址的转换

1．段选择器和段选择符

IA-32 处理器使用分段机制，程序使用逻辑地址访问存储器，逻辑地址由段选择器和偏移地址组成。段选择器指向段表的一个段表项，IA-32 处理器称段表项为**段描述符**（Descriptor），称段表为**段描述符表**。

保护方式下，**段寄存器**又称为段选择器，共有 6 个 16 位的段寄存器，分别是 CS、SS、DS、ES、FS 和 GS。其中，CS 指向程序代码所在的段；SS 指向栈区所在的段；DS 指向程序的全局静态数据区所在的段；其他 3 个段寄存器均可以指向任意的数据段。

段选择器中存放**段选择符**，段选择器包括以下三个域，如图 3-27(a)所示。

（1）RPL（特权等级）：定义当前程序段的特权等级。RPL=00 表示第 0 级，是最高级的内核态；RPL=11 为第 3 级，是最低级的用户态。CS 寄存器中的 RPL 字段表示 CPU 的当前特权级（Current Privilege Level，CPL）。

（2）TI（表指示位）：表示段选择符选择哪个段描述符表。TI=0 表示选择全局段描述符表（GDT）；TI=1 表示选择局部段描述符表（LDT）。

（3）索引域：确定段描述符在"描述表"中的位置，表示是描述表中的第几个段表项。

2．段描述符

段描述符是分段方式下一种数据结构，共 8 字节 64 位，其格式如图 3-27(b)所示，包括 32 位的基址（$B_{31} \sim B_0$）、20 位的段界限（$L_{19} \sim L_0$）和访问权限以及特征位 G、D 和 P 等，其中 20 位的限界表示段中最大页号。特征位的含义如下。

（1）段界限（$L_{19} \sim L_0$）：20 位，表示段的长度，用于存储空间保护。

（2）基址（$B_{31} \sim B_0$）：32 位段基址，用于形成线性地址。

（3）G（粒度位）：G=0 表示以字节（1B）为单位，20 位段界限最大的段为 1MB；G=1 表示以页（4KB）为单位，20 位段界限表示的最大段为 4GB（4KB×1MB）。

（4）D（默认操作长度。）：D=1 表示段内偏移量为 32 位；D=0 表示段内偏移量为 16 位。

（5）访问权字节：说明该段的访问权限（只读、读/写、只执行等）、该段当前是否已在主存中，以及该段所在的特权层等。

（6）AVL（可用位）：不做任何定义，保留给操作系统或应用程序使用。

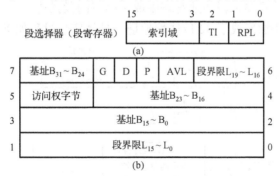

图 3-27　段选择器与段描述符格式

3．段描述符表

段描述符表存放于存储器的某个区域，段寄存器中存放的是寻址段描述符表的参数。

因此，CPU 通过段选择器从段描述符表中取出相应的段描述符，以此确定 32 位段基址。

段描述符表实际上就是分段方式下的段表，由段描述符组成，主要有以下三种类型。

（1）GDT（全局描述符表）：用来存放系统内每个任务都可能访问的段描述符，GDT 只有一个。如内核代码段、用户代码段、内核数据段、用户数据段以及 TSS（任务状态段）等都属于 GDT 中描述的段。

（2）LDT（局部描述符表）：存放某个用户进程（任务）专用的段描述符。

（3）IDT（中断描述符表）：IDT 包含中断门、陷阱门段描述符和任务门段描述符。

4．用户不可见寄存器

为了支持 IA-32 的分段机制，段选择器除提供 6 个段寄存器外，还提供了多个用户进程不可直接访问的内部寄存器，又称为**用户不可见寄存器**，它们包括：

（1）**段描述符Cache**：每当段寄存器装入新的段选择符时，CPU 需要将段选择符指定的一个段描述符装入相应的段描述符 Cache 中，因此 CPU 需要明确段描述符表的首地址。

（2）**GDTR（全局描述符表寄存器）**：GDTR 高 32 位存放 GDT 首地址，低 16 位存放限界，GDT 最大长度为 2^{16}B = 64KB。

（3）**LDTR（局部描述符表寄存器）**：16 位寄存器，存放局部描述符表的选择符，通过该选择符可以把在 GDT 中的 LDT 描述符（包含 LDT 首地址、LDT 界限和访问权限等）装入 LDT 段描述符 Cache 中，从而使 CPU 可以快速访问 LDT。

（4）**TR（任务寄存器）**：16 位寄存器，用来存放任务状态段（TSS）的选择符。通过该选择符可把 GDT 中的 TSS 段描述符（包含 TSS 首地址、TSS 界限和访问权限等）装入 TSS 段描述符 Cache 中，从而可以方便地对任务（即用户进程）进行控制。

（5）**IDTR（中断描述符表寄存器）**：IDTR 的高 32 位存放 IDT 首地址，低 16 位存放限界，IDT 最大长度为 64KB。

5．逻辑地址向线性地址的转换过程

逻辑地址包括 16 位的段选择和 32 位的偏移地址，逻辑地址转换为线性地址的基本过程如图 3-28 所示。段选择器从段描述符表中取出相应的段描述符，获得此段的 32 位段基址，与 32 位偏移地址相加形成了 32 位线性地址，具体实现过程如下。

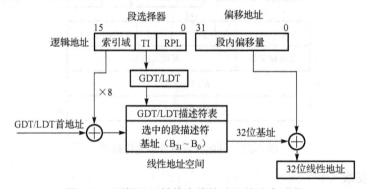

图 3-28　逻辑地址转换为线性地址的基本过程

（1）确定段描述符表是 GDT 还是 LDT。根据段选择器中的 TI 域确定段描述符表是 GDT 还是 LDT，若 TI=0，则从 GDTR 中得到段基址；否则，从 LDTR 中得到段基址。

（2）确定段描述符的地址。无论是 GDT 还是 LDT，其段描述符基址各有 8KB，每个段描述符均占 8 字节，通过段选择器选中索引值，索引值乘 8 为位移量，被选中的段描述符表在主存中的地址为

$$段描述符地址 = 段描述符表首地址 + 索引值×8$$

其中，GDT 首地址从 GDTR 的高 32 位获得，LDT 首地址从 LDTR 对应的 LDT 段描述符 Cache 中的高 32 位获得。通过界限检查后，取出段描述符并送入不可见的段描述符 Cache 中。

为了加快段描述符的存取速度，处理器内部对应每个段寄存器均设置段描述符 Cache。当把一个段选择器装入段寄存器时，这个段选择器指向的段描述符就自动加载到相应的段描述符 Cache 中。以后访问该段时，就可以直接利用高速缓冲器内的段描述符。

（3）寻址段描述符表。根据段描述符地址，从段描述符中取出 32 位段基址（$B_{31} \sim B_0$）。

（4）确定线性地址。从逻辑地址中取出段内偏移量（32 位），通过界限检查后，将 32 位段基址与段内偏移地址相加，最终得到操作数的线性地址。即

$$线性地址（32 位）=段基址 + 段内偏移量$$

在上述步骤中，系统根据段的限界和段的访问权限判断是否发生"地址越界"或"访问越权"，只有通过这些保护性检查，才可以进行数据的存取，实现存储保护，否则将产生中断。

通常情况下，MMU 并不需要到主存中去访问 GDT 或 LDT，而只要根据段寄存器对应的段描述符 Cache 中的段基址、限界和访问（存取）权限来进行逻辑地址向线性地址的转换，线性地址的形成过程如图 3-29 所示。逻辑地址中 32 位的段内偏移量即是有效地址（EA），它由指令中的寻址方式确定，IA-32 中的有效地址包括基址寄存器、变址寄存器、比例和偏移量。

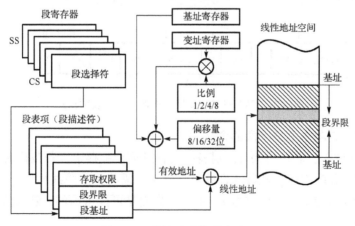

图 3-29　线性地址的形成过程

3.5.2　线性地址向物理地址的转换

IA-32 段页式管理方式的分段机制可以完成逻辑地址向线性地址的转换，再通过分页机

制将线性地址转换为物理地址。IA-32 内部有多个 32 位控制寄存器，分页阶段的地址转换不仅涉及这些控制寄存器，而且还涉及页目录和页表结构等。

1．控制寄存器

控制寄存器保存计算机的各种控制信息和状态信息，这些控制信息和状态信息将影响系统所有任务的运行，操作系统在进行任务控制信息或存储管理时，将使用这些控制信息和状态信息。主要的几个控制寄存器以及存放的控制信息和状态信息说明如下。

（1）CR0（控制寄存器）：定义了多个控制位，用于确定处理器工作模式是实模式还是保护模式；是否启用分页部件工作；是否进行任务切换；是否进行对齐检查；是否允许 Cache 工作。

（2）CR2（页故障线性地址寄存器）：存放引起页故障（即缺页）的线性地址。

（3）CR3（页目录基址寄存器）：用来保存页目录表的基址，CR3 的高 20 位是页目录基址；低 12 位总是 0，以保证页目录始终是页对齐的。CR3 格式如图 3-30(a)所示。

2．页目录与页表结构

页目录包含页表的地址及有关页表的信息，它最多可包含 1024 个页目录项。页表包含主存页面的起始地址及有关页面的信息，它最多可包含 1024 个页表项。页目录项格式与页表项格式分别如图 3-30(b)和图 3-30(c)所示。

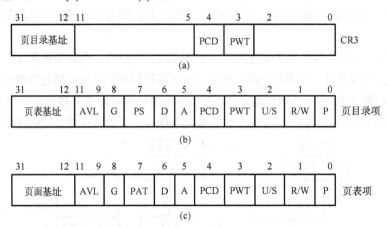

图 3-30　CR3 格式、页目录项格式与页表项格式

页目录项与页表项中部分字段的含义如下。

（1）P（存在位）：若该位为 1，则表示页表或页在主存中；若该位为 0，则表示页表或页不在主存中，此时发生页故障（即缺页异常），需将页故障线性地址记录在 CR2 中。

（2）R/W（读/写位）：若该位为 1，则表示页面是可读可写的；若该位为 0，则表示页面只能读不能写。

（3）U/S（用户/管理员位）：若该位为 0，则表示用户进程不能访问；若该位为 1，则允许用户进程访问。该位可以保护操作系统所使用的页不受用户进程的破坏。

（4）PWT（页直写位）：用来控制页表或页对应的 Cache 写策略。若该位为 1，表示直写（Write Through）；若该位为 0，表示回写（Write Back）。

（5）PCD（页高速缓存禁止位）：用来控制页表或页能否被缓存到 Cache 中。1 表示禁止使用高速缓存，0 表示允许使用高速缓存。

（6）A（访问位）：若该位为 1，则表示指定页表或页被访问过，初始化时操作系统将其清 0。操作系统通过该标志位可清楚地了解哪些页表或页正在使用。

（7）D（修改位/脏位）：当对所涉及的页面进行写操作时，该位被置 1；若该位为 0，则说明页面内容未被修改。该位类似于访问位，只有软件才可以使写操作位复位。该位供存储管理软件使用，用于管理页表或页面从物理存储器的调入和调出。

（8）PS（页长度位）：若该位为 1，则表示页面长度是 4MB，页目录项指向页面；若该位为 0，表示页面长度是 4KB，页目录项指向页表。

（9）PAT（选择页属性表位）：从 Pentium Ⅲ开始支持该位，之前该位均为 0。

（10）G（全局位）：该位为 1 表明这是一个全局页面，可用于防止任务切换时将其内容清除。

（11）AVL（操作系统专用位）：这 3 位由系统软件定义，操作系统可以根据需要设置和使用这些位。例如，操作系统可以将这些位用于最近最少使用页面替换算法。

（12）页表基址（$D_{31} \sim D_{12}$）：页目录项中，指定页表在主存中的起始地址。（一个页表为 4KB，其地址的低 12 位始终是 0，说明页表的地址是页对齐的。）

（13）页面基址（$D_{31} \sim D_{12}$）：页表项中，指定页面在主存中的起始地址。（一个页面为 4KB，其地址的低 12 位始终是 0，则说明页面的地址是页对齐的。）

3. 线性地址向物理地址转换

为了解决页表过大的问题，采用了两级页表。在一个两级页表中，线性地址由三个字段组成，它们分别是 10 位页目录索引（DIR）、10 位页表索引（PAGE）和 12 位页内偏移量（OFFSET）。

由于页目录索引和页表索引均为 10 位，说明包含 1KB 页目录项和 1KB 页表项，每个页目录项和页表项均占用 4 字节。因此，页目录表和页表的长度均为 4KB。对于 12 位偏移量，32 位的线性地址所映射的物理地址空间是 $1024 \times 1024 \times 4KB = 4GB$。当程序需要访问一个存储单元时，4KB 的分页机制通过两级页表来实现。

第一级页目录将 4GB 物理主存分成 1024 个页组，每个页组均为 4MB，由一个页目录项指示。

第二级页表又将 4MB 页组分成 1024 个存储页面，每个页面均为 4KB，由一个页表项指示。分页部件将线性地址转换为物理地址的基本过程如图 3-31 所示。

（1）找到要访问的页目录项。根据 CR3 中给出的页目录表基址（20 位）找到页目录表；再由线性地址中 DIR 字段提供的 10 位页目录索引确定对应的页目录项。（因为每个页目录项占 4 字节，页目录索引乘 4 即可获得页目录的位移量。）

（2）找到要访问的指定的页表项。根据页目录项中页表基址（20 位）指出的页表首地址找到对应页表；再由线性地址中的页表索引（PAGE 字段）确定对应的页表项。（因为每个页表项均占 4 字节，页表索引乘 4 即可获得页表的位移量。）

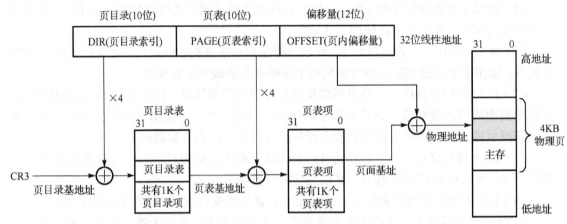

图 3-31　分页部件将线性地址转换为物理地址的基本过程

（3）明确要寻址的物理地址。将页表项中的页面基址（20 位）和线性地址中的页内偏移量（12 位）组合成 32 位物理地址。

若用户要求更大的线性地址空间，则可以将上述两级页表进一步扩展为 3 级页表或 4 级页表，如在 Intel Core i7 中采用了 4 级页表方式。

3.6　本章小结

本章主要介绍了存储器的分类、存储器的层次结构、存储器技术、主存的基本结构、主存与 CPU 的连接、Cache 的基本原理、Cache 的地址映射和替换算法，以及虚拟存储管理的方式和 IA-32 系统的地址转换原理。

计算机系统采用层次化存储体系结构来构建存储器系统。从主存的容量、速度和价格等因素考虑，引入 Cache 和虚拟存储器，使得存储系统在速度、容量和价格等方面具有较好的综合性能指标。

由于单个存储器芯片容量有限，因此在主存与 CPU 的连接中，采用全局译码方式，通过字扩展、位扩展或字位扩展方式，扩充存储空间以满足系统要求。

利用程序访问局部性原理，把主存中最活跃的数据块复制到靠近 CPU 的 Cache 中。Cache 与主存之间采用直接映射、全相联映射和组相联映射三种映射方式，当主存块中有数据时，根据 FIFO 或 LRU 等替换算法完成替换。为了保持主存和 Cache 的数据一致性，在写策略中可采用回写法和全写法。

虚拟存储管理机制将逻辑地址空间划分并按段式、页式或段页式方式进行管理，在指令执行过程中，由 MMU 和操作系统一起实现存储访问。为减少访问主存中页表的次数，将活跃页的页表项存放在 TLB（快表）中，利用快表和慢表联合进行地址变换。根据分段和分页的特点，IA-32 系统实现了逻辑地址向线性地址的转换及线性地址向物理地址的转换。

习　题　3

1．说明主存的分类和各自的特点。

2．针对寄存器、主存、Cache、光存储器、硬盘、磁带，回答以下问题：

（1）按存储容量从小到大排序；（2）按读/写时间从快到慢排序。

3．ROM 与 RAM 两者的差别是什么？指出下列存储器哪些是易失性的？哪些是非易失性的？哪些是破坏性读出？哪些是非破坏性读出？

动态 RAM，静态 RAM，ROM，Cache，硬盘，光存储器

4．存储器扩展的方法有哪些？各有什么优缺点？

5．设有一个 1MB 容量的存储器，字长为 32 位，问：

（1）按字节编址，地址寄存器、数据寄存器各为几位？编址范围为多大？

（2）按半字编址，地址寄存器、数据寄存器各为几位？编址范围为多大？

（3）按字编址，地址寄存器、数据寄存器各为几位？编址范围为多大？

6．已知某 8 位机的主存采用基于半导体技术的存储器，地址码为 18 位，若使用 4K×4 位 RAM 芯片组成该机所允许的最大存储空间，并选用模块条的形式，则

（1）若每个模块条为 32K×8 位，则共需几个模块条？

（2）每个模块内共有多少片 RAM 芯片？

（3）主存共需要多少片 RAM 芯片？CPU 如何选择各模块条？

7．已知 CPU 的数据总线 16 条，地址总线 20 条，利用 2K×8 位的存储器芯片组成 8K×16 位存储器，要求使用 74LS138 地址译码器，画出 CPU 和存储器的连接图，并确定存储器的地址范围。

8．某系统中采用 8088 CPU（地址总线 20 条，数据总线 8 条）M/$\overline{\text{IO}}$ 信号（高电平表示 CPU 访问存储器，低电平表示访问 I/O 设备）。$\overline{\text{WR}}$ 作为读/写控制信号（高电平为读，低电平为写）。从下面条件中选取 ROM 和 RAM 以满足存储系统扩展的需要。

要求：使用 74LS138 地址译码器和各种逻辑电路，采用全局译码方式，分别画出下面 3 个问题的 CPU 和存储器的连接图（使 ROM 处于低地址，RAM 处于高地址），并确定地址范围。

（1）用 2K×8 位的芯片构成 8KB 的 ROM；用 1K×4 位的芯片构成 1KB 的 RAM。

（2）存储器芯片 ROM 有 2K×4 位、8K×4 位；RAM 有 4K×4 位、4K×8 位、16K×4 位。选择合适的芯片构成 8KB 系统程序区和 16KB 的用户程序区。

（3）存储器芯片 ROM 有 4K×8 位、16K×2 位；RAM 有 32K×4 位、8K×8 位，选择适合的芯片构成 16KB 系统程序区和 32KB 的用户程序区。

9．常用的地址映射方法有哪些？这些方法各自特点是什么？

10．高速缓冲存储器的理论依据是什么？

11．为什么使用高速缓冲存储器和虚拟存储器？主要解决的问题是什么？

12．存储器系统的层次结构可以解决什么问题？实现存储器层次结构的先决条件是什么？用什么方式加以度量？

13．CPU 访问主存的平均时间与哪些因素有关？

14．CPU 执行一段程序时，Cache 完成存取的次数为 1900 次，主存完成存取的次数为 100 次，已知

Cache 存取周期为 50ns，主存存取周期为 250ns，求 Cache 的命中率和平均访问时间。

15．已知 Cache 命中率 $H_c = 0.98$，主存的存取周期是 Cache 的 4 倍，主存存取周期为 200ns，求 Cache 的平均访问时间。

16．一台计算机的主存容量为 1MB，字长为 32 位，直接映射的 Cache 容量为 512 个字。当 Cache 块长为 1 个字或 8 个字时，试设计主存地址格式。

17．已知有一个主存-Cache 层次的存储器，其主存容量为 1MB，Cache 容量为 64KB，每块容量均为 8KB。采用直接映射方式，试求：（1）主存地址格式；（2）主存地址为 25301H 的存储单元映射到 Cache 中的具体位置。

18．一个组相联映射的主存包含 4096 个存储块，Cache 由 64 个存储块构成，每组包含 4 个存储块，每块由 128 字组成，访存地址为字地址。试求：（1）主存地址格式；（2）主存地址为 135FH 存储单元映射到 Cache 中的具体位置。

19．比较段式虚拟存储器和页式虚拟存储器的各自特点。

20．虚/实地址转换时是如何查找快表和慢表的？

21．设主存容量为 4MB，虚拟内存容量为 1GB，页面大小为 4KB。试写出主存地址格式和逻辑地址格式以及页表长度。

22．已知一个具有 32 位程序地址空间，其页面容量为 1KB，主存容量为 8MB，如果页表中有 1 个装入位、1 个修改位和 2 个其它控制位，试问：逻辑页号字段有多少位？页表有多少行？页表的每行有多少位？页表的容量有多少字节？

23．段选择器、段选择符、段描述符和段描述符表的关系是什么？

24．在 IA-32 系统保护方式下，分析段页式存储管理寻址一个操作数的过程。

第4章 指令系统和程序的机器级表示

本章主要介绍汇编语言基础、寻址方式、IA-32 指令系统以及 C 语言程序与 IA-32 机器级指令之间的对应关系。主要内容包括 IA-32 指令系统、C 语言中的过程调用和各类控制语句的机器级表示等。本章所用的机器级表示主要以汇编语言形式为主。

4.1 机 器 指 令

4.1.1 机器指令与汇编指令的关系

计算机能解题是因为计算机本身存在一种语言（机器语言），该语言既能理解人的意图，又能被计算机自身识别。**机器语言**是由一条条语句构成的，每条语句又能准确表达某种语义。计算机就是连续执行每条语句而实现全自动工作的。人们习惯把每条由机器语言描述的语句称为**机器指令**，而将全部机器指令的集合称为机器的**指令系统**。

机器语言程序是一个由若干条机器指令组成的序列。每条机器指令一般均由操作码字段和地址码字段组成。每个字段都是一串由 0 和 1 组成的二进制数字序列。因此，对程序设计人员来说，这种指令很难记忆且可读性差。

为了能直观地表示机器语言程序，引入了一种与机器语言一一对应的符号化表示语言，称为**汇编语言**。在汇编语言中，通常用容易记忆的英文单词或缩写来表示指令操作码的含义，用标号、变量名称、寄存器名称和常数等表示操作数或地址码。用这些汇编助记符表示的且与机器指令一一对应的指令称为**汇编指令**，用汇编语言编写的程序称为汇编语言程序。

机器指令与汇编指令一一对应，它们都与具体的计算机结构有关，都属于机器级指令。机器语言和汇编语言统称为**机器级语言**，用机器指令表示的机器语言程序和用汇编指令表示的汇编语言程序统称为机器级程序，它是对高级语言程序的机器级表示。任何一个高级语言程序一定存在一个与之对应的机器级程序，而且不是唯一的。

4.1.2 指令的一般格式

指令由操作码和地址码两部分组成，其基本格式如图 4-1 所示。

操作码	地址码

图 4-1　指令的基本格式

1. 操作码

操作码用来指明指令所要完成的操作，如加法、减法、传送、移位、转移等。通常，其位数反映了机器的操作种类，即机器允许的指令条数。例如，若操作码占 7 位，则该机器最多包含 $2^7 = 128$ 条指令。

操作码的长度可以是定长的，也可以是变化的。定长的操作码集中存放在指令字的一个字段内，这种格式便于硬件设计，指令译码时间短，广泛用于字长较长的大/中型计算机和超级小型计算机以及精简指令集计算机（Reduced Instruction Set Computer，RISC）中。例如，IBM 370 和 VAX - 11 系列机的操作码长度均为 8 位。

对于操作码长度不固定的指令，其操作码分散在指令字的不同字段中。这种格式可以有效地压缩操作码的平均长度，在字长较短的微型计算机中被广泛使用。例如，PDP-11 系列机和 Intel 8086/80386 系列机的操作码的长度是可变的。

若操作码长度不固定，则会增加指令译码和分析的难度，从而使控制器的设计变复杂。通常采用扩展操作码技术，使操作码的长度随地址数的减少而增加，不同地址数的指令可以具有不同长度的操作码，从而在满足需要的前提下，有效地缩短指令字长。

2．地址码

地址码用来指出该指令的源操作数的地址（一个或两个）、结果的地址以及下一条指令的地址。这里的"地址"可以是主存的地址，也可以是寄存器的地址，甚至可以是 I/O 设备的地址。

4.2 寄存器组织

寄存器是处理器的重要组成部分之一，它的存取速度比主存快很多。在程序执行过程中，寄存器可以用来存放运算过程中所需要的操作数、操作数地址和中间结果等。 IA-32 处理器通用指令（整数处理指令）的基本执行环境包括 8 个 32 位通用寄存器、6 个 16 位段寄存器和两个专用寄存器（32 位标志寄存器和指令指针寄存器），如图 4-2 所示（图中数字 0、7、15、31 依次用于表达二进制位 D0、D7、D15、D31）。

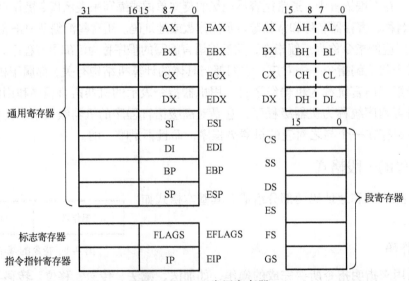

图 4-2　IA-32 常用寄存器

4.2.1　通用寄存器

通用寄存器（General Register）一般是指处理器最常用的整数通用寄存器，可用于保存整数数据和地址等。IA-32 处理器只有 8 个 32 位通用寄存器，并且由 32 位通用寄存器可以进一步分出 8 个 16 位通用寄存器和 8 个 8 位通用寄存器。

1．32 位通用寄存器（8 个）

IA-32 处理器的 8 个 32 位通用寄存器的命名分别为 EAX、EBX、ECX、EDX、ESI、EDI、EBP 和 ESP，它们是在原 8086 处理器支持的 16 位通用寄存器的基础上扩展来的。

2．16 位通用寄存器（8 个）

上述 32 位通用寄存器名称去掉字母 E（Extended）就是 8 个 16 位通用寄存器名称，分别是 AX、BX、CX、DX、SI、DI、BP 和 SP，分别表示相应 32 位通用寄存器的低 16 位部分。

3．8 位通用寄存器（8 个）

4 个 16 位通用寄存器 AX、BX、CX 和 DX 还可以进一步分成高字节 H（High）和低字节 L（Low）两部分，这样 4 个 16 位通用寄存器又可以分成 8 个 8 位独立的通用寄存器来使用，名称分别为 AH 和 AL、BH 和 BL、CH 和 CL、DH 和 DL。

通用寄存器具有多种用途，既可以保存数据、暂存运算结果，也可以存放存储器地址、作为变量的指针。其中，EAX、EBX、ECX 和 EDX 主要用来存放操作数，可根据操作数长度是字节、字还是双字来确定存取通用寄存器的最低 8 位、最低 16 位还是全部 32 位。ESI、EDI、EBP 和 ESP 主要用来存放变址值或指针，可以作为 16 位或 32 位通用寄存器使用，其中 ESP 是栈指针寄存器，EBP 是基址指针寄存器。

4.2.2　专用寄存器

专用寄存器往往只用于特定指令或场合，包括标志寄存器（EFLAGS）和指令指针寄存器（EIP）。

1．标志寄存器（EFLAGS）

标志（Flag）用于反映指令执行结果或控制指令执行形式。许多指令的执行要利用某些标志，并且执行后将影响有关状态标志。处理器中用一个或多个进制位表示一种标志，其 0 或 1 的不同组合表示标志的不同状态。EFLAGS 是由 16 位的 FLAGS 扩展而来的，若 EFLAGS 为实地址模式，则使用 16 位 EFLAGS；若 EFLAGS 为保护模式，则使用 32 位 EFLAGS。

EFLAGS 主要用于记录计算机的状态和控制信息，其格式如图 4-3 所示。EFLAGS 的第 0～11 位中的 9 个标志是从最早的 8086 处理器延续下来的，它们按功能可以分为 6 个条件标志和 3 个控制标志。其中，条件标志用来存放运行的状态信息，由硬件自动设定，条件标志有时也称为**条件码**；控制标志由软件设定，用于中断响应、串操作和单步执行等控制。

常用的 4 个条件标志的含义说明如下。

（1）OF（Overflow Flag）：溢出标志。反映有符号数的运算结果是否超过相应数值范围。例如，若字节运算结果超出–128～127 或字运算结果超出–32768～32767，则称为溢出，此时 OF＝1；否则 OF＝0。

（2）SF（Sign Flag）：符号标志。反映有符号数运算结果的符号。若运算结果为负数，则 SF=1；否则 SF=0。

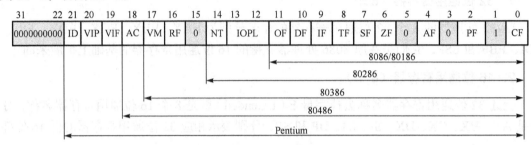

图 4-3　EFLAGS 的格式

（3）ZF（Zero Flag）：零标志。反映运算结果是否为 0。若运算结果为 0，则 ZF=1；否则 ZF=0。

（4）CF（Carry Flag）：进位标志。反映无符号整数加（减）运算后的进（借）位情况。若有进（借）位情况，则 CF=1；否则 CF=0。

综上可知，OF 和 SF 对于无符号数运算来说没有意义，而 CF 对于有符号整数运算来说没有意义。

3 个控制标志的含义说明如下。

（1）DF（Direction Flag）：方向标志。用来确定在串操作指令执行时 SI（或 ESI）和 DI（或 EDI）中的内容是自动递增的还是自动递减的。若 DF=1，则为递减操作；否则为递增操作。可用 STD 指令或 CLD 指令将 DF 置 1 和清 0。

（2）IF（Interrupt Flag）：中断允许标志。若 IF=1，则表示允许系统响应中断；否则禁止响应中断。IF 对非屏蔽中断和内部异常不起作用，仅对外部可屏蔽中断起作用。可用 STI 指令和 CLI 指令分别将 IF 置 1 和清 0。

（3）TF（Trap Flag）：陷阱标志。用来控制单步执行操作。当 TF＝1 时，CPU 按单步方式执行指令，此时，可以控制在每执行完一条指令后，就把该指令执行得到的机器状态（包括各寄存器和存储单元的值等）显示出来。没有专门的指令用于该标志的修改，但可用栈操作指令（如 PUSHF/PUSHFD 和 POPF/POPD）改变其值。

标志寄存器的第 12～31 位中的其他状态或控制信息是从 80286 处理器以后逐步添加的，包括用于表示当前程序的 I/O 特权级（IOPL）、当前任务是否为嵌套任务（NT）及当前处理器是否处于虚拟 8086 方式（VM）等一些状态或控制信息。

2．指令指针寄存器（EIP）

程序由指令组成，指令存放在主存中。处理器需要一个专用寄存器表示将要执行的指令在主存中的位置，这个位置用主存地址表示，主存地址保存在程序计数器中。在 IA-32

处理器中，程序计数器对应 32 位 EIP。

在 8086 处理器的 16 位实地址工作方式下，保存程序代码的一个区域不超过 64KB，该区域中的指令位置只需要 16 位就可以表达，所以只使用指令指针寄存器的低 16 位部分，而高 16 位必须是 0。

EIP 不能由指令直接修改，它在执行控制转移指令（如跳转、分支、调用和返回指令）、出现中断或异常时被处理器自动改变。

4.2.3　段寄存器

在程序中，不仅有可以执行的指令代码，而且有指令操作的各类数据等。遵循模块化程序设计思想，希望将相关的代码和数据安排在一起，于是段（Segment）的概念自然就出现了，一个段安排一类代码或一类数据。程序设计人员在编写程序时，可以很自然地把程序的各部分放在相应的段中。就对应的程序而言，主要涉及三类段：存放程序的指令代码段（Code Segment）、存放当前运行程序所用数据的数据段（Data Segment）和指明程序使用的堆栈区域的堆栈段（Stack Segment）。

在实地址模式下，为了表明段在主存中的位置，16 位 8086 处理器设计有 4 个 16 位段寄存器，即代码段寄存器 CS、堆栈段寄存器 SS、数据段寄存器 DS 和附加段寄存器 ES。其中，附加段（Extra Segment）也是用于存放数据的数据段，专为处理数据串设计的串操作指令，必须使用附加段作为其目的操作数的存放区域。IA-32 处理器又增加了两个 16 位段寄存器，分别为 FS 和 GS，它们都属于数据段性质的段寄存器。在保护地址模式下，段寄存器保存的不是段基址，而是 16 位段选择器（Segment Selector）。另外，生成最终主存物理地址的方式更为复杂。

4.3　存储器组织

指令和数据存放在存储器中。处理器从存储器读取指令，在执行指令的过程中读/写数据。处理器通过地址总线访问的存储器称为物理存储器。物理存储器以字节为基本存储单位，每个存储单元分配一个唯一的地址，这个地址就是**物理地址**（Physical Address）。物理地址空间从 0 开始顺序编排，直到处理器支持的最大存储单元为止。8086 处理器只支持 1MB 存储器，其物理地址空间是 $0 \sim 2^{20}-1$，用 5 位十六进制数表示物理地址为 00000H～FFFFFH。

IA-32 处理器支持 4GB 存储器，其物理地址空间是 $0 \sim 2^{32}-1$，需要用 8 位十六进制数表示物理地址为 00000000H～FFFFFFFFH。

操作系统的主要功能之一是存储管理，即动态地为多个任务分配存储空间。存储管理单元提供分段管理机制和分页管理机制，以便有效和可靠地进行存储管理。几乎所有操作系统和核心程序都利用存储管理单元进行存储管理。

4.3.1　存储模型

利用存储管理单元进行存储管理，程序并不直接寻址物理存储器。IA-32 处理器提供了以下 3 种存储模型（Memory Model)，用于程序访问存储器。

1. 平展存储模型

平展存储模型下，对程序来说，存储器是一个连续的地址空间，称为**线性地址空间**。程序需要的代码、数据和堆栈都包含在这个地址空间中。线性地址空间以字节为基本存储单位，即每个存储单元保存 1 字节且具有一个地址，这个地址称为线性地址（Linear Address）。IA-32 处理器支持的线性地址空间为 $0\sim2^{32}-1$（4GB 容量）。

2. 段式存储模型

段式存储模型下，对程序来说，存储器由一组独立的地址空间组成，独立的地址空间称为**段**。通常，代码、数据和堆栈位于分开的段中。程序利用逻辑地址（Logical Address）寻址段中的每个字节单元。IA-32 处理器支持 16383（$2^{14}-1$）个各种大小和各种类型的段，每个段都可以达到 4GB 容量。

在处理器内部，所有的段都被映射到线性地址空间中。程序访问一个存储单元时，处理器会将逻辑地址转换成线性地址。使用段式存储模型的主要目的是提高程序的可靠性。如将堆栈安排在分开的段中，可以防止堆栈区域增加时侵占代码或数据空间。

3. 实地址存储模型

实地址存储模型是 8086 处理器的存储模型。IA-32 处理器之所以支持这种存储模型，是为了兼容原来为 8086 处理器编写的程序。实地址存储模型是段式存储模型的特例，其线性地址空间容量最大为 1MB，由容量最大为 64KB 的多个段组成。

4.3.2 工作方式

编写程序时，程序设计人员需要明确处理器执行代码的工作方式和使用的存储模型。IA-32 处理器支持 3 种基本工作方式，即保护方式、实地址方式和系统管理方式。工作方式决定了可以使用的指令和特性，其存储管理方法各有不同。

1. 保护方式

保护方式（Protected Mode）是 IA-32 处理器固有的工作方式。在保护方式下，IA-32 处理器能够发挥其全部功能，可以充分利用其强大的段页式存储管理及特权与保护能力。保护方式下，IA-32 处理器可以使用全部 32 条地址总线，可寻址 4GB 物理存储器。

IA-32 处理器从硬件上实现了特权的管理功能，方便操作系统使用。它为不同程序设置了 4 个特权层（Privilege Level）：0～3（数值越小表示特权级别越高，所以特权层 0 级别最高）。例如，操作系统使用特权层 1；特权层 0 在操作系统中负责存储管理、保护和存取控制部分的核心程序；应用程序使用特权层 3；特权层 2 可专用于应用子系统（数据库管理系统、办公自动化系统和软件开发环境等）。这样，操作系统、系统核心程序、其他系统软件以及应用程序可以根据需要分别处于不同的特权层而得到相应的保护。当然，如无必要则不一定使用所有特权层。

保护方式具有直接执行实地址 8086 软件的能力，这种特性称为虚拟 8086 方式。虚拟 8086 方式并不是处理器的一种工作方式，只是提供了一种在保护方式下类似于实地址方式的运行环境。

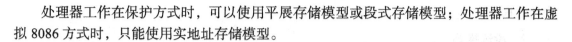

处理器工作在保护方式时，可以使用平展存储模型或段式存储模型；处理器工作在虚拟 8086 方式时，只能使用实地址存储模型。

2．实地址方式

通电或复位后，IA-32 处理器处于实地址方式（Real-address Mode，简称实方式），它实现了与虚拟 8086 方式相同的程序设计环境，但有所扩展。实地址方式下，IA-32 处理器只能寻址 1MB 物理存储器，每个段最大容量均不超过 64KB，但可以使用 32 位寄存器、32 位操作数和 32 位寻址方式，相当于可以进行 32 位处理的快速虚拟 8086 方式。

实地址方式具有最高特权层 0，而虚拟 8086 方式处于最低特权层 3。所以，虚拟 8086 方式的程序都要经过保护方式确定的所有保护性检查。实地址方式只能支持实地址存储模型。

3．系统管理方式

系统管理方式为操作系统和核心程序提供节能管理和系统安全管理等机制。进入系统管理方式后，处理器首先保存当前运行程序或任务的基本信息，然后切换到一个分开的地址空间，执行系统管理相关的程序。退出系统管理方式时，处理器将恢复原来程序的状态。

处理器由系统管理方式切换到地址空间的过程，称为系统管理，其使用方式类似于实地址存储模型的使用方式。

4.3.3　逻辑地址

程序设计人员采用逻辑地址进行程序设计，**逻辑地址**由段基地址和偏移地址组成。**段基地址**（简称段基址）确定段在主存中的起始地址。以段基址为起点，段内的位置可以用距离该起点的位移量表示，称为**偏移地址**。逻辑地址常借用 MASM 汇编程序的方法，使用冒号 ":" 分隔段基址和偏移地址。这样，存储单元的位置就可以用 "段基址:偏移地址" 指明。因为某个存储单元可以处于不同起点的逻辑段中（当然对应的偏移地址也不同），所以可以有多个逻辑地址，但只有一个唯一的物理地址。编程使用的逻辑地址由处理器映射为线性地址，在输出线性地址前将其转换为物理地址。

1．基本段

在汇编应用程序中，通常涉及 3 类基本段：代码段、数据段和堆栈段。

代码段中存放程序的指令代码。程序的指令代码必须安排在代码段，否则将无法正常执行。程序利用代码段寄存器（CS）获得当前代码段的段基址，指令指针寄存器(EIP)指示代码段中指令的偏移地址。处理器利用 CS:EIP 取得下一条要执行的指令。CS 和 EIP 不能由程序直接设置，只能通过执行控制转移指令、外部中断或内部异常等间接改变。

数据段存放当前运行程序所用的数据。一个程序可以使用多个数据段，以便用户安全、有效地访问不同类型的数据。例如，程序的主要数据存放在一个数据段（默认由 DS 指向），只读的数据存放在另一个数据段，动态分配的数据安排在第 3 个数据段。若使用数据段，则程序必须设置 DS、ES、FS 和 GS。数据的偏移地址由各种存储器寻址方式计算出来。

堆栈段是程序使用的堆栈所在的区域。程序利用堆栈段寄存器（SS）获得当前堆栈段的段基址，栈指针寄存器（ESP）指示堆栈栈顶的偏移地址。处理器利用 SS:ESP 操作堆栈中的数据。

2．段选择器

逻辑地址的段基址部分由 16 位段寄存器确定。段寄存器保存 16 位段选择器（Segment Selector），段选择器是一种特殊的指针，指向对应的段描述符（Descriptor），段描述符包括段基址，由段基址可以指明存储器中的一个段。段描述符是用保护方式引入的数据结构，用于描述逻辑段的属性。每个段描述符主要有 3 个字段，即段基址、段界限和访问权字节（说明该段的访问权限，用于特权保护）。

根据存储模型不同，段寄存器的具体内容也有所不同。编写应用程序时，程序设计人员利用汇编程序的命令创建段选择器，而由操作系统创建具体的段选择器内容。若编写系统程序，则程序设计人员可能需要直接创建段选择器。

当使用平展存储模型时，6 个段寄存器都指向线性地址空间的地址 0 位置，即段基址等于 0。应用程序通常设置两个重叠的段：一个用于代码段；另一个用于数据段和堆栈段。CS 指向代码段，其他段寄存器都指向数据段和堆栈段。

当使用段式存储模型时，段寄存器保存不同的段选择器，指向线性地址空间不同的段，段式存储模型如图 4-4 所示。某个时刻，程序最多可以访问 6 个段。CS 指向代码段，SS 指向堆栈段，DS 与其他 3 个段寄存器均指向数据段。

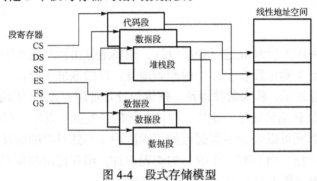

图 4-4　段式存储模型

实地址存储模型的存储空间容量只有 1MB，仅使用地址总线的低 20 位，其物理地址范围为 00000H～FFFFFH。对实地址存储模型进行分段管理，有两个限制：每段最大容量均为 64 KB，段只能从低 4 位地址全为 0 的物理地址处开始。这样，实地址方式的段寄存器直接保存段基址的高 16 位。

3．保护方式的地址转换

平展存储模型的段基址为 0，偏移地址等于线性地址。段式存储模型的段基址和偏移地址都是 32 位，段基址加上偏移地址形成线性地址。段式存储管理的每段的容量均可达 4GB。

在平展存储模型或段式存储模型下，线性地址将被直接或通过分页机制映射到物理地址。不使用分页机制时，线性地址与物理地址一一对应，线性地址不需转换就被发送到处理器地址总线上。使用分页机制时，线性地址空间被分成大小一致的块，这些块称为页

（Page）。页在硬件支持下由操作系统或核心程序管理，构成虚拟存储器，并转换到物理地址空间。分页机制对应线性地址空间。

32 位处理器可以支持 64GB 扩展物理存储器，但程序并不直接访问这些存储空间，仍然只使用 4GB 线性地址空间。处理器必须工作在保护方式下，并且只有操作系统提供虚拟存储管理，才能使用 64GB 扩展物理存储器。

4．实地址方式的地址转换

因为实地址存储模型限定每段容量均不超过 64KB，所以段内的偏移地址可以用 16 位数据表示。另外，还规定段起点的低 4 位地址全为 0（用十六进制数表示为 xxxx0H），即模 16 地址（可被 16 整除的地址），省略低 4 位 0（对应十六进制数是一位 0），所以段基址也可以用 16 位数据表示。

逻辑地址包含"段基址:偏移地址"，实地址存储模型都用 16 位数表示，范围是 0000H～FFFFH。根据实地址存储模型，只要将逻辑地址中的段基址左移 4 位（十六进制数为 1 位），加上偏移地址就得到 20 位物理地址，如图 4-5 所示。

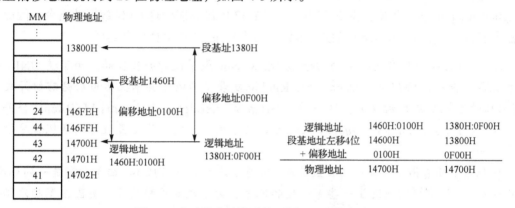

图 4-5　实地址存储模型的逻辑地址和物理地址

例如，逻辑地址"1460H:0100H"表示物理地址 14700H，其中段基址 1460H 表示该段起始于物理地址 14600H，偏移地址为 0100H。同一个物理地址可以有多个逻辑地址形式。物理地址 14700H 还可以用逻辑地址"1380H:0F00H"表示，该段起始于 13800H。

4.4　数据类型及格式

在 IA-32 中，大部分指令并不需要区分其操作数是什么类型，只需要把操作数当成一个 0/1 序列来处理，因此机器指令中只要再有相应的字段能够区分操作数的长度即可，对 8086/8088 处理器来说，因为只有 8 位和 16 位两种长度，因此用一位二进制数表示即可，但是，发展到 IA-32，已经有 8 位（字节）、16 位（字）、32 位（双字）等不同长度，因而用来表示操作数长度的字段至少要有 2 位。在对应的汇编指令中，通过专门的数据长度指示符或在指令助记符后面加一个长度后缀。IA-32 由 16 位架构发展而来，因此 Intel 最初规定一个字为 16 位，故 32 位为双字。

IA-32 中有些指令需要区分操作数类型，通常由指令操作码来区分指令操作数是有符号整数、无符号整数还是浮点数。例如，浮点运算指令处理的都是浮点数，乘法指令 IMUL 的操作数是有符号整数，乘法指令 MUL 的操作数是无符号整数。

高级语言中的表达式最终是通过指令指定的运算来实现的，表达式中出现的变量或常数就是指令中指定的操作数，因此高级语言所支持的数据类型与指令中指定的操作数类型之间有密切的关系。下面以 C 语言和 IA-32 指令系统为例，说明高级语言与指令系统之间在数据类型方面是如何对应的。

C 语言程序中的基本数据类型主要有以下几类。

（1）指针或地址。用来表示字符串或其他数据区域的指针或存储地址，可声明为 char* 等类型，其宽度为 32 位，对应 IA-32 中的双字。

（2）序数、位串等。用来表示序号、元素个数、元素总长度、位串等无符号数，可声明为 unsigned char、unsigned short[int]、unsigned[int]、unsigned long[int]（方括号中的 int 可省略）类型，分别对应 IA-32 中的字节、字和双字。

因为 IA-32 是 32 位架构的，所以编译器把 long 型数据定义为 32 位。ISO C99 规定 unsigned long long 型数据至少是 64 位，而 IA-32 中没有能处理 64 位数据的指令，因此编译器大多将 unsigned long long 型数据运算转换为多条 32 位运算指令实现。

📖 C 语言是由贝尔实验室的 Dennis M. Ritchie 最早设计并实现的。为了使 UNIX 操作系统得以推广，1977 年，Dennis M. Ritchie 发表了不依赖具体机器的 C 语言编译文本《可移植的 C 语言编译程序》。1978 年，Brian W. Kernighan 和 Dennis M. Ritchie 合著出版了 *The C Programming Language*，从而使 C 语言成为目前世界上最流行的高级程序设计语言之一。

1988 年，随着微型计算机的日益普及，出现了许多 C 语言版本。由于没有统一的标准，使得这些 C 语言之间出现了一些不一致的地方。为了改变这种情况，美国国家标准学会（ANSI）为 C 语言制定了一套 ANSI 标准，对最初贝尔实验室的 C 语言做了重大修改。Brian W. Kernighan 和 Dennis M. Ritchie 编写的 *The C Programming Language*（第 2 版）对 ANSI C 做了全面的描述，该书被公认为是关于 C 语言的最好的参考手册之一。

国际标准化组织（ISO）接管了对 C 语言标准化的工作，在 1990 年推出了几乎与 ANSI C 一样的版本，称为"ISO C90"。该组织于 1999 年又对 C 语言做了一些更新，称为"ISO C99"，该版本引进了一些新的数据类型，对英文以外的字符串本文提供了支持。

（3）有符号整数。它是 C 语言中运用最广泛的基本数据类型，可声明为 char、short [int]、int、long[int]类型，分别对应 IA-32 中的字节、字和双字，有符号整数用补码表示。与对待 unsigned long long 数据一样，编译器将 long long 型数据转换为多条 32 位运算指令来实现。

（4）浮点数。用来表示实数，可声明为 float、double 和 long double 类型，分别采用 IEEE 754 的单精度、双精度和扩展精度标准表示。

long double 类型是 ISO C99 中新引入的类型，对许多处理器和编译器来说，它等价于 double 类型，但是由于与 8086 处理器配合的协处理器 8087 处理器中使用了深度为 8 的 80 位的浮点寄存器栈，因此 GCC 采用了 80 位的扩展精度格式表示方法。

8087 处理器中定义的 80 位扩展浮点格式包含 4 个字段，即 1 位符号位 s、15 位阶码 e（偏置常数为 16383）、1 位显式首位有效位（Explicit Leading Significant Bit） j 和 63 位尾数 f。Intel 采用的这种扩展精度浮点数格式与 IEEE 754 规定的单精度浮点数格式和双精度浮点数格式的一个重要的区别是它没有隐藏位，且有效位为 64 位。GCC 为了提高 long double 浮点数的访存性能，将其存储为 12 字节（即 96 位，数据访问分 32 位和 64 位两次读/写）。表 4-1 给出了 C 语言基本数据类型和 IA-32 操作数类型的对应关系。

表 4-1　C 语言基本数据类型和 IA-32 操作数类型的对应关系

C 语言声明	IA-32 操作数类型	存储长度/位
(unsigned) char	整数/字节	8
(unsigned) short	整数/字	16
(unsigned) int	整数/双字	32
(unsigned) long int	整数/双字	32
(unsigned) long long int	—	2×32
char *	整数/双字	32
float	单精度浮点数	32
double	双精度浮点数	64
long double	扩展精度浮点数	80/96

在 MASM 汇编格式中，通过寄存器的名称和长度指示符（PTR）等来区分操作数长度，有关信息可以查看微软和 Intel 的相关资料。

4.5　IA-32 数据寻址方式

指令由操作码和操作数（地址码）两部分组成。操作码说明处理器要执行哪种操作，如传送、运算、移位、跳转等操作，它是指令中不可缺少的组成部分。操作数是各种操作的对象，指出指令需要的操作数或操作数的地址。有些指令不需要操作数，通常的指令都有 1 个或 2 个操作数，也有个别指令有 3 个甚至 4 个操作数。大多数操作数需要显式指明，有些操作数可以隐含使用。

一般来说，指令所需要的数据来自主存或外设，但数据也可能事先已经保存在处理器的寄存器中或与指令操作码一起进入处理器。主存和外设在汇编语言中被抽象为存储器地址或 I/O 地址，而寄存器虽然以名称表达，但机器指令中同样用地址编码区别寄存器，所以指令的操作数需要通过地址指示。这样，根据一定的方式通过地址找到指令所需要数据的方法，这就是**数据寻址方式（Data Addressing Mode）**。数据寻址方式对理解处理器工作原理、指令功能及高级语言的机器级表示都至关重要。

在汇编语言中，操作码用助记符表示，操作数则由寻址方式体现。IA-32 处理器除输入/输出指令外的数据寻址方式有以下 3 类。

（1）常量表示立即数（立即数寻址）。

（2）寄存器名表示寄存器存放的数据（寄存器寻址）。

（3）主存地址表示主存存放的数据（存储器寻址）。

另外，本章及后续章节中都需要对指令功能进行描述，为简化对指令功能的说明，将采用**寄存器传送语言（RTL）**来说明。关于 RTL 的规定和说明参见 3.2.3 节。

4.5.1　立即数寻址

在立即数寻址（或立即寻址）方式中，指令需要的操作数紧跟在操作码之后作为指令机器代码的一部分，并随着处理器的取指令操作从主存进入指令寄存器。这种操作数用常量形式直接表达，从指令代码中立即得到，称为**立即数**（Immediate）。立即数寻址方式只用于指令的源操作数，在传送指令中常用来给寄存器和存储单元赋值。

例如，将数据 33221100H 传送到 EAX 寄存器的指令可以书写为：

MOV EAX, 33221100H	指令功能: R[EAX]←33221100H

这个指令的机器代码（十六进制）是 B800112233，其中第一字节（B8）是操作码，后面 4 字节就是立即数本身，即 33221100H。注意，IA-32 处理器规定：数据高字节存放在存储器高地址单元，数据低字节存放在存储器低地址单元。立即数寻址过程如图 4-6 所示。

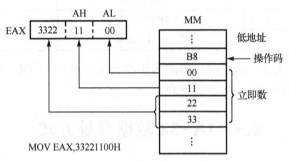

图 4-6　立即数寻址过程

4.5.2　寄存器寻址

指令的操作数存放在处理器的寄存器中，这就是寄存器寻址方式。通常直接使用寄存器名表示寄存器保存的数据，即**寄存器操作数**。绝大多数指令采用通用寄存器寻址（EAX、EBX、ECX、EDX、ESI、EDI、EBP 和 ESP），部分指令支持专用寄存器，如段寄存器、标志寄存器等。寄存器寻址方式简单快捷，是最常使用的寻址方式。

例如，指令"MOV EAX, 33221100H"中，源操作数是立即数寻址，而目的操作数 EAX 就是寄存器寻址。若将寄存器 EAX 中的内容传送给寄存器 EBX 的指令是

MOV EBX, EAX	指令功能: R[EBX]←R[EAX]

则该指令的源操作数和目的操作数都采用寄存器寻址。

4.5.3　存储器寻址

大多数情况下，数据都保存在主存中。尽管可以事先将它们取到寄存器中再进行处理，但指令也需要能够直接寻址存储单元进行数据处理。寻址主存中存储的操作数称为**存储器寻址方式**，也称为主存寻址方式。编程时，存储器地址包含段寄存器和偏移地址的逻辑地址。

1．段寄存器的默认和超越

段寄存器（段选择器）默认的使用规则如表 4-2 所示。寻址存储器操作数时，段寄存器不用显式说明，数据就在默认的段中，一般 DS 指向数据段。若采用 EBP（BP）或 ESP（SP）作为基址指针，则默认使用 SS 指向堆栈段。

表 4-2　段寄存器默认的使用规则

访问存储器方式	默认的段寄存器	可超越的段寄存器	偏移地址
读取指令	CS	无	EIP
堆栈操作	SS	无	ESP
一般的数据访问	DS	CS、ES、SS、FS 和 GS	有效地址 EA
EBP 或 ESP 为基址的数据访问	SS	CS、ES、DS、FS 和 GS	有效地址 EA
串指令的源操作数	DS	CS、ES、DS、FS 和 GS	ESI
串指令的目的操作数	ES	无	EDI

若不使用默认的段寄存器，则需要书写段超越指令前缀显式说明。段超越指令前缀是处理器结构，是一种只能跟随在具有存储器操作数的指令之前的指令，其助记符是段寄存器名后跟英文冒号，即 CS:、SS:、ES:、FS:或 GS:。例如，将 AX 中的数据传送到附加段 ES 中，即以 EBX 内容为偏移地址的存储单元中，可以使用如下指令

```
MOV ES:[EBX], AX    指令功能: M[R[EBX]]←R[AX]
```

2．偏移地址的组成

因为段基址由默认的或指定的段寄存器指明，所以指令中只有偏移地址即可。存储器操作数寻址使用的偏移地址常称为有效地址（Effective Address，EA）。为了方便各种数据结构的存取，且作为复杂指令集计算机（Complex Instruction Set Computers，CISC）典型代表，IA-32 处理器设计了多种主存寻址方式，但可以统一表达为

32 位有效地址 = 基址寄存器 +(变址寄存器 × 比例)+ 位移量

式中，基址寄存器可以是 EAX、EBX、ECX、EDX、ESI、EDI、EBP 和 ESP 这 8 个 32 位通用寄存器之一。

变址寄存器可以是除 ESP 外的 EAX、EBX、ECX、EDX、ESI、EDI 和 EBP 这 7 个 32 位通用寄存器之一。

比例可以是 1 字节、2 字节、4 字节或 8 字节（因为操作数的长度可以是 1 字节、2 字节、4 字节或 8 字节）。

位移量可以是 8 位或 32 位有符号数。

若使用 16 位存储器寻址方式，则其公式为

16 位有效地址 = 基址寄存器 + 变址寄存器 + 位移量

其中，基址寄存器只能是 BX 或 BP；变址寄存器只能是 SI 或 DI；位移量是 8 位或 16 位的有符号数。

3．直接寻址

有效地址只有位移量部分，且直接包含在指令代码中，这就是直接寻址方式。一般情

况下，位移量为符号地址（或变量名）。直接寻址经常用于存取变量。例如，将变量 COUNT 的内容传送给 ECX 的指令为

MOV ECX, COUNT	指令功能：R[ECX]←M[COUNT]

在汇编语言中，变量名表示存储器操作数所在的偏移地址（有效地址）。假设操作系统为变量 COUNT 分配的有效地址是 00405000H，则该指令的机器代码是 8B0D00504000，反汇编的指令形式为 MOV ECX, DS:[405000H]，其源操作数采用直接寻址方式。Intel 汇编程序使用方括号表示偏移地址。图 4-7 演示了直接寻址的过程。该指令代码中数据的有效地址（图 4-7 中的第①步）与 DS 指定的段基址一起构成操作数所在存储单元的线性地址（图 4-7 中第②步）。该指令的执行结果是将逻辑地址 "DS:00405000H" 单元的内容传送至 ECX 寄存器（图 4-7 中的第③步）中。图 4-7 中假设程序工作在 32 位保护方式下，平展存储模型中 DS 指向的段基址等于 0。

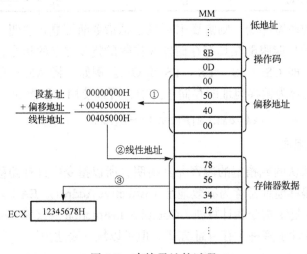

图 4-7　直接寻址的过程

4. 寄存器间接寻址

若有效地址存放在寄存器中，则指采用寄存器间接寻址存储器操作数。汇编程序要求用方括号将寄存器括起。例如，以下前一条指令的源操作数和后一条指令的目的操作数都是寄存器间接寻址方式。

MOV EDX, [EBX]	指令功能：R[EDX]←M[R[EBX]]
MOV [ESI], ECX	指令功能：M[R[ESI]]←R[ECX]

在寄存器间接寻址中，寄存器的内容是偏移地址，相当于一个地址指针。执行指令 "MOV EDX, [EBX]" 时，若 R[EBX] = 405000H，则该指令等同于 "MOV EDX, [405000H]"。

利用寄存器间接寻址，可以方便地对数组的元素或字符串的字符进行操作。也就是说，将数组或字符串首地址（或末地址）赋值给通用寄存器，利用寄存器间接寻址就可以访问数组或字符串中第一个（或最后一个）元素或字符，再加/减数组元素所占的字节数就可以访问到其他元素或字符了。

5．寄存器相对寻址

寄存器相对寻址的有效地址是寄存器内容与位移量之和。例如：

```
MOV ESI, [EBX + 4]      指令功能: R[ESI]←M[R[EBX]+4]
```

在这条指令中，源操作数的有效地址由 EBX 的内容加位移 4 得到，默认与 EBX 配合的是 DS 指向的数据段。例如：

```
MOV EDI, [EBP - 08H]    指令功能: R[EDI]←M[R[EBP]-8]
```

在该指令中，源操作数的有效地址等于 EBP-8，与之配合的默认段寄存器为 SS。

与寄存器间接寻址一样，利用寄存器相对寻址也可以方便地对数组的元素或字符串的字符进行操作。方法是用数组或字符串首地址作为位移量，而寄存器等于数组元素或字符所在的位置量。

6．变址寻址

使用变址寄存器寻址操作数的方式称为**变址寻址**，根据构成存储器地址的形式不同，变址寻址又分为以下三种寻址方式：

（1）基址变址寻址。在变址寄存器不带比例（或者默认比例为 1）的情况下，需配合使用一个基址寄存器，这种寻址方式称为**基址变址寻址**。该方式操作数的有效地址为

EA= 基址寄存器 + 变址寄存器

（2）相对基址变址寻址。在变址寄存器不带比例的情况下，除了包含基址寄存器，还包含一个位移量，则称为**相对基址变址寻址**。该方式操作数的有效地址为

EA= 基址寄存器 + 变址寄存器 +位移量。

相对基址变址寻址方式适用于二维数组等数据结构。例如：

```
MOV EDI, [EBX + ESI]          指令功能: R[EDI]←M[R[EBX]+R[ESI]]
MOV EAX, [EBX + EDX + 80H]    指令功能: R[EAX]←M[R[EBX]+R[EDX]+ 80H]
```

MASM 允许将两个寄存器都用方括号括起，但位移量要写在方括号前，例如：

```
MOV EDI, [EBX][ESI]           指令功能: R[EDI]←M[R[EBX]+R[ESI]]
MOV EAX, 80H[EBX][EDX]        指令功能: R[EAX]←M[R[EBX]+R[EDX]+ 80H]
```

（3）带比例的变址寻址。在变址寻址中，IA-32 处理器支持变址寄存器内容乘以比例 1（可以省略）、2、4 或 8 的寻址方式，称为**带比例的变址寻址**。例如：

```
MOV EAX, [EBX * 4]            指令功能: R[EAX]←M[R[EBX]*4]
MOV EAX, [ESI * 2 + 80H]      指令功能: R[EAX]←M[R[ESI]*2+80H]
MOV EAX, [EBX + ESI *4]       指令功能: R[EAX]←M[R[EBX]+R[ESI]*4]
MOV EAX, [EBX + ESI *8 - 80H] 指令功能: R[EAX]←M[R[EBX]+ R[ESI]*8-80H]
```

若该寻址方式还包含基址寄存器和位移量，则操作数的有效地址为

EA= 变址寄存器 *比例 + 基址寄存器 +位移量

因为主存以字节为寻址单位，所以地址的加/减也是以字节为单位的，比例 1、2、4 和 8 分别对应 8 位、16 位、32 位和 64 位数据的字节数，从而方便以数组元素为单位寻址相应数据。

4.6　IA-32 指令系统

32 位处理器的指令系统包括数据传送指令、算术运算指令、位操作指令、字符串操作指令、控制转移指令、符号扩展指令和处理机控制指令等。本节主要介绍指令的格式及常用各类指令的用法。

本书对指令格式符号规定为：符号"SRC"代表源地址码（或源操作数）；符号"DEST"代表目的地址码（或目的操作数）；符号"REG"代表寄存器操作数，如 R8 代表 8 位寄存操作数，R32 代表 32 寄存器操作数；符号"MEM"代表存储器操作数，如 M32 代表 32 位存储操作数；符号"IMM"代表立即数，如 IMM8 或 I8 代表 8 位立即数，IMM32 或 I32 代表 32 位立即数。

4.6.1　指令格式

32 位处理器指令系统的 4 种指令格式如下。

1．无操作数指令

无操作数指令格式为

> [标号：] 操作符 [;注释]

如 NOP（空操作指令）。在以上指令中，标号和注释都是可选项。

2．单操作数指令

单操作数指令格式为

> [标号：] 操作符 DEST[;注释]

该指令的相关规定如下。

（1）操作对象为目的地址中的操作数，操作结束后，其运算结果送入目的地址中。

（2）不能是立即数。

（3）操作数类型必须明确。

例如，指令"INC BYTE PTR[2233H]"，用 PTR 将主存数据定义为字节（BYTE）。指令"INC AX"，由于 AX 为 16 位寄存器，因此数据类型确定为字类型。

3．双操作数指令

双操作数指令格式为

> [标号：] 操作符 DEST, SRC [;注释]

该操作的相关规定如下。

（1）DEST 和 SRC 应具有相同的类型，即必须同时是 8 位、16 位或 32 位。

（2）目的操作数 DEST 不能是立即数。

（3）操作结束后，其操作结果送入目的操作数中，而源操作数并不改变。

（4）源操作数和目的操作数不能同时为存储器操作数。若一个操作数在存储器中，则另一个操作数要么是寄存器操作数要么是立即数，但是立即数不能作为目的操作数。

4．三操作数指令

三操作数指令的格式为

> [标号:] 操作符 DEST, SRC, 立即数 [;注释]

例如，指令"SHRD AX，BX，IMM8/CL"将寄存器 BX 中的 IMM8/CL 位逻辑右移进寄存器 AX 中。

4.6.2 数据传送指令

数据传送是把数据从一个位置传送到另一个位置，它是计算机中最基本的操作。数据传送类指令也是程序设计中最常使用的指令。该类指令又包括通用数据传送指令、堆栈操作指令、地址传送指令、标志传送指令和输入/输出指令。

1．通用数据传送指令

这组指令主要有传送指令 MOV 和交换指令 XCHG，它们提供了方便灵活的通用数据传送操作。

（1）传送指令 MOV

指令格式：**MOV DEST, SRC**

指令功能：DEST ←(SRC)

传送指令 MOV 把 1 字节、1 个字或 1 个双字的操作数从源位置传送至目的位置，可以实现立即数到通用寄存器或主存的传送、通用寄存器与通用寄存器之间的传送、主存或段寄存器之间的传送，以及主存与段寄存器之间的传送。

在使用 MOV 指令时，需要注意以下几点。

① 双操作数指令（除特别说明）的目的操作数与源操作数的类型必须一致。

② 要求类型一致的两个操作数之一必须有明确的类型，否则要用 PTR 指明。

③ 对于双操作数指令（除特别说明外），不允许两个操作数都是存储单元。

（2）数据交换指令 XCHG

指令格式：**XCHG DEST, SRC**

指令功能：(DEST)↔(SRC)

XCHG 用来交换源操作数和目的操作数的内容，可以在通用寄存器与通用寄存器或通用存储器之间交换数据，但不能在通用存储器与通用存储器之间交换数据。

【例 4-1】假设某 C 函数执行时，一整型变量 x 的地址存储在寄存器 EDI 中，整型变量 y 的值存储在寄存器 ESI 中，且某一时刻 x =5、y = 12。

（1）根据下面的指令代码，说出该指令段完成的功能。

（2）指令执行后，变量 x 和 y 的值是多少？

```
MOV EAX,[EDI]
MOV [EDI],ESI
```

【解】

（1）第 1 条指令中的源操作数为寄存器间接寻址，寄存器 EDI 存储的是变量 x 的地址，则[EDI]取变量的值，那么第一条指令的功能是将变量 x 的值传送到寄存器 EAX 中；寄存器 ESI 中存放的是变量 y 的值，第 2 条指令的功能为将 y 的值存储到变量 x 地址处。

（2）两条指令执行后，变量 x 的值发生了改变，等于 12，而 y 的值没有发生变化，仍然是 12。

这个例子说明了如何用 MOV 指令从内存中读值到寄存器，如何将寄存器中的内容写到内存。在例子中寄存器 EDI 其实就是变量 x 的指针，可以看到 C 语言中的"指针"其实就是地址，间接引用指针就是将指针放在一个寄存器中，然后在内存引用中使用这个寄存器。

2. 堆栈操作指令

栈是一种采用"先进后出"方式进行访问的一块存储区，在处理过程调用时作用很大。IA-32 处理器的堆栈建立在主存区域中，使用 SS 指向段基址。堆栈段的范围由栈指针寄存器（ESP）的初值确定，这个位置就是堆栈底部（不再变化）。堆栈只有一个数据出入口，即当前栈顶（不断变化），由 ESP 的当前值指定栈顶的偏移地址。随着数据进入堆栈，ESP 逐渐减小；而随着数据依次弹出堆栈，ESP 逐渐增大。随着 ESP 增大，弹出的数据不再属于当前堆栈区域，随后进入堆栈的数据也会占用这个存储空间。

（1）入栈（压栈）指令 PUSH

指令格式：**PUSH SRC**

指令功能：R[ESP] ← R[ESP] - 2 或 R[ESP] ← R[ESP] - 4

M[R[ESP]] ←(SRC)

入栈指令 PUSH 先向地址指针减小方向修改 ESP 并作为当前栈顶，然后将源操作数内容传送到当前栈顶，简称"先减后压"。

【例 4-2】 已知 R[ESP]=1000H，R[EAX]=12345678H，执行指令 PUSH EAX。分析堆栈段和 ESP 在执行指令前后的变化情况。

【解】 图 4-8(a)是指令执行前堆栈段的情况，执行指令 PUSH EAX 时，先将栈指针向低地址移动 4 字节，即 R[ESP]-4，此时 ESP 指向地址为 0FFCH 的存储单元，然后将 EAX 中的数据存储到当前栈顶连续 4 字节的存储单元中。图 4-8(b)是指令 PUSH EAX 执行后堆栈段的情况。

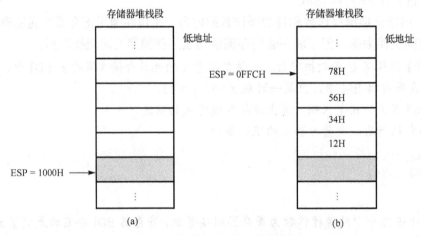

图 4-8 PUSH EAX 入栈操作

IA-32 处理器的堆栈只能以字或双字为单位进行操作。字数据入栈时，ESP 向低地址移动 2 字节，即 ESP 减 2，指向当前栈顶；双字数据入栈时，ESP 减 4。然后，数据以"低对低、高对高"的小端方式存放到堆栈顶部。

（2）出栈（弹栈）指令 POP

指令格式：**POP DEST**

指令功能：DEST ← M[R[ESP]]

R[ESP] ← R[ESP] + 2 或 R[ESP] ← R[ESP] + 4

出栈指令的功能与入栈指令的功能相反，它先将栈顶数据传送到目的地址，然后向地址指针增加方向修改 ESP 作为当前栈顶，简称"先弹后加"。

字数据出栈时，数据以"低对低、高对高"原则从栈顶传送到目的位置，然后 ESP 向高地址移动 2 字节，即 ESP 加 2；双字数据出栈时，ESP 加 4。

【例 4-3】已知 R[ESP]=1000H，R[EAX]=12345678H，执行指令 POP EAX。分析 ESP 和 EAX 在执行指令前后的变化情况。

【解】图 4-9(a)是指令执行前堆栈段的情况，执行指令 POP EAX 时，先将当前栈顶连续 4 字节的数据弹出到 EAX 中，然后栈指针向高地址移动 4 字节，即 R[ESP]+4，此时 ESP 指向地址为 1004H 的存储单元，形成新的栈顶。此时 R[EAX]= 67762000H，R[ESP]=1004H。图 4-9(b)是执行指令 POP EAX 后堆栈段的情况。

（3）堆栈的应用

堆栈是程序中不可或缺的一个存储区域。除堆栈操作指令外，还有子程序调用指令 CALL 和子程序返回指令 RET、中断调用指令 INT 和中断返回指令 IRET 等，以及内部异常、外部中断等情况都会使用堆栈来修改 ESP 的值。

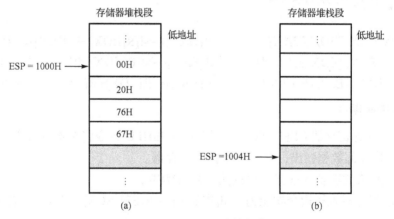

图 4-9　POP EAX 出栈操作

堆栈可用来临时存放数据，以便随时恢复数据。使用 POP 指令时，应该明确当前栈顶的数据是什么，可以按程序执行顺序向前观察由哪个操作压入了该数据。既然堆栈是利用主存实现的，当然就能以随机存取方式读/写其中的数据。通用寄存器之一的基址指针寄存器（EBP）就是出于这个目的设计的。例如

```
MOV EBP, ESP        指令功能: R[EBP]←R[ESP]
MOV EAX, [EBP + 8]  指令功能: R[EAX]←M[R[EBP]+8]
MOV [EBP], EAX      指令功能: M[R[EBP]]←R[EAX]
```

上述指令利用堆栈实现了主程序与子程序间的参数传递，这也是堆栈的主要作用之一。堆栈还常用于子程序寄存器的保护和恢复。为此，IA-32 处理器特别设计了将全部 32 位通用寄存器入栈的 PUSHAD 指令和出栈的 POPAD 指令，以及将全部 16 位通用寄存器入栈的 PUSHA 指令和出栈的 POPA 指令。利用这些指令可以快速地进行现场保护和现场恢复。

由于堆栈的栈顶和内容随着程序的执行不断变化，因此编程时应注意入栈和出栈的数据要成对，即保持堆栈平衡。

3. 地址传送指令

地址传送指令传送的是操作数的存储地址，指定的目的寄存器不能是段寄存器，且源操作数必须是存储器寻址方式。注意，这些指令均不影响标志。特殊的是加载有效地址（Load Effect Address，LEA）指令，该指令用来将源操作数的存储地址送到目的寄存器中。

加载有效地址指令格式：**LEA R32, MEM**

这里源操作数 MEM 代表一个存储器操作数，目的操作数 R32 代表一个 32 位通用寄存器。LEA 指令把一个 32 位存储器偏移地址传送到一个 32 位寄存器中。通常利用该指令可以执行一些简单算术运算操作。

【例 4-4】已知 R[EAX]=0100H，R[EDX]=1000H，M[1400h]=08H，M[1100h]=02H，在平展存储模型下，分析下列指令的功能及各指令执行后 EAX 的值。

（1）MOV EAX, [EDX][EAX]

（2）MOV EAX, [EDX+EAX*4]

（3）LEA EAX, [EDX+EAX*4]

【解】

（1）MOV EAX, [EDX][EAX] ; R[EAX]←M[R[EDX]+R[EAX]]，R[EAX]=02H

（2）MOV EAX, [EDX+EAX*4] ; R[EAX]←M[R[EDX]+R[EAX]*4]，R[EAX]=08H

（3）LEA EAX, [EDX+EAX*4] ; R[EAX]←R[EDX]+R[EAX]*4，R[EAX]=1400H

4. 标志传送指令

针对 32 位标志寄存器（EFLAGS），可以用 PUSHFD 指令将全部内容入栈，用 POPFD 指令将当前堆栈顶部数据弹出，并传送给标志寄存器。

（1）32 位标志寄存器入栈指令格式为：**PUSHFD**。

32 位标志寄存器入栈指令功能为：M[R[ESP]]←R[EFLAGS]，即将 32 位标志寄存器的值入栈。

（2）32 位标志寄存器出栈指令格式为：**POPFD**。

32 位标志寄存器出栈指令功能为：R[EFLAGS]←M[R[ESP]]，即从堆栈栈顶处连续弹出 4 字节并送给 32 位标志寄存器。

只有在当前特权级为 0 时，才能从堆栈中弹出 32 位标志位并送给 32 位标志寄存器，使得替换 32 位标志寄存器中的 I/O 特权级标志 IOPL。

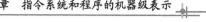

5．输入/输出指令

输入指令实现从外部设备向主机输入信息，输出指令实现从主机向外部设备输出信息。从信息流向看，将外部设备中的数据送至寄存器 AL、AX 或 EAX 的过程为输入过程，将 AL、AX 或 EAX 中的数据送至外部设备的过程为输出过程。

对于连接到系统中的每台外部设备，相应的接口部件均有一组设备寄存器与其对应，不同设备所需的设备寄存器的个数通常是不同的，它们所完成的功能也各不相同。设备寄存器有 3 种，即设备数据寄存器、设备状态寄存器和控制寄存器。在 I/O 空间中为每个设备寄存器均指定一个固定地址。主机对外设的识别、设备控制和数据交换都是通过对设备寄存器的读/写操作来实现的。

（1）I/O 寻址方式。16 位处理器和 32 位处理器访问 I/O 接口都各有两种寻址方式：直接寻址和间接寻址。I/O 地址的直接寻址是由 I/O 指令直接提供 8 位的 I/O 地址，用于访问系统板上的 I/O 端口，可以寻址 00H～FFH 共计 256 个端口。I/O 地址的间接寻址是以 DX 中的 16 位二进制数为端口的地址，主要用于访问扩展槽上的 I/O 端口，可以寻址的全部 I/O 地址为 0000H～FFFFH，共计 64KB 个端口。每个地址均对应一个端口（8 位），不需要分段管理。最低的 256 个端口可以用直接寻址和间接寻址，高于 256 的端口只能用间接寻址。

（2）I/O 指令。8086 处理器使用的是独立的 I/O 编址方式，按独立的 I/O 端口寻址方式进行 I/O 操作，用 IN 指令和 OUT 指令在 CPU 的累加器（AL、AX 或 EAX）和 I/O 设备之间进行数据的传送。8 位、16 位和 32 位数据的输入和输出的指令分别如表 4-3 和表 4-4 所示，其中 PORT 代表 8 位的立即数地址，即直接寻址的指令。

表 4-3　输入指令

I/O 指令格式	数据宽度	功能
IN AL, PORT	8	从即时端口读 1 字节到 AL 中
IN AX, PORT	16	从即时端口读 1 个字到 AX 中
IN EAX, PORT	32	从即时端口读 1 个双字到 EAX 中
IN AL, DX	8	从 DX 所指示的端口读 1 字节到 AL 中
IN AX, DX	16	从 DX 所指示的端口读 1 个字到 AX 中
IN EAX, DX	32	从 DX 所指示的端口读 1 个双字到 EAX 中

表 4-4　输出指令

I/O 指令格式	数据宽度	功能
OUT PORT, AL	8	将 AL 中的 1 字节数据输出到即时端口
OUT PORT, AX	16	将 AX 中的 1 个字数据输出到即时端口
OUT PORT, EAX	32	将 EAX 中的 1 个双字数据输出到即时端口
OUT DX, AL	8	将 AL 中的 1 字节数据输出到 DX 指示的端口
OUT DX, AX	16	将 AX 中的 1 个字数据输出到 DX 指示的端口
OUT DX, EAX	32	将 EAX 中 1 个双字数据输出到 DX 指示的端口

I/O 数据的传输需要注意以下几点。

（1）16 位处理器只能通过 AL、AX 实现至多 16 位数据的输入和输出。除 32 位处理器外，还可以通过 EAX 实现 32 位数据的输入和输出。

（2）若没有字和双字输入/输出的电路支持，则不能使用字、双字输入/输出指令。使用字节传送是基本的输入/输出方式。

（3）直接寻址的输入/输出指令被计算机系统板上的端口使用，用户一般使用间接寻址方式来实现 I/O 操作。

4.6.3 算术运算指令

算术运算是指对数据进行加、减、乘、除，它是基本的数据处理方法。加/减运算除有"和"或"差"的结果外，还有进位、借位、溢出等状态标志，所以状态标志也是结果的一部分。

1. 加法指令

加法运算包含 ADD、ADC 和 INC 三条指令，除 INC 不影响进位标志 CF 外，其他指令按照定义影响全部状态标志，即按照运算结果相应设置各个状态标志为 0 或 1。

（1）加法指令 ADD

指令格式：**ADD DEST, SRC**

指令功能：DEST←(DEST)+(SRC)

加法指令 ADD 使目的操作数加上源操作数，结果送到目的地址。ADD 指令支持寄存器与立即数、寄存器、存储单元之间的加法运算，以及存储单元与立即数、寄存器之间的加法运算。按照定义加法指令影响 6 个状态标志（参见本章第 2 节）。例如

```
MOV EAX, 0AAFF7348H  ; R[EAX] = 0AAFF7348H ,不影响标志
ADD AL, 27H          ; R[AL] = R[AL]+ 27H = 48H + 27H = 6FH,
                     ; R[EAX] = 0AAFF736FH, 状态标志为 OF = 0,
                     ; SF = 0, ZF = 0, CF = 0
ADD AX, 3FFFH        ; R[AX] = R[AX] + 3FFFH =736FH + 3FFFH = 0B36EH
                     ; R[EAX] = 0AAFFB36EH, 状态标志为 OF = 1, SF = 1,
                     ; ZF = 0, CF = 0
ADD EAX, 88000000H   ; R[EAX] = R[EAX] + 88000000H
                     ; = 0AAFFB36EH + 88000000H = 32FFB36EH
                     ; 状态标志为 OF = 1, SF = 0, ZF = 0, CF = 1
```

（2）带进位加法指令 ADC

指令格式：**ADC DEST, SRC**

指令功能：DEST←(DEST)+(SRC)+ CF

带进位加法指令 ADC 除完成 ADD 加法运算外，还要加上进位 CF，结果送到目的操作数，按照定义影响 6 个状态标志。ADC 指令用于与 ADD 指令相结合实现多精度数的加法。IA-32 处理器可以实现 32 位的加法。但是，多于 32 位的数据相加需要先将两个操作数的低 32 位相加（用 ADD 指令），然后再加高位部分，并将进位加到高位（需要用 ADC 指令）。

（3）增量指令 INC

指令格式：**INC REG/MEM**

指令功能：REG/MEM←(REG)/(MEM)+1

增量指令 INC 只有一个操作数，对操作数加 1 再将结果返回原处。操作数是寄存器或存储单元。设计增量指令的目的是对计数器和地址指针进行调整，所以它不影响进位标志，但影响其他状态标志。

2．减法指令

减法指令包括 SUB、SBB、DEC、NEG 和 CMP，除 DEC 不影响 CF 外，按照定义影响其他全部状态标志。

（1）减法指令 SUB

指令格式：**SUB DEST, SRC**

指令功能：DEST ←(DEST)−(SRC)

减法指令 SUB 执行的操作是目的操作数减去源操作数，结果送到目的操作数。与 ADD 指令一样，SUB 指令支持寄存器与立即数、寄存器、存储单元之间的减法运算，以及存储单元与立即数、寄存器间的减法运算，按照定义影响 6 个状态标志。例如

```
MOV EAX,0AAFF7348H    ; R[EAX] = 0AAFF7348H
SUB AL,27H            ; R[EAX] = 0AAFF7321H, OF = 0, SF = 0, ZF = 0, CF = 0
SUB AX,3FFFH          ; R[EAX] = 0AAFF3322H, OF = 0, SF = 0, ZF = 0, CF = 0
SUB EAX,0BB000000H    ; R[EAX] = 0EFFF3322H, OF = 0, SF = 1, ZF = 0, CF = 1
```

（2）带借位减法指令 SBB

指令格式：**SBB DEST, SRC**

指令功能：DEST ←(DEST)−(SRC)−CF

带借位减法指令 SBB 除完成 SUB 减法运算外，还要减去借位 CF，结果送到目的操作数，按照定义影响 6 个状态标志。SBB 指令主要用于与 SUB 指令相结合实现多精度数的减法。多于 32 位数据的减法需要先将两个操作数的低 32 位相减（用 SUB 指令），然后再减去高位部分，并从高位减去借位（需要用 SBB 指令）。

（3）减量指令 DEC

指令格式：**DEC REG/MEM**

指令功能：REG/MEM←(REG)/(MEM)−1

减量指令 DEC 对操作数减 1 再将结果返回原处。DEC 指令与 INC 指令相对应，主要用于对计数器和地址指针进行调整，不影响 CF，但影响其他状态标志。

（4）求补指令 NEG

指令格式：**NEG　REG/MEM**

指令功能：REG/MEM← −(REG)/−(MEM)

求补指令 NEG 是一个单操作数指令，它对操作数执行求补运算，即用零减去操作数，然后结果再送回目的地址。NEG 指令对标志的影响与用零做减法的 SUB 指令一样，可用于求补码或由补码求其绝对值。

（5）比较指令 CMP

指令格式：**CMP DEST, SRC**

指令功能：(DEST)-(SRC)

比较指令 CMP 使目的操作数减去源操作数，其差值不回送到目的地址，但按照减法结果影响状态标志。CMP 指令通过减法运算影响状态标志，根据状态标志可以获知两个操作数的大小关系。该指令可以在不影响操作数大小的情况下，为条件转移等指令提供状态标志或确定两个操作数的大小关系。

3．乘/除法指令

算术运算类指令还包括乘/除法指令以及与运算相关的符号扩展等指令。

（1）乘法指令。基本的乘法指令指出源操作数 SRC，可以是寄存器或存储单元，隐含使用目的操作数。若 SRC 是 8 位数，则 AL 与 SRC 相乘得到 16 位积，存入 AX 中；若 SRC 是 16 位数，则 AX 与 SRC 相乘得到 32 位积，且高 16 位存入 DX 中，低 16 位存入 AX 中；若 SRC 是 32 位数，则 EAX 与 SRC 相乘得到 64 位积，且高 32 位存入 EDX 中，低 32 位存入 EAX 中。乘法指令类型如表 4-5 所示。

表 4-5　乘法指令类型

指令类型	指令格式	功能
无符号数乘法	MUL SRC	R[AX]← R[AL] × R8/M8
有符号数乘法	IMUL SRC	R[DX,AX] ← R[AX] × R16/M16 R[EDX,EAX] ← R[EAX] × R32/M32
双操作数乘法	IMUL DEST, SRC	R16 ← R16 × R16/M16/I8/I16 R32 ← R32 × R32/M32/I8/I32
三操作数乘法	IMUL DEST, SRC, IMM	R16 ← R16/M16 × I8/I16 R16 ← R16/M16 × I8/I16

早期无符号数乘法指令 MUL 和有符号数乘法指令 IMUL，当同一个二进制编码表示无符号数和有符号数时，其真值可能不同。例如

二进制数乘法：0A5H × 64H(即 165 × 100)

若把它们当作无符号数，则利用 MUL 指令的结果为：

4074H　　(0A5H × 64H 看成无符号数 165 × 100= 16500)

若采用 IMUL 指令，则结果为：

0DC74H　　(0A5H × 64H 看成有符号数(−91) × 100=−9100)

基本的乘法指令按如下规则影响 OF 和 CF。若乘积的高一位是低一半位的符号位扩展，则说明高一半位不含有效数值，即 OF = CF = 0；若乘积的高一半位有效，则用 OF = CF = 1 表示。但是，乘法指令对其他状态标志没有意义，这里的没有意义是指任意、不可预测。注意，这里与数据传送指令对标志没有影响是不同的，没有影响是指不改变原来的状态。

从 8086 处理器开始，有符号数乘法又提供了两种新形式，即双操作数乘法和三操作数乘法。这些新增的乘法形式的目的操作数和源操作数的长度相同，因此积有可能溢出。若积溢出，则高位部分被丢掉，并设置 CF = OF = 1；若没有溢出，则 CF = OF = 0。三操作数乘法采用了 3 个操作数，其中一个乘数用立即数表达。

由于存放积的目的操作数长度与乘数的长度相同，而有符号数和无符号数的乘积的低

位部分是相同的，因此这种新形式的乘法指令对有符号数和无符号数的处理是相同的。

（2）除法指令。除法指令指出源操作数 SRC 可以是寄存器或存储单元，隐含使用目的操作数，除法指令类型如表 4-6 所示。

表 4-6 除法指令类型

指令类型	指令格式	功能
无符号数除法	DIV SRC	R[AL] ← R[AX]÷R8/M8 的商， R[AH] ← 余数 R[AX] ← R[DX,AX]÷R16/M16 的商，
有符号数除法	IDIV SRC	R[DX] ← 余数 R[EAX] ← R[EDX,EAX]÷R32/M32 的商， R[EDX] ← 余数

除法指令也分为无符号除法指令 DIV 和有符号除法指令 IDIV。进行有符号除法时，余数的符号与被除数的符号相同。与乘法指令类似，对同一个二进制编码，分别采用 DIV 指令和 IDIV 指令后，商和余数可能不同。

除法指令对状态标志没有意义，但是当除数为 0 或者超过所能表达的范围时，会发生除法溢出。利用 DIV 指令进行无符号数除法时，商所能表达的范围是：进行字节量除法时为 0～255，进行字量除法时为 0～65535，进行双字量除法时为 $0～2^{32}-1$。利用 IDIV 指令进行有符号数除法时，商所能表达范围是：进行字节量除法时为 –128～127，进行字量除法时为 –32768～32767，进行双字量除法时为 $-2^{31}～2^{31}-1$。若发生除法溢出，则 IA-32 处理器将产生编号为 0 的内部中断。

【例 4-5】假设 R[AX] = FFFAH，R[BX] = FFF0H，则执行指令 ADD AX, BX 后，

（1）AX、BX 中的内容各是什么？CF、OF、ZF、SF 各是什么？

（2）要求分别将操作数作为无符号数和有符号整数解释并验证指令执行结果。

【解】指令 ADD AX, BX 的功能为 R[AX] ← R[AX]+R[BX]。

（1）指令执行后的结果为 R[AX] = FFFAH+FFF0H = FFEAH，BX 中的内容不变，CF=1，OF=0，ZF=0，SF=1。

（2）若为无符号整数运算，则 CF=1。说明结果溢出。验证结果为：

FFFAH 的真值为 65535–5 = 65530，FFF0H 的真值为 65520。

FFEAH 的真值为 65535–21 = 65514 ≠ 65530 +65520，即溢出。

若是有符号整数运算，则 OF = 0。说明结果没有溢出，验证结果为：

FFFAH 的真值为 –6，FFF0H 的真值为 –16。

FFEAH 的真值为 –22 = –6+(–16)，结果正确，无溢出。

（3）零位扩展和符号扩展指令。IA-32 处理器支持 8 位、16 位和 32 位数据操作，大多数指令要求两个操作数类型一致。但实际的数据类型不一定满足要求。例如，32 位与 16 位数据的加/减运算，需要先将 16 位扩展为 32 位；32 位除法需要将被除数扩展成 64 位。不过，位数扩展后数据大小不能因此改变。

对无符号数而言，数据前面加 0 使位数增加而大小不变的扩展方式，称为**零位扩展**，对应指令 MOVZX。例如，8 位无符号数 80H 零扩展成 16 位后，变成 0080H。

对有符号数而言，数据前面增加符号位（最高位）使位数增加的扩展方式，称为**符号扩展**。扩展之后，数据值的大小不变，对应指令 MOVSX。例如，8 位有符号数 64H 为正数，符号位为 0，8 位有符号数扩展成 16 位后是 0064H。而 16 位有符号数 FF00H 为负数，符号位为 1，16 位有符号数扩展成 32 位后是 FFFFFF00H。零位扩展和符号扩展的指令格式和功能如表 4-7 所示。

表 4-7　零位扩展和符号扩展的指令格式和功能

指令类型	指令格式	功能
零位扩展	MOVZX R16, R8/M8	R8/M8 零位扩展并传送至 R16
	MOVZX R32, R8/ M8/R16/M16	R8/M8/R16/M16 零位扩展并传送至 R32
符号扩展	MOVSX R16, R8/M8	R8/M8 符号扩展并传送至 R16
	MOVSX R32, R8/M8/R16/M16	R8/M8/R16/M16 符号扩展并传送至 R32

4.6.4　位操作指令

位操作指令用来对不同长度的操作数进行按位操作，立即数只能作为源操作数，不能作为目的操作数，并且最多只能有一个立即数作为存储器操作数。位操作指令主要分为逻辑运算指令和移位指令。

1. 逻辑运算指令

以下 5 类逻辑运算指令中，仅 NOT 指令不影响条件标志，其他指令执行后，OF = CF = 0，而 ZF 和 SF 则根据运算结果来设置，即若结果为全 0，则 ZF = 1；若最高位为 1，则 SF = 1。

（1）逻辑与指令 AND

指令格式：**AND DEST, SRC**

指令功能：DEST←(DEST)∧(SRC)

指令 AND 将两个操作数按位进行逻辑与运算，结果返回目的操作数。指令 AND 支持的目的操作数是寄存器和存储单元，源操作数是立即数、寄存器和存储单元，但不能都是存储器操作数。该指令设置标志为 CF = OF =0，根据结果按定义影响 SF、ZF。

指令 AND 主要用来实现掩码操作。例如，执行指令"AND AL, 0FH"后，AL 的高 4 位被屏蔽而变成 0，低 4 位被析取出来。

（2）逻辑或指令 OR

指令格式：**OR DEST, SRC**

指令功能：DEST←(DEST)∨(SRC)

指令 OR 将两个操作数按位进行逻辑或运算，结果返回目的操作数。指令 OR 支持的目的操作数是寄存器和存储单元，源操作数是立即数、寄存器和存储单元，但不能都是存储器操作数。该指令设置标志为 CF = OF =0，根据结果按定义影响 SF、ZF。

指令 OR 常用于使目的操作数的特定位置 1。例如，执行指令"OR BX, 03H"后，寄存器 BX 的最后两位被置 1。

（3）逻辑非指令 NOT

指令格式：**NOT DEST**

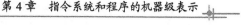

指令功能：DEST←～(DEST)

非指令 NOT 是单操作数指令，按位进行逻辑非运算后返回结果。指令 NOT 支持的操作数是寄存器和存储单元，对标志没有影响。

（4）逻辑异或指令 XOR

指令格式：**XOR DEST, SRC**

指令功能：DEST←(DEST)⊕(SRC)

指令 XOR 将两个操作数按位进行逻辑异或运算，结果返回目的操作数。指令 XOR 对标志的影响与指令 AND 和指令 OR 对标志的影响一样。指令 XOR 常用于使某些位取反而其他位保持不变。例如，执行指令"XOR BX, 01H"后，寄存器 BX 最低位取反。

（5）测试指令 TEST

指令格式：**TEST DEST, SRC**

指令功能：(DEST)∧(SRC)

指令 TEST 将两个操作数按位进行逻辑与运算。TEST 不返回逻辑与结果，只根据结果设置状态标志。指令 TEST 通常用于检测一些条件是否满足，但又不希望改变原操作数的情况。指令 TEST 与指令 CMP 类似，一般后跟条件转移指令，目的是利用测试条件转向不同的分支。例如，通过执行"TEST AL, AL"指令来判断 AL 是否为 0、正数或负数。判断规则为：若 ZF＝1，则说明 AL＝0；若 SF＝0 且 ZF＝0，则说明 AL 为正数；若 SF＝1，则说明 AL 为负数。

2．移位指令

移位指令将寄存器或存储单元中的 8 位、16 位或 32 位二进制数进行算术移位、逻辑移位或循环移位。在移位过程中，把 CF 看成扩展位，用它接收从操作数最左或最右移出的一个二进制位，并且只能移动 1～31 位，所移位数可以是立即数或存放在 CL 中的一个数值。

（1）逻辑移位指令和算术移位指令。逻辑移位指令包括逻辑左移指令 SHL 和逻辑右移指令 SHR。逻辑左移是指每左移一次，最高位送入 CF，并在低位补 0；逻辑右移是指每右移一次，最低位送入 CF，并在高位补 0。

算术移位指令包括算术左移指令 SAL 和算术右移指令 SAR。指令 SAL 的操作与指令 SHL 的操作一样，即每左移 1 位，最高位送入 CF，并在低位补 0；执行指令 SAL 时，若移位前后符号位发生变化，则 OF＝1，表示左移后结果溢出，这是指令 SAL 与指令 SHL 的不同之处。逻辑移位指令和算术移位指令的格式如表 4-8 所示。

表 4-8　逻辑移位指令和算术移位指令的格式

指令类型	指令格式	功能
逻辑左移	SHL REG/MEM, I8/CL	REG/MEM 左移 I8/CL 位，最低位补 0，最高位进入 CF
逻辑右移	SHR REG/MEM, I8/CL	REG/MEM 右移 I8/CL 位，最高位补 0，最低位进入 CF
算术左移	SAL REG/MEM, I8/CL	功能与指令 SHL 的功能相同
算术右移	SAR REG/MEM, I8/CL	REG/MEM 右移 I8/CL 位，最高位不变，最低位进入 CF

以上 4 条移位指令的目的操作数可以是寄存器或存储单元。后一个操作数表示移位位

数,可以用一个 8 位立即数(I8)表示,也可以用 CL 中的值表示。对于 8086 处理器和 8088 处理器,后一个操作数用立即数表示只能为 1。图 4-10 是逻辑移位和算术移位示意图。移位指令根据最高或最低移出的位设置进位标志 CF,根据移位后的结果影响 SF、ZF 和 PF。若移动一位,则根据操作数的最高符号位是否改变来相应地设置溢出标志 OF;若移位前的操作数最高位与移位后的操作数最高位不同(有变化),则 OF = 1,否则 OF =0。当移位次数大于 1 时,OF 不确定。

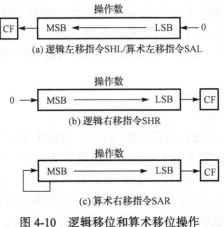

图 4-10　逻辑移位和算术移位操作

(2)循环移位指令。循环移位指令与逻辑移位指令、算术移位指令类似,但循环移位指令要将从一端移出的位返回到另一端而形成循环。该循环分为不带进位循环移位和带进位循环移位,分别具有左移或右移操作,具体包括不带进位循环左移指令 ROL、不带进位循环右移指令 ROR、带进位循环左移指令 RCL、带进位循环右移指令 RCR。循环移位指令的操作数形式与移位指令的操作数形式相同,按指令功能设置 CF,但不影响 SF、ZF、PF。对 OF 的影响而言,循环移位指令与前面介绍的逻辑移位指令、算术移位指令一样。循环移位操作如图 4-11 所示。

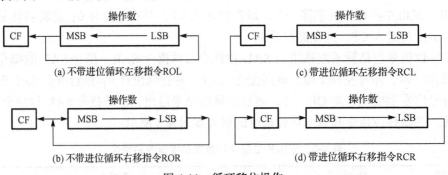

图 4-11　循环移位操作

【例 4-6】假设 short 型变量 X 被编译器分配在寄存器 AX 中,R[AX] = 0FF80H,则执行以下汇编代码段后变量 X 的机器数和真值分别是多少?

```
MOV  DX, AX
SAL  AX, 2
```

```
ADD AX, DX
SAR AX, 1
```

【解】 因为 X 是 short 型变量，所以指令都是算术移位指令，并进行有符号整数加法。假设执行上述代码段前有 R[AX] = X，则执行((X<<2)+X)>>1 后，R[AX] = 5X/2。

算术左移时，AX 中的内容在移位前、后符号未发生变化，故 OF=0，没有溢出。最终 AX 中的内容为 0FEC0H，若其类型为 short 型整数，则其值为–320。验证 X = –128，5X/2 = –320。经验证，结果正确。

4.6.5 控制转移指令

IA-32 中，当前正在执行指令的指针由代码段寄存器 CS 和指令指针寄存器 EIP 共同确定。代码段寄存器 CS 指出代码段的段基址，指令指针寄存器 EIP 指出将要执行指令的偏移地址。随着程序代码的执行，指令指针 EIP 的内容会相应改变。当程序顺序执行时，处理器根据被执行指令的字节长度自动增加 EIP。但是，当遇到控制转移类指令时，程序的执行顺序就会发生改变，需要转移到另一处地址执行指令，EIP 会随之改变；若转到另一个代码段中去执行，则 CS 和 EIP 的值都需要改变。

IA-32 提供了多种控制转移指令，包括无条件转移指令、条件转移指令、条件设置指令、调用/返回指令和中断指令等。这些指令中，除中断指令外，其他指令都不影响状态标志，但有些指令的执行受状态标志的影响。

1. 无条件转移指令

无条件转移是指无任何先决条件就能使程序改变执行顺序。处理器只要执行无条件转移指令 JMP，就可以使程序转到指定的目标地址处，然后从目标地址处开始执行。JMP 指令相当于高级语言的 goto 语句。结构化程序设计要求尽量避免使用 goto 语句，但是指令系统不能缺少 JMP 指令，无条件转移到转移目标地址处执行。

（1）转移范围

如果按照指令的转移范围（远近）可以分为段内转移和段间转移。

段内转移是指在当前代码段范围内的指令转移，这种转移不需要更改代码段寄存器 CS 的内容，只要改变指令指针寄存器 EIP 的偏移地址就可以了。段内转移距离相对较近，因此也被称为近转移（NEAR）。

段间转移是指指令从当前代码段跳转到另一个代码段，此时需要更改代码段寄存器 CS 和指令指针寄存器 EIP 的内容。段间转移可以在整个存储空间内跳转，转移距离相对较远，因此也被称为远转移（FAR）。

（2）指令寻址方式

指令寻址方式是指通过地址读取转移目标地址指令的方法。IA-32 处理器支持相对寻址、直接寻址和间接寻址 3 种寻址方式。其基本含义类似于存储器数据寻址对应的寻址方式。

相对寻址是指令代码中提供目标地址相对于当前指令指针 EIP 的位移量。转移到的目标地址就是当前 EIP 值加上位移量。相对寻址用于段内转移，也是最常用的指令寻址方式。

直接寻址是指令代码直接提供目标指令地址。IA-32 处理器只支持段间直接寻址。

间接寻址是指令代码指示寄存器或存储单元，目标指令地址存放在寄存器或存储单元。

（3）JMP 指令

指令格式：JMP　DEST

根据目标指令地址的转移范围和寻址方式，可以分成以下 4 种类型，指令格式和功能说明如表 4-9 所示。

表 4-9　无条件转移指令类型和格式

指令类型	指令格式	执行操作
段内相对转移	JMP　LABEL	R[EIP] ← R[EIP]+位移量
段内间接转移	JMP　REG/MEM	R[EIP]←R[REG]或 R[EIP]←M[MEM]
段间直接转移	JMP　LABEL	R[EIP]←标号的偏移地址，R[CS]←标号的段基址
段间间接转移	JMP　MEM	R[EIP]←M[MEM]，R[CS]←M[MEM+4]

【例 4-7】无条件转移程序如下。

```
地址            指令代码            汇编指令            注释
                                                    ;数据段
00000000                          NVAR DWORD  ?
                                                    ;代码段
00000000       EB 01              JMP LAB1          ;段内相对转移
00000002       90                 NOP
00000003       FF E0              LAB1: JMP EAX     ;段内间接转移
   ⋮            ⋮                    ⋮
0000001B       FF 25 00000000     JMP NVAR          ;段内间接转移
```

本程序段第一条指令"JMP LAB1"使处理器跳过 1 字节而执行 LAB1 处的指令。从指令代码可以看出，跟在操作码 EB 后的 01 代表相对位移量，即位移量为 1 字节。"NOP"代表一个空操作。指令"JMP EAX"采用段内间接转移，转移到 EAX 指定的地址。最后一条指令"JMP NVAR"采用段内间接转移，转移到变量 NVAR 所指向的存储单元。

2．条件转移指令

条件转移指令以条件标志或者条件标志的逻辑运算结果作为转移依据。若满足转移条件，则程序转移到由标号 LABEL 确定的目标地址处执行；否则继续执行下一条指令。这类指令都采用相对转移方式在段内直接转移。表 4-10 列出了常用条件转移指令的转移条件。

表 4-10　常用条件转移指令的转移条件

序号	指令格式	功能	说明
1	JC LABEL	CF = 1	有进位/借位
2	JNC LABEL	CF = 0	无进位/借位
3	JE/JZ LABEL	ZF = 1	相等/等于零
4	JNE/JNZ LABEL	ZF = 0	不相等/不等于零
5	JS LABEL	SF = 1	是负数
6	JNS LABEL	SF = 0	是非负数

续表

序号	指令格式	功能	说明
7	JO LABEL	OF = 1	有溢出
8	JNO LABEL	OF = 0	无溢出
9	JA/JNBE LABEL	CF = 0 AND ZF = 0	无符号整数 A>B
10	JAE/JNB LABEL	CF = 0 OR ZF = 1	无符号整数 A≥B
11	JB/JNAE LABEL	CF = 1 AND ZF = 0	无符号整数 A<B
12	JBE/JNA LABEL	CF = 1 OR ZF = 1	无符号整数 A≤B
13	JG/JNLE LABEL	SF = OF AND ZF = 0	有符号整数 A>B
14	JGE/JNL LABEL	SF = OF OR ZF = 1	有符号整数 A≥B
15	JL/JNGE LABEL	SF≠OF AND ZF = 0	有符号整数 A<B
16	JLE/JNG LABEL	SF≠OF OR ZF = 1	有符号整数 A≤B

IA-32 中，不管高级语言程序中定义的变量是有符号整数还是无符号整数，对应的加（减）法指令都是一样的。每条加（减）法指令执行后，都会根据运算结果产生相应的进/借位标志 CF、符号标志 SF、溢出标志 OF 和零标志 ZF 等，并保存到标志寄存器（FLAGS/EFLAGS）中。

对于比较两个数大小后进行分支转移的情况，在条件转移指令前面的通常是比较指令或减法指令，因此，大多是通过减法来获得标志的，然后再根据标志来判定两个数的大小，从而确定转移到何处执行指令。对于无符号整数的情况，判断两个数大小时使用的是 CF 和 ZF，若 ZF = 1，则说明两数相等；若 CF = 1，则说明有借位，即"小于"的关系，通过对 ZF 和 CF 的组合，得到表 4-10 中序号为 9、10、11 和 12 这 4 条指令中的结论。对于有符号整数的情况，判断两个数大小时使用 SF、OF 和 ZF，若 ZF = 1，则说明两数相等；若 SF = OF，则说明结果是以下两种情况之一。

（1）两数之差为正数（SF = 0）且结果未溢出（OF = 0）。

（2）两数之差为负数（SF = 1）且结果溢出（OF = 1）。

这两种情况显然反映的是"大于"关系。同样，若 SF≠OF，则反映"小于"关系。有符号整数比较时对应表 4-10 中序号为 13、14、15 和 16 这 4 条指令。

3．过程调用/返回指令

为便于模块化程序设计，往往把程序中某些具有独立功能的部分编写成独立的程序模块，称为**过程**。过程的使用有助于提高程序的可读性，并有助于代码重用，它是程序设计人员进行模块化编程的重要手段。

调用过程的程序称为**主程序**，被调用的程序称为**子程序**（过程）。当主程序需要用到某个过程的功能时，就通过过程调用 CALL 指令调用这个子程序，这时，CPU 就会转到子程序的起始处执行；当执行完子程序后，再通过返回指令 RET 返回到主程序继续执行。

（1）过程调用指令 CALL

指令格式：CALL DEST

根据目标指令地址的转移范围和寻址方式不同，过程调用 CALL 指令可以分成以下 4 种类型，指令格式和功能说明如表 4-11 所示。

表 4-11　过程调用指令类型和格式

指令类型	指令格式	执行操作
段内直接调用	CALL LABEL	R[ESP]←R[ESP]-4，M[R[ESP]]←R[EIP] R[EIP]←子程序入口的偏移地址
段内间接调用	CALL　REG/MEM	R[ESP]←R[ESP]-4，M[R[ESP]]←R[EIP] R[EIP]←R[REG]或 R[EIP]←M[MEM]
段间直接调用	CALL　LABEL	R[ESP]←R[ESP]-4，M[R[ESP]]←R[CS] R[ESP]←R[ESP]-4，M[R[ESP]]←R[EIP] R[CS]←子程序入口的段基址，R[EIP]←子程序入口的偏移地址
段间间接调用	CALL　MEM	R[ESP]←R[ESP]-4，M[R[ESP]]←R[CS] R[ESP]←R[ESP]-4，M[R[ESP]]←R[EIP] R[CS]←M[MEM+4]，R[EIP]←M[MEM]

CALL 指令的段内直接或间接调用执行的操作如下：

① 将 CALL 指令的下一条指令的偏移地址（返回地址）入栈；

② 将子程序入口的偏移地址（子程序的首地址）装入 EIP，此时，CPU 从子程序的第一条指令处开始执行。

CALL 指令的段间直接或间接调用执行的操作如下：

① 将返回地址的 CS（扩展成 32 位）和 EIP 按顺序入栈（实际入栈 64 位）；

② 将子程序入口的段基址和偏移地址分别装入 CS 和 EIP，此时，CPU 从子程序的第一条指令处开始执行。

（2）返回指令 RET

返回指令 RET 通常作为子程序的最后一条指令，使子程序执行完成后返回到主程序继续执行。返回指令主要分为段内返回和段间返回两种类型，指令格式和功能说明如表 4-12 所示。

表 4-12　过程调用指令类型和格式

指令类型	指令格式	执行操作
段内返回	RET/RETN	R[EIP]← M[R[ESP]]，R[ESP]←R[ESP]+4
段间返回	RET	R[EIP]←M [R[ESP]] ；R[ESP]←R[ESP]+4 R[CS]← M[R[ESP]] ；R[ESP]←R[ESP]+ 4

段内返回指令执行的操作是从栈顶将 32 位返回地址弹出到 EIP，段间返回指令执行的操作是从栈顶连续 8 个字节出栈，其中低 4 字节弹到 EIP 中，高 4 字节弹到 CS（高 2 字节无意义去掉）。

4．软中断指令

中断的概念和过程调用有些类似，两者都是将返回地址先入栈，然后转到某个程序去执行。两者的主要区别如下。

过程调用跳转到一个用户事先设定好的子程序，而中断跳转则是转向系统事先设定好的中断服务程序。

过程调用可以是 NEAR 类型或 FAR 类型，能直接跳转或间接跳转，而中断跳转通常是段间间接转移，因为中断处理会从用户态转到内核态执行。

过程调用只保存返回地址，而中断指令还要使标志寄存器入栈保存。IA-32 提供了中断调用指令 INT 和中断返回指令 IRET。

（1）中断调用指令 INT

指令格式：INT N，指令中的 N 为中断类型号，取值范围为 0～255。

中断调用指令 INT 执行操作如下：

① 将 32 位标志寄存器 EFLAGS 入栈，R[ESP]←R[ESP]-4、M[R[ESP]]←R[EFLAGS]；

② 将返回地址的 CS 和 EIP 入栈，R[ESP]←R[ESP]-4、M[R[ESP]]←R[CS]，R[ESP]←R[ESP]-4、M[R[ESP]]←R[EIP]。

（2）中断返回指令 IRET

指令格式：IRET/IRETD。

中断返回指令执行操作如下：

① 返回地址出栈，R[EIP]←M [R[ESP]]、 R[ESP]←R[ESP]+4，R[CS]← M[R[ESP]] 、R[ESP]←R[ESP]+ 4；

② 恢复标志寄存器，R[EFLAGS]←M [R[ESP]]、 R[ESP]←R[ESP]+4。

其它有关中断的内容详见第 6 章。

4.7　程序的机器级表示

用任何汇编语言或高级语言编写的源程序最终都必须翻译（汇编、解释或编译）成以指令形式表示的机器语言，这样才能在计算机上运行。本节简单介绍高级语言源程序转换为机器代码过程中涉及的一些基本问题。为叙述方便，本节选择的具体高级语言和机器语言分别是 C 语言和 IA-32 汇编语言。

4.7.1　过程调用的机器级表示

程序设计人员可使用参数将过程与其他程序及数据进行分离。调用过程只要传送输入参数给被调用过程后，再由被调用过程返回结果参数给调用过程。引入过程使程序设计人员只需要关注本模块中函数或过程的编写任务。本章主要介绍 C 语言程序的机器级表示，以及 C 语言用函数来实现的过程，本书中的过程和函数是等价的。

将整个程序分成若干模块后，编译器对每个模块都可以分别编译。为了使模块间彼此统一，并能配合操作系统工作，编译的模块代码之间必须遵循一些调用接口约定，这些约定由编译器强制执行，汇编语言程序设计人员也必须按照这些约定执行，包括寄存器的使用、栈帧的建立和参数传递等。

1. IA-32 中用于过程调用的指令

在上一节中提到的调用指令 CALL 和返回指令 RET 是用于过程调用的主要指令，它们都属于一种无条件转移指令，都会改变程序执行的顺序。为了支持嵌套和递归调用，通常利用栈来保存返回地址、入口参数和过程内部定义的非静态局部变量，因此，CALL 指令在跳转到被调用过程执行前先要把返回地址入栈，RET 指令在返回调用过程前要从栈中取出返回地址。

2. 过程调用的执行步骤

假定过程 P 调用过程 Q，则 P 为调用者，Q 为被调用者。过程调用的执行步骤如下。

（1）P 将入口参数（实参）存放在 Q 能访问到的位置。

（2）P 将返回地址存在特定的位置，然后将控制转移到 Q。

（3）Q 保存 P 的现场，并为自己的非静态局部变量分配空间。

（4）执行 Q 的过程体（函数体）。

（5）Q 恢复 P 的现场，并释放局部变量所占空间。

（6）Q 取出返回地址，然后将控制转移到 P。

上述步骤中，第（1）步和第（2）步是在过程 P 中完成的，其中第（2）步是由 CALL 指令实现的，通过 CALL 指令将控制从过程 P 转移到过程 Q。第（3）～（6）步都在被调用过程 Q 中完成，在执行 Q 过程体之前的第（3）步通常称为准备阶段，用于保存 P 的现场并为 Q 的非静态局部变量分配空间，在执行 Q 过程体之后的第（5）步通常称为结束阶段，用于恢复 P 的现场并释放 Q 的局部变量所占空间，最后在第（6）步通过执行 RET 指令返回到过程 P。每个过程的功能都主要是通过过程体的执行来完成的。若过程 Q 有嵌套调用，则在 Q 的过程体和被 Q 调用的过程函数中又会有上述 6 个步骤的执行过程。

📖 保护现场：因为每个处理器都只有一套通用寄存器，所以通用寄存器是每个过程共享的资源。当从调用过程跳转到被调用过程执行时，原来在通用寄存器中存放的过程调用的内容不能因为被调用过程要使用这些寄存器而被破坏掉，因此在被调用过程使用这些寄存器前，在准备阶段先将寄存器中的值保存到栈中，用完这些值后，在结束阶段再从栈中将这些值重新写回到寄存器中，这样，回到调用过程后，寄存器中存放的还是过程调用中的值。通常将通用寄存器中的值称为现场。

并不是所有通用寄存器中的值都由被调用过程保存，通常调用过程会保存一部分，被调用过程保存一部分。每个 ISA 都有一个寄存器使用约定，规定哪些寄存器由调用过程保存，哪些寄存器由被调用过程保存。

3. 过程调用所使用的栈

从上述执行步骤来看，在过程调用中，需要为入口参数、返回地址、调用过程执行时用到的寄存器、被调用过程中的非静态局部变量、调用过程返回时的结果等数据找到存放空间。若寄存器的存储空间足够，则最好把这些数据都保存在寄存器中，这样，CPU 执行指令时，可以快速地从寄存器中取得这些数据进行处理。但是，用户可见的寄存器数量有限，并且这些寄存器的所有过程是共享的，即某一时刻只能被一个过程使用。此外，对于过程调用中使用的一些复杂类型的非静态局部变量（如数组和结构等类型数据）也不可能保存在寄存器中。因此，除寄存器外，还需要有一个专门的存储区域来保存这些数据，这个存储区域就是栈。那么，上述数据中哪些数据存放在寄存器中，哪些数据存放在栈中呢？寄存器和栈的使用又有哪些规定呢？

4．IA-32 的寄存器使用约定

尽管硬件对寄存器的用法几乎没有任何规定，但是因为寄存器是被所有过程共享的资源，若一个寄存器在调用过程中存放了特定的值 X，在被调用过程执行时，它又被写入了新的值 Y，则当从被调用过程返回到调用过程执行时，该寄存器中的值就不是当初的值 X，这样调用过程的执行结果就会发生错误。因此在实际使用寄存器时需要遵循一定的约定，使机器级程序设计人员、编译器和库函数等都按照统一的约定对相关问题进行处理。

IA-32 规定，EAX、ECX 和 EDX 均是调用者保存寄存器。当过程 P 调用过程 Q 时，Q 可以直接使用这三个寄存器，而不用将它们的值保存到栈中。这也意味着，若 P 在从 Q 返回后还要使用这三个寄存器，则 P 应在转到 Q 之前先保存自身的值，并在从 Q 返回后先恢复自身的值再使用。EBX、ESI、EDI 是被调用者保存寄存器，Q 必须先将自身的值保存到栈中再使用它们，并在返回 P 之前先恢复这些值。还有另外两个寄存器 EBP 和 ESP 则分别是帧指针寄存器和栈指针寄存器，分别用来指向当前栈帧的底部和顶部。

5．IA-32 的栈、栈帧及其结构

IA-32 使用栈来支持过程的嵌套调用，过程的入口参数和返回地址、被寄存器保存的值、被调用过程中的非静态局部变量等都会被压入栈中。IA-32 中可通过执行 MOV 指令、PUSH 指令和 POP 指令存取栈中元素，用 ESP 指示栈顶，栈从高地址向低地址增长。

每个过程都有自己的栈区，称为**栈帧**（Stack Frame），因此，一个栈由若干个栈帧组成，每个栈帧都用专门的 EBP 指定起始位置，故当前栈帧的范围在帧指针和栈指针指向的区域之间。过程执行时，由于不断有数据入栈，因此栈指针会动态移动，而帧指针可以固定不变。对程序来说，用固定的帧指针访问变量要比用变化的栈指针访问变量方便得多，也不易出错，因此，在一个过程内对栈中信息的访问大多通过帧指针进行。

假定 P 是调用过程，Q 是被调用过程。图 4-12 给出了 IA-32 在 Q 被调用前、Q 执行中和 Q 返回到 P 后这三个时间点栈中的状态变化。

在调用过程 P 中存在一个函数调用（假定被调用函数为 Q）时，在 P 的栈帧中保存的内容如图 4-12(a)所示。首先，P 确定是否需要将某些调用者保存寄存器保存到自己的栈帧中；然后，将入口参数按顺序保存到 P 的栈帧中，参数入栈的顺序是先右后左；最后执行 CALL 指令，先将返回地址保存到 P 的栈帧中，然后转去执行被调用过程 Q。

在执行被调用过程 Q 的准备阶段，在 Q 的栈帧中保存的内容如图 4-12(b)所示。首先，Q 将 EBP 的值保存到自己的栈帧（被调用过程 Q 的栈帧）中，并设置 EBP 指向它，即帧指针指向当前栈帧的底部；然后，根据需要确定是否将被调用者保存寄存器保存到 Q 的栈帧中；最后，在栈中为 Q 中的非静态局部变量分配空间。通常，若非静态局部变量为简单变量且有空闲的通用寄存器，则编译器会将通用寄存器分配给局部变量，但是，对于非静态局部变量是数组或结构等复杂数据类型的情况，只能在栈帧中为其分配空间。

在 Q 的过程体执行后的结束阶段，Q 会恢复被调用者保存寄存器的值和 EBP 的值，并使栈指针指向返回地址，这样，栈中的状态又回到了开始执行 Q 时的状态，如图 4-12(c)所示。这时，执行 RET 指令便能取出返回地址，以回到过程 P 继续执行。

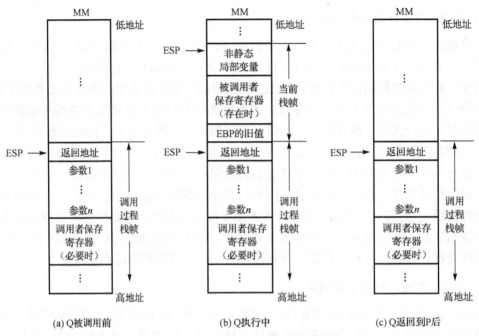

图 4-12 IA-32 过程调用的栈和栈帧的变化

从图 4-12 可看出，在 Q 的过程体执行时，入口参数 1 的地址总是 R[EBP] + 8，后面若干个入口参数的地址只要在此地址基础上加上相应数据类型对应的字节数即可。

6. 变量的作用域和生存期

由如图 4-12 所示的过程调用前、后栈的变化过程可以看出，在当前 Q 的栈帧中保存的 Q 内部的非静态局部变量只在 Q 执行过程中有效，当从 Q 返回到 PS 中时，这些变量所占的空间全部被释放，因此，在过程 Q 以外，这些变量都是无效的。

了解上述过程后，就能很好地理解 C 语言中关于变量的作用域和生存期的问题。C 语言中的 auto 型变量就是过程（函数）内的非静态局部变量，因为它是通过编译器动态、自动地在栈中分配并在过程结束时释放，所以其作用域仅限于过程内部且具有的仅是"局部生存期"。此外，auto 型变量可以和其他过程中的变量重名，因为其他过程中的同名变量实际占用的是自己栈帧中的空间或静态数据区，也就是说，变量名虽相同但实际占用的存储单元不同，即它们分别在不同的栈帧中，或一个在栈中另一个在静态数据区中。C 语言中的外部参照型变量和静态变量被分配在静态数据区中，而不是分配在栈中，因此这些变量在整个程序运行期间一直占据固定的存储单元，它们都具有"全局生存期"。

7. 一个简单的过程调用例子

下面以一个简单的例子来说明过程调用的机器级实现。假设有一个过程 add 实现两个数相加，main 函数调用 add 以计算 125 + 80 的值，对应的 C 语言程序如下。

```
1   int add (int x,int y)
2   {
3       return x +y;
```

```
4  }
5  int main( )
6  {
7      int temp1 = 125;
8      int temp2 = 80;
9      int sum = add(temp1, temp2);
10     return sum;
11 }
```

利用 OllyDbg 反汇编后，main 函数的对应代码如下。

```
1  00401050  PUSH EBP                          ;保存 EBP 的旧值
2  00401051  MOV EBP,ESP                       ;R[EBP] ←R[ESP]，新 EBP 指向 main 栈帧的
栈顶
3  00401053  SUB ESP,4CH                       ;开辟大小为 4CH 栈空间作为局部变量的存储空间
4  00401056  PUSH EBX                          ;保存 EBX
5  00401057  PUSH ESI                          ;保存 ESI
6  00401058  PUSH EDI                          ;保存 EDI
7  00401059  LEA EDI,[EBP-4CH]                 ;保存函数栈空间的首地址
8  0040105C  MOV ECX,13H                       ;13 为能保存变量的个数
9  00401061  MOV EAX,0CCCCCCCCH
10 00401066  REP STOS  DWORD PTR [EDI]         ;将局部变量初始化为 0CCCCCCCCH
11 00401068  MOV DWORD PTR [EBP-4],7DH         ;将 temp1、temp2 保存到栈中
12 0040106F  MOV DWORD PTR [EBP-8],50H
13 00401076  MOV EAX,DWORD PTR [EBP-8]
14 00401079  PUSH EAX                          ;将实参保存到 add 函数能访问到的位置
                                               ;保存顺序从右到左
15 0040107A  MOV ECX,DWORD PTR [EBP-4]
16 0040107D  PUSH ECX
17 0040107E  CALL @ILT+0(add) (00401005)       ;调用 add
18 00401083  ADD ESP,8                         ;退出时将 ESP 跳过 8 字节，即两个实参出栈
19 00401086  MOV DWORD PTR [EBP-0CH],EAX       ;将 add 函数返回值入栈
20 00401089  MOV EAX,DWORD PTR [EBP-0CH]       ;作为 main 函数的返回值
21 0040108C  POP EDI                           ;将 EDI、ESI 和 EBX 出栈
22 0040108D  POP ESI
23 0040108E  POP EBX
24 0040108F  ADD ESP,4CH                       ;释放局部变量的空间
25 00401092  CMP EBP,ESP                       ;检测栈平衡，若 EBP≠ESP，则不平衡
26 00401094  CALL _CHKESP (004010B0)           ;进入栈平衡错误检测函数
27 00401099  MOV ESP,EBP                       ;还原 ESP
28 0040109B  POP EBP
29 0040109C  RET
```

其中，第 1～17 条指令是进入 main 函数时的代码；第 18～29 条指令是退出 main 函数时的代码，图 4-13 给出了 main 函数的栈帧结构。进入函数的第一件事就是保存 EBP 的旧值。

第 1～3 条指令形成了 main 函数的栈帧栈底，开辟了 main 函数的栈帧，大小为 4CH 字节，这段空间用来存放局部变量和实参。

为了观察 main 函数和 add 函数的栈帧，用 EBP_1 表示 main 函数栈帧栈底，EBP_2 表示 add 函数栈帧栈底，main 函数和 add 函数的栈帧结构如图 4-13 所示。

第 4～6 条指令保存 EBX、ESI、EDI 的值。

第 7～10 条指令的功能是将 4CH（13H×4）字节的栈帧空间全部初始化为 0CCH（INT 3 指令的机器代码）。在这里 STOS 为串存储指令，它是将 EAX 中的数据存放到 EDI 所指的地址中，同时，EDI 会增加 4。REP 为重复前缀，ECX 的值为重复执行次数。

第 11～12 条指令是将局部变量 temp1、temp2 依次存放到栈帧中，地址分别为[EBP$_1$]-4、[EBP$_1$]-8。

第 13～16 条指令将实参存放到被调用函数 add 能访问到的位置，参数的入栈顺序是从右向左。

第 17 条指令为过程调用指令，目的是调用 add 函数，该指令实际上要转到 00401005 的地址处执行，而 00401005 地址处为一条无条件转移指令"JMP add（00401020）"，也就是说，地址 00401020 处才是 add 函数的真正的入口（第一条指令）。在进入 add 函数前系统会将 main 函数的返回地址（CALL 下一条指令地址）保存起来。

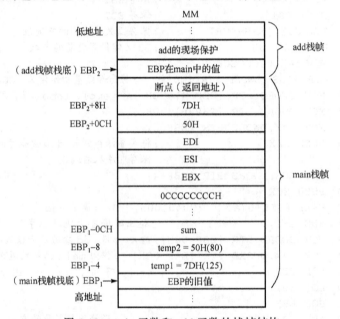

图 4-13　main 函数和 add 函数的栈帧结构

如图 4-13 所示，在从 add 函数返回到 main 函数时，ESP 指向的位置是 EBP$_2$+8H（实参 7DH 处），这时执行第 18 条指令，ESP 向高地址移动 8 字节，即两个实参出栈。

第 19～20 条指令是将从 add 函数的返回值保存在 sum 中（sum 存储地址为[EBP$_1$]－0CH），作为本函数的返回值保存在 EAX 中。

第 21～23 条指令将 EDI、EBX、ESI 出栈。

第 24～26 条指令释放函数的栈帧（存放局部变量和参数的空间），并进行栈平衡错误检查。最后清空栈底，EBP 恢复为旧值。

　📖 OllyDbg 反汇编工具

在逆向分析领域，分析者需要利用相关的调试工具来分析软件的行为并验证结果。其中，OllyDbg 是一种功能强大、兼容性很好的反汇编软件。它可以随时中断目标的指令流程，以便观察相关的计算结果和当前的设备情况，也可以随时继续执行程序的后续指令。

> 📖 函数_CHKESP 是编译器 Debug 版本下独有的函数，用于检测栈平衡。在退出被调用函数时，会将帧指针与栈指针进行对比，检测当前栈帧是否正确关闭，以及栈顶和栈底是否平衡。若不平衡，则调用函数_CHKESP。

add 函数的栈帧结构比较简单，在栈中会继续向低地址方向分配自己的栈帧，在这里不再赘述。在 add 函数中，需要将实参取出，实参处理结束后，返回给它的调用者 main 函数。对应的指令代码如下。

```
00401038   MOV  EAX,DWORD PTR [EBP+8]
0040103B   ADD  EAX,DWORD PTR [EBP+0CH]
```

被调用函数 add 在取出参数时用到的访问地址分别是[EBP_2] + 8 和[EBP_2] + 0CH，为了描述清晰，图 4-13 中将 add 栈帧的帧指针表示为 EBP_2，main 栈帧的帧指针表示为 EBP_1。

4.7.2 *　选择结构的机器级表示

C 语言主要通过选择结构和循环结构来控制程序中语句的执行顺序。选择结构也叫条件分支结构，主要包括 if-else 语句和 switch 语句两种结构，循环结构主要包括 do-while 语句、while 语句和 for 语句三种结构。

1. if-else 分支结构的机器级表示

C 语言中的 if-else 语句的通用形式如下：

```
if (test_expression)
  then_statement
else
  else_statement
```

这里 test_expression 是一个整数表达式，根据它的取值是非 0（真）或 0（假），分别选择 then_statement 或 else_statement 执行。

通常，编译后得到的对应汇编代码为下面这种结构。

```
c=test_expression;
if (!t)
  goto false;
then_statement
goto done;
false:
  else_statement
done:
```

其中 if ( ) goto…语句对应条件转移指令，goto…语句对应无条件转移指令。

下面以一个典型的 if-else 分支结构程序段为例，分析对应的机器级表示代码。

以下是一个 C 语言函数，该函数的功能是得到低地址变量的内容。

```
1  int get_lowaddr_content(int *p1,int *p2)
2  {
3      if(p1>p2)
4        return *p2;
5      else
6        return *p1
7  }
```

已知形式参数 p1 和 p2 对应的实参已被压入调用函数的栈帧，实参的存储地址分别为 R[EBP]+8 和 R[EBP]+12，这里，EBP 指向当前栈帧底部。返回结果存放在 EAX 中。上述函数体使用 gcc 编译器产生的汇编代码如下（不包括过程调用的准备阶段和结束阶段）。

```
1    MOV EDX,DWORD PTR [EBP+8]    ;R[EDX]←M[R[EBP]+8],即 R[EDX]=p1
2    MOV EAX,DWORD PTR [ebp+12]   ;R[EDX]←M[R[EBP]+12], 即 R[EAX]=p2
3    CMP EDX,EAX                  ;比较 p1 和 p2，根据 p1 和 p2 的结果置标志
4    JBE L1                       ;若 p1<=p2，则转 L1 处执行
5    MOV EAX,DWORD PTR [EAX]      ;R[EAX]←M[R[EAX]], 即 R[EAX]=M[p2]
6    JMP L2                       ;无条件跳转到 L2 执行
7  L1:
8    MOV EAX,DWORD PTR [EDX]      ;R[EAX]←M[R[EDX]] ,即 R[EAX]=M[p1]
9  L2:
```

在编译器优化情况下，将指针类型参数 p1 和 p2 对应的实参从栈中取到两个寄存器 EDX 和 EAX 中，第 3 行比较指令 CMP 执行后根据 p1-p2 的结果设置各个条件标志位，当 p1<=p2 时，则满足 jbe 指令跳转的条件，转到目标地址为 L1 处执行，即将 p1 指针指向的内容返回；当 p1>p2 时，不满足 JBE 指令跳转的条件，顺序执行第 5 条指令，即将 p2 指针指向的内容返回。

一般情况下，if 语句对应的机器代码使用 CMP 指令再加上条件跳转指令实现分支选择。从汇编代码也可以看出有两个分支，分别是第 5 行和第 8 行指令，当 p1>p2 时，执行第 5 行指令，而第 6 行指令是无条件转移指令，目的是阻止这一分支执行结束后，直接进入下一分支结构，只有 p1<=p2 时，else 分支条件成立，执行第 8 行指令。

2．switch-case 分支结构的机器级表示

switch 语句可以根据一个整数索引值进行多重分支选择，不仅提高了程序的可读性，而且通过使用跳转表这种数据结构使得实现更加高效。跳转表是一个数组，数组的每个元素都是一个指向代码段位置的指针，当开关索引值等于 i 时，程序会跳转到表中的元素 i 所指向的地址处执行。程序代码用开关索引值来对应一个跳转表内的数组引用，以确定跳转指令的目标。和使用一组很长的 if-else 语句相比，switch 语句的执行时间与分支数量无关。一般情况下，当开关情况数量比较多且索引值的范围跨度较小时，就会使用跳转表。

4.7.3 * 循环结构的机器级表示

C 语言循环结构有三种：for 语句、while 语句和 do-while 语句。它的机器表示一般采

用条件测试和跳转组合起来实现循环的效果。三种结构在大部分情况下可以互相转换。下面介绍三种循环语句的机器级表示。

1. do-while 循环的机器级表示

C 语言中的 do-while 语句形式如下：

```
do
{
    loop_body_statement
}while(cond_expression);
```

该循环结构的执行过程可以用以下更接近于机器语言的低级结构来描述。

```
loop:
  loop_body_statement
  c=cond_exprssion;
  if(c)
    goto loop;
```

上述结构对应的机器代码中，loop_body_statement 用一个指令序列来完成，然后用一个指令序列实现对 cond_ exprssion 的计算，并将计算或比较的结果记录在标志寄存器中，然后用一个条件转移指令来实现"if (c) goto loop;"的功能。

2. while 循环的机器级表示

C 语言中的 while 语句形式如下：

```
while(cond_exprssion)
  {
    loop_body_statement
  }
```

过程可以用以下更接近于机器语言的低级结构来描述。

```
c=cond_expression;
if(!c)
   goto done;
loop:
   loop_body_statement
   c=cond_expression;
   if(c)
      goto loop;
done:
```

从上述结构可看出，与 do-while 循环结构相比，while 循环仅在开头处多了一段计算条件表达式的值并根据条件选择是否跳出循环体执行的指令序列，其他语句一样。

下面的 fact_while()函数采用 while 循环结构求 n 的阶乘。

```
1  long fact_while (long n){
2    long result = 1;
3    while(n>1){
4      result *= n;
5      n = n-1;
6    }
7    return result;
8  }
```

函数 fact_while()汇编后生成的主要代码如下：

```
1      MOV EDX,DWORD PTR [ESP+4]
2      CMP EDX,1
3      JLE L4
4      MOV EAX,
5  L3:
6      IMUL EAX,EDX
7      SUB EDX,1
8      CMP EDX,1
9      JNE L3
10     REP RET
11 L4:
12     MOV EAX,1
13     RET
```

3. for 循环的机器级表示

C 语言中的 for 语句形式如下：

```
for(begin_exprssion;cond_expression;update_expression)
{
    loop_body_statement
}
```

for 循环结构的执行首先对初始表达式 begin_exprssion 求值；然后对测试条件 cond_expression 求值，如果测试结果为假，就不进入循环，否则执行循环体 loop_body_statement；最后更新 update_expression 的值。

for 循环结构的执行过程大多可以用以下更接近于机器语言的低级结构来描述。

```
begin_exprssion;
c=cond_exprssion;
if(!c)
    goto done;
loop:
    loop_body_statement
    update_exprssion;
    c=cond_exprssion;
```

```
     if(c)
          goto loop;
 done:
```

从上述结构可以看出，与 while 循环结构相比，for 循环仅在两处多了一段指令序列。一处是在开头多了一段循环变量赋初值的指令序列；另一处是循环体中多了一段更新循环变量值的指令序列，其他语句与 while 语句一样。

如果采用 for 循环结构求 n 的阶乘，编写函数如下：

```
1 long fact_for(long n){
2   long result = 1;
3   for(int i=2; i<=n; i++){
4     result *= i;
5   }
6   return result;
7 }
```

在函数 fact_for() 中，begin_exprssion 为 "i=2；"，cond_expression 为 "i<=n;"，update_expression 为 "i++"，loop_body_statement 为 "result *= i;"。与 while 函数相比，多出一个变量 i。

下面函数 fact_for() 对应的汇编代码。

```
1     MOV ECX,DWORD PTR [ESP+4]
2     CMP ECX,1
3     JLE L4
4     MOV EDX,2
5     MOV EAX,1
6  L3:
7     IMUL EAX,EDX
8     ADD EDX,1
9     CMP ECX,EDX
10    JGE L3
11    REP RET
12 L4:
13    MOV EAX,1
14    RET
```

对于逆向工程，首先需要确定各寄存器与各变量的对应关系。在本例中，变量 n 值装入到寄存器 ECX 中（第 1 行），变量 i 的值装入到寄存器 EDX 中（第 4 行），变量 result 的值装入到寄存器 EAX 中（第 5 行），第 2 行和第 3 行指令是测试 n 的值，如果小于或等于 1，直接跳过循环体不执行。从标号 L3 处开始为循环体的主要部分。第 8 行指令为更新 i 的值，第 9 行指令比较 n 和 i 的大小，当 n 大于等于时，循环条件满足，重复执行循环体部分，使用 JGE 指令实现了大于等于就跳转到 L3 处执行的功能。

4.8 本 章 小 结

为了能清楚地说明高级语言程序在 IA-32 体系结构中的机器级表示，本章首先介绍机器指令和汇编指令的基本概念；然后介绍寄存器组织、存储器组织、寻址方式、常用指令类型、指令格式和指令的功能。最后，对过程调用、选择语句、循环结构等所对应的机器级表示进行了介绍。

机器语言程序是一个由若干条机器指令组成的序列。每条机器指令一般由操作码字段和地址码字段组成。每个字段都是一串由 0 和 1 组成的二进制数字序列。而汇编指令的操作码由容易记忆的英文单词或缩写组成，地址码由标号、变量名称、寄存器名称和常数等构成。机器指令与汇编指令一一对应，它们都与具体机器结构有关，都属于机器级指令。因此本章在研究高级语言程序和机器指令之间的关系时使用的都是汇编指令。

IA-32 处理器具有 8 个 32 位整数通用寄存器，其中包含 8 个 16 位通用寄存器和 8 个 8 位通用寄存器。应用程序主要涉及通用寄存器与专用寄存器的指令指针、段寄存器和标志寄存器。编程中主要使用 4 个状态标志：CF、OF、ZF、SF（PF 和 AF 不常使用）。

存储器是计算机系统的重要资源。IA-32 处理器支持平展存储模型、段式存储模型和实地址存储模型，具有保护方式（含虚拟 8086 寄存器）、实地址方式和系统管理方式（操作模式）。编写应用程序主要使用代码段、数据段和堆栈段，并采用逻辑地址访问主存储器。逻辑地址包括由段寄存器（段选择器）指向的段基址和偏移地址两部分，两部分相加形成 32 位线性地址。

寻址是指通过地址访问数据（存/取、读/写）。数据寻址方式有立即数寻址、寄存器寻址和存储器寻址。存储器寻址常用直接寻址访问变量，利用寄存器间接寻址和寄存器相对寻址访问数组或字符串。变址寻址可以带比例，进而方便以数组元素为单位访问数组元素。用寄存器作为目的操作数，可以使用立即数、寄存器或存储器寻址的源操作数；而用存储器作为目的操作数，只能使用立即数或寄存器寻址的源操作数。

本章仅展开介绍了 IA-32 处理器指令系统的主要通用指令，包括数据传送指令、算术运算指令、位操作指令和控制转移指令等。

高级语言程序的机器级表示主要阐述了过程调用的机器级表示、选择结构的机器级表示和循环结构的机器级表示。如果一个应用程序设计人员能够熟练掌握应用程序所运行的平台与环境，并且能够深刻理解高级语言程序与机器级程序之间的对应关系，那么就能更容易理解程序的行为和执行结果，更容易编写出高效、安全、正确的程序，并在程序出现问题时能够快速地定位错误发生的位置。

习 题 4

1. 说明 IA-32 通用寄存器、专用寄存器的名称和主要功能。

2. 说明 IA-32 处理器的状态标志和控制标志的名称和功能。

3. 什么是逻辑地址和物理地址？逻辑地址如何转换成物理地址？

4. 什么是平展存储模型、段式存储模型和实地址存储模型？

5. 什么是实地址方式、保护方式和虚拟 8086 方式？它们分别使用什么存储模型？

6. 说明下列指令中源操作数的寻址方式（假设 VARD 是一个双字变量）。

（1）MOV EDX,1234H

（2）MOV EDX,VARD

（3）MOV EDX, EBX

（4）MOV EDX, [EBX]

（5）MOV EDX, [EBX + 1234H]

（6）MOV EDX, VARD[EBX]

（7）MOV EDX , [EBX + EDI]

（8）MOV EDX, [EBX + EDI + 1234H]

（9）MOV EDX, VARD[ESI + EDI]

（10）MOV EDX , [EBP * 4]

7. 假设当前 R[ESP] = 0012FFB0H，说明执行下面每条指令后 ESP 中的内容。

PUSH EAX

PUSH DX

PUSH DWORD PTR 0F79H

POP EAX

POP WORD PTR [BX]

POP EBX

8. 在实地址存储模型下，已知 R[DS] = 1000H，R[EBX] =00000100H，R[ESI] = 00000004H，存储地址 10100H～10107H 依次存放 11H、22H、33H、44H、55H、66H、77H、88H，10004H～10007H 依次存放 8AH、8BH、8CH、8DH，说明执行下列每条指令后 EAX 中的内容。

（1）MOV EAX, [0100H]

（2）MOV EAX, [EBX]

（3）MOV EAX, [EBX + 4]

（4）MOV EAX, [0004H]

（5）MOV EAX, [ESI]

（6）MOV EAX, [EBX + ESI]

9. 假设 R[EAX]=00000100H，R[EBX]=00000000H，R[ECX]= 00000001H，R[EDX]= 00007FC3H，在平展模型下，存储地址 00000104H～0000010DH 的内容如图 4-14 所示。

LEA　　EBX, 8[EAX+ECX*4]　　①

MOV　　AL, [EBX]　　②

ADD　　AL, DL　　③

请阅读以上代码，回答下列问题。

（1）写出执行指令①后，寄存器 EBX 中的内容。

（2）分别写出②和③中画横线处操作数的寻址方式。

地址	MM
00000104H	11H
00000105H	00H
00000106H	0FFH
00000107H	00H
00000108H	0ABH
00000109H	00H
0000010AH	13H
0000010BH	00H
0000010CH	0F8H
0000010DH	00H

图 4-14　第 9 题的图

（3）说明指令②的功能。

（4）写出执行指令①和②后寄存器 AL 中的内容

（5）写出指令①、②、③执行后寄存器 AL 中的内容，并判断 CF 和 OF。

10．已知 IA-32 是小端方式处理器，根据给出的 IA-32 机器代码的反汇编结果（部分信息用 X 表示）回答下列问题。

（1）已知 JE 指令的操作码为 01110100，JE 指令的转移目标地址是什么？CALL 指令中的转移目标地址 0X80483B1 是如何反汇编出来的？

```
804838C:74 08              JE      XXXXXXX
804838E:E8 1E 00 00 00     CALL 80483B1 <TEST>
```

（2）已知 JLE 指令的操作码为 01111110，MOV 指令的地址是什么？

```
XXXXXXX:7E 16    JLE 80492E0
XXXXXXX:89 D0    MOV EAX,EDX
```

（3）已知 JMP 指令的转移目标地址采用相对寻址方式，JMP 指令操作码为 11101001，其转移目标地址是什么？

```
8048296: E9 00 FF FF FF    JMP XXXXXXX
804829B: 29 C2             SUB EDX,EAX
```

11．用 C 语言编写的函数 funct 对应 IA-32 机器代码的部分反汇编结果（部分信息用 X 表示）如下：

```
地址          目标代码        反汇编指令
00401040     55             ①
00401041     89 E5          ②
00401043     83 EC 24       ③
00401046     53             ④
00401047     56             ⑤              保护现场
00401048     57             ⑥
   ⋮
0040105E     51             PUSH ECX
0040105F     E8 A1FFFFFF     CALL 00401005
00401064     83C4 08        ADD ESP,8
   ⋮
0040106D     5F             POP EDI
0040106E     5E             POP ESI         恢复现场
0040106F     5B             POP EBX
00401070     89EC           MOV ESP,EBP
00401072     5D             POP EBP
00401073     C3             RET
```

根据以上反汇编代码，回答以下问题。

（1）IA-32 规定两个寄存器分别指向当前栈帧的底部和顶部，请分别写出指向栈帧底部和顶部的寄存器名称。

（2）①、②、③处三条指令的作用是形成 funct 栈帧的底部和顶部，并为局部变量分配 36 字节的空间，请写出这三条指令。

（3）写出与恢复现场对应的保护现场的指令④、⑤、⑥。

（4）执行 CALL 指令后，调用子程序执行，当子程序执行完后将返回到哪条指令继续执行？返回地址是什么？

第 5 章　CPU 结构和程序执行

计算机所有功能都是通过执行程序实现的，程序由指令序列构成，根据冯·诺依曼计算机"存储程序"的核心思想，计算机执行的程序在存储器中，从存储器中自动逐条取出程序中的指令并执行。中央处理器（Central Processing Unit，CPU）中最基本的部件是数据通路和控制器，在控制器产生的控制信号作用下，指令产生的微操作控制信号在数据通路中有序地执行。

本章主要介绍指令的执行过程、CPU 的结构和工作原理，不同数据通路基本结构和工作原理，流水线方式下指令的执行过程，流水线冒险及其解决方法，以及流水线的多发技术。

5.1　程序执行概述

5.1.1　指令的执行过程

指令按顺序存放在存储空间中，每条指令包含操作码字段和地址码字段。正常情况下，指令按其存放顺序执行，若遇到改变程序执行流程的情况，如转移类指令（包括无条件转移指令、条件转移指令、调用指令和返回指令等），则会改变程序顺序的执行流程，而转向程序计数器给出的新目标地址。图 5-1 是某函数包含的指令序列。

行	地址	指令机器码	汇编指令
1	00401050	C745 F8 50000000	MOV DWORD PTR SS: [EBP−8], 50
2	00401057	8B45 F8	MOV EAX, DWORD PTR SS: [EBP−8]
3	0040105A	50	PUSH EAX
4	0040105B	8B4D FC	MOV ECX, DWORD PTR SS: [EBP−4]
5	0040105E	51	PUSH ECX
6	0040105F	E8 A1FFFFFF	CALL 00401005
7	00401064	83C4 08	ADD ESP, 8
8	00401067	8945 F4	MOV DWORD PTR SS: [EBP−DC], EAX

图 5-1　某函数包含的指令序列

对该函数进行反汇编，其反汇编部分的汇编指令在存储器中的地址和机器码表现出以下特点。

（1）指令是按顺序存放的。由图 5-1 可知，指令序列存放在从 00401050H 地址开始的连续存储空间中。

（2）每条指令的长度不同，相同功能的指令因寻址方式不同，指令长度也可能不同。

例如，第5～7行指令，PUSH、ADD 和 CALL 分别占 1 字节、3 字节和 5 字节；同样的第 1 行和第 8 行的 MOV 指令，目的操作数都采用存储器寻址，第 1 行源操作数为立即寻址的指令占 7 字节，第 8 行源操作数为寄存器寻址的指令占 3 字节。

（3）每条指令对应的机器码（包括操作码和地址码）的 0/1 序列各不相同。例如，第 5 行"PUSH ECX"指令的机器码为 51H（01010001B），其中，高 5 位 01010B 为操作码，后三位 001B 地址码代表 ECX 的编号。有些指令没有显式操作数，机器码都是指令操作码，如 RET 指令。

（4）指令的执行顺序通常与其存放顺序一致。如遇转移类指令，指令地址码会表示出转移地址的位移量。例如，按顺序执行到第 6 行指令，CALL 指令（当前地址为 0040105FH）将跳转到另一个函数执行。该指令长度为 5 字节，地址码字段的偏移量为 FFFFFFA1H，跳转的目标地址为 00401005H（即 0040105FH+5H+FFFFFFA1H = 00401005H）。

因此，CPU 要完成一系列指令的连续执行，必须解决以下问题。

① 每条指令的长度是多少字节？

② 如何判断指令的操作类型？

③ 对于相同功能的指令，若寻址方式不同，则其地址码的含义是什么？

④ 操作数是在寄存器中还是在存储器中？

⑤ 指令执行结束后，如何确定下一条指令的地址？

程序是由具有某种功能的指令序列构成的，CPU 执行一条指令的基本过程如图 5-2 所示。指令的执行过程包括：取指令、操作码译码、操作数地址计算（源操作数）、数据操作、操作数地址计算（目的操作数）、中断检查及中断处理/不处理。若不是字符串指令或向量指令，则取下一条指令。

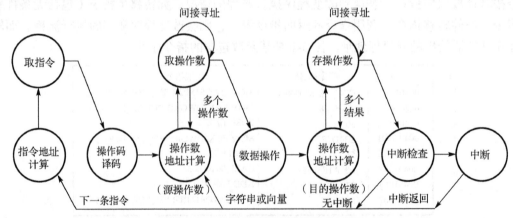

图 5-2　CPU 执行一条指令的基本过程

（1）取指令。指令在存储器中的地址由程序计数器（PC）指示，根据 PC 中的地址访问存储器，将指令代码通过数据总线送到指令寄存器（IR）中。

（2）操作码译码。对 IR 中的指令操作码字段进行译码分析，并产生相应的控制信号。指令功能不同，其操作码不同，通过译码产生的操作控制信号也不同。

（3）操作数地址计算（源操作数）。根据寻址方式确定源操作数地址计算方式，并取出操作数。若源操作数为寄存器操作数，则可以从寄存器中直接读取该操作数；若源操作数是存储器操作数，则可能需要一次或多次访存。

如 ADD EAX,10H[EBX][ESI]，表示一个操作数在 EAX 中，另一个操作数为存储器操作数，访存地址=10H+R[EBX]+R[ESI]，根据该地址访问存储器并取出操作数。

（4）数据操作。在算术逻辑单元（ALU）或加法器等运算部件中对取出的操作数进行运算。

（5）操作数地址计算（目的操作数）。根据寻址方式确定目的操作数地址的计算方式，并保存结果。若目的操作数是寄存器操作数，则结果可以直接保存在该寄存器中；若目的操作数是存储器操作数，则需要一次或多次访存（间接寻址时）。

（6）中断检查，满足条件即进行中断处理。每条指令执行完毕后，CPU 都需要检查是否有异常或中断请求信号。若有异常，则切换到异常处理程序；若有中断请求且满足中断响应条件，则转入中断处理，中断处理后中断返回；若有字符串或向量运算指令，则在中断返回或无中断后，可能多次并行执行或循环执行步骤（3）～（5）。

（7）指令地址计算，并将其送入 PC 中。顺序执行的指令（下条指令地址= PC+当前指令长度）若是转移类指令，则需要根据条件标志、操作码和寻址方式等确定下一条指令地址。

指令的执行过程基本包括以上 7 个步骤，对于每条指令，步骤（1）和步骤（2）的操作都是一样的，而步骤（3）～（5）可能不同，这完全由步骤（2）的译码控制信号来决定。每条指令执行结束后都会进行步骤（6）和步骤（7）。

5.1.2　指令周期

从 CPU 中取出并执行一条指令所需的全部时间称为**指令周期**，如图 5-3 所示。其中，取指阶段完成取指令和分析指令的操作，称为**取指周期**；执行阶段完成指令的执行操作，称为**执行周期**。

若指令操作功能和寻址方式不同，则指令的指令周期也各不相同。如图 5-4 所示，无条件转移指令在执行阶段不需要访问主存，在取指阶段的后期将转移地址送至 PC 中，达到转移的目的，因此该指令的指令周期就是取指周期。与无条件转移指令相比，乘法指令具有执行周期，且执行周期比一些指令要长。例如，与加法指令相比，乘法指令的执行阶段所要完成的操作比加法指令多，因此其执行周期比加法指令的执行周期长。

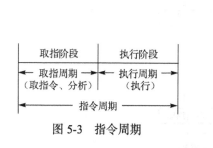

图 5-3　指令周期

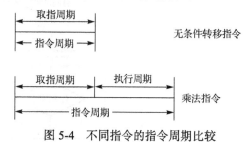

图 5-4　不同指令的指令周期比较

一个指令周期可分为取指令、读操作数、执行并写结果等多个基本工作周期，这些基本工作周期称为**机器周期**，即有取指令、存储器读、存储器写、中断响应等不同类型的机器周期。每个机器周期的实际长短可能不同。例如，存储器读/写周期比 CPU 中的操作时间长得多。所以，机器周期的长度通常是以主存工作周期为基础来确定的。

当遇到间接寻址的指令时，由于指令字中只给出操作数有效地址的地址，因此为了取出操作数，需先访问一次存储器取出有效地址，然后再次访问存储器，取出操作数。具有间址周期的指令周期如图 5-5 所示。间接寻址的指令周期包括取指周期、间址周期和执行周期。其中，间址周期介于取指周期和执行周期之间，用于取操作数的有效地址。

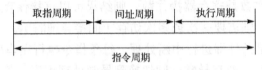

图 5-5　具有间址周期的指令周期

CPU 采用中断方式实现主机与 I/O 设备的信息交换，每条指令执行完毕后，若 CPU 检查有中断请求信号，且满足中断响应条件，则转入中断处理，具有中断周期的指令周期如图 5-6 所示。中断周期是指 CPU 进入中断响应前完成断点保护、现场保护、明确中断入口地址的阶段。这时的指令周期应包括取指周期、间址周期、执行周期和中断周期。

图 5-6　具有中断周期的指令周期

指令周期执行流程如图 5-7 所示，不同指令的指令周期不同，其执行流程也不同。在指令周期不同阶段，会出现多次访存操作，但访存的目的和位置不同。取指周期是为了取指令，访问存储器中存放指令所在的代码段；间址周期是为了取有效地址，访问存储器中存放数据所在的数据段；执行周期是为了取操作数和执行，根据寻址方式可能访问存储器，也可能直接访问寄存器；中断周期是为了保存程序断点等。

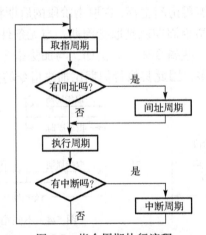

图 5-7　指令周期执行流程

5.2 CPU 结构和工作原理

5.2.1 CPU 的功能

CPU 由运算器和控制器两大部分组成，它是计算机工作的核心部件，用于控制并协调计算机的各个部件执行程序，对数据进行加工及输入/输出，其基本功能如下。

（1）指令控制。CPU 的首要任务是对程序执行顺序实施控制，保证程序严格按规定顺序执行。

（2）操作控制。一条指令的执行需要若干个微操作命令信号，CPU 根据不同指令的功能，将微操作命令信号作用于 CPU 内部及外部的不同部件上，完成指令功能。

（3）时间控制。CPU 执行每条指令都有严格的时序，每条指令产生的操作控制信号按照时序进行严格控制。

（4）数据加工。CPU 能够根据指令功能的要求对数据进行算术运算、逻辑运算等其他运算和加工处理，对数据的输入、加工处理及输出是 CPU 的基本功能。

（5）中断处理。CPU 能够对内部或外部的异常/中断做出响应并进行相应的处理。

（6）其他功能。CPU 能对直接存储器存取（DMA）请求做出响应，能对复位信号（Reset）做出响应，并将复位启动到入口地址并送入 PC 中，CPU 还能接收外部时钟信号，以便形成其内部的时序控制信号。

5.2.2 CPU 的主要寄存器

CPU 中的寄存器是用来保存运算和控制过程中的中间结果、最终结果以及控制状态信息的，这些寄存器分为通用寄存器和专用寄存器两大类。

1. 通用寄存器

通用寄存器（General Register，GR）可用来存放原始数据和运算结果，修改它们的值通常不会对计算机的运行造成破坏性的影响。为了减少访问存储器的次数，提高运算速度，现代计算机在 CPU 中设置大量的通用寄存器。通用寄存器的长度取决于字长，该寄存器可以作为变址寄存器、计数器、地址指针等。

在指令系统中，为通用寄存器分配了编号，可以通过编程指定使用某个寄存器。累加器（Accumulator，ACC）是一个通用寄存器，用来暂时存放运算的结果信息。当 ALU 执行算术运算和逻辑运算时，累加器为 ALU 暂存操作数或运算结果。IA-32 系统中有 8 位、16 位和 32 位的通用寄存器，其中累加器为 AL、AX 和 EAX。

2. 专用寄存器

专用寄存器是专门用来完成某种特殊功能的寄存器，CPU 中至少有 5 个专用的寄存器，它们是程序计数器（PC）、指令寄存器（IR）、存储器地址寄存器（MAR）、存储器数据寄存器（MDR）和程序状态寄存器（PSWR）。

（1）程序计数器。在 IA-32 系统中，**程序计数器**又称为指令指针寄存器（EIP），用来存放将要执行指令的地址。正常情况下，指令地址的形成方式有以下两种。

① 对于顺序执行情况，以 PC+1 的增量形式形成下条指令的地址（这里的 1 代表一条指令的字节数）。"+1"功能是有些计算机中的 PC 本身具有的计数功能，或是有些计算机借助运算器来实现的。

② 对于改变程序执行顺序的情况，根据转移类指令提供的信息，将转移的目标地址送入 PC 中，即可实现程序的转移。

（2）指令寄存器。**指令寄存器**（Instruction Register，IR）用来存放从存储器中取出的现行指令，然后将这些指令送到指令译码器进行译码。在执行指令的过程中，指令寄存器的内容不允许发生变化，以保证实现指令的全部功能。

（3）存储器地址寄存器。**存储器地址寄存器**（Memory Address Register，MAR）用来保存当前 CPU 访问的存储器的地址，由于存储器和 CPU 之间存在着操作速度上的差别，因此必须使用地址寄存器来保存地址信息，直到读/写操作完成为止。

（4）存储器数据寄存器。**存储器数据寄存器**（Memory Data Register，MDR）用来暂时存放存储器读/写操作过程中经过数据总线 DB 的指令和数据。即存储器读出或写入的一条指令或一个数据字，它们都暂时存放在 MDR 中。MDR 作为 CPU 与存储器之间数据传输的中转站，用于弥补 CPU 和存储器之间操作速度上的差异。

当 CPU 和存储器进行信息交换时，无论是 CPU 从存储器取指令或取数据，还是 CPU 向存储器写数据，都要使用 MDR 和 MAR。若外围设备与存储器统一编址，则同样也要使用 MDR 和 MAR 访问外围设备。

（5）程序状态寄存器。**程序状态寄存器**（Program Status Word Register，PSWR）在 IA-32 系统中又称为标志寄存器（EFLAGS），用来存放程序状态字（PSW），程序状态字用于表示程序和机器运行的状态和控制 CPU 的操作，它主要包括两部分内容：一是状态标志，如进位、溢出和零标志等，大多数指令的执行都将会影响状态标志；二是控制标志，如中断标志、方向标志和陷阱标志等。

5.2.3　CPU 的结构和工作原理

CPU 由运算器、控制器、寄存器组和中断系统构成。CPU 的基本结构如图 5-8 所示。

1．运算器

运算器是数据加工处理部件，根据控制器发出的控制信号，运算器负责完成对操作数据的加工处理任务。其核心部件是算术逻辑单元（ALU），主要完成算术运算、逻辑运算和移位操作。通常，运算器由 ALU 和 PSWR 组成，运算器中至少要有一个 ACC 来暂存运算结果信息。

2．控制器

控制器是控制部件，是整个计算机系统的指挥中心，控制器完成对整个计算机系统各个部件操作的协调与指挥，其主要功能如下。

（1）取指令。从主存中取指令，并指出下一条指令在主存中的位置。

（2）分析指令。根据程序预定的指令执行顺序，对指令进行译码。

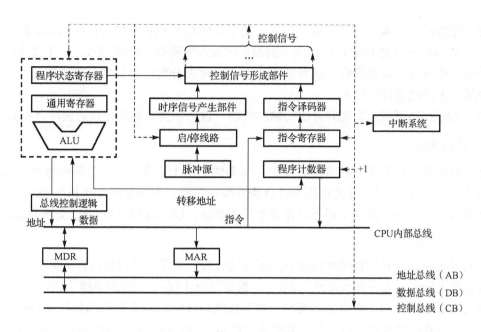

图 5-8　CPU 的基本结构

（3）执行指令。产生相应的操作控制信号，以便启动规定的动作。计算机不断重复取指令→分析指令→执行指令这个过程，直到遇到停机指令或外来的干扰为止。

（4）控制指令和数据流向。控制程序和数据的输入/输出；控制 CPU、主存和输入/输出设备之间的数据流动方向。

（5）对异常情况和某些中断请求进行处理。若有中断请求信号，且满足中断响应条件，则 CPU 执行完当前指令后，转去执行中断程序。中断处理完毕后，再返回原程序继续运行。若有 DMA 请求信号，则完成当前机器周期操作后，CPU 暂停工作，让出总线控制权，在 I/O 设备与存储器之间的传送数据操作完成后，CPU 从暂时中止的机器周期开始继续执行指令。

控制器由程序计数器、指令寄存器、指令译码器、脉冲源、启/停线路、时序信号产生部件、控制信号形成部件和总线控制逻辑构成。

（1）程序计数器（PC）和指令寄存器（IR）。取指令时，根据 PC 中将要执行指令的地址取出指令，通过 DB 送到 IR 中，从而送到指令译码器中进行译码。

（2）指令译码器。对 IR 中的操作码进行分析解释，将产生的相应译码信号提供给控制信号形成部件，以产生控制信号。

（3）脉冲源。产生具有一定频率和宽度的时钟脉冲信号，它是 CPU 时序的基准信号。当接通计算机电源时，脉冲源立即按规定的频率重复发出具有一定占空比的时钟脉冲序列，直到关闭电源为止。

（4）启/停线路。以脉冲源产生的脉冲信号作为 CPU 的时序基准信号，可靠地开放启/停线路或封锁脉冲控制时序信号的发生或停止，来实现对计算机的正确启动或停机。

（5）时序信号产生部件。脉冲源产生的脉冲信号经过该部件后产生不同指令对应的节拍时序信号，实现机器指令执行过程的时序控制。

（6）控制信号形成部件。将时序信号、指令译码信号和程序执行产生的状态标志（如 CF、SF、ZF 和 OF）进行综合，形成不同指令的操作所需要的控制信号。一条指令的执行可以分解成很多最基本的操作，这种最基本的、不可再分割的操作称为**微操作**，不同的机器指令具有不同的微操作序列。

（7）总线控制逻辑。实现对总线传输的控制，包括数据和地址信息的缓冲与控制。

3．寄存器组

寄存器组是具有有限存储容量的高速存储部件，用于暂存指令、数据和地址。根据寄存器组在 CPU 中的位置，分为内部寄存器和外部寄存器。内部寄存器有 PC、IR 和 ACC；外部寄存器是其他一些部件上用于暂存数据的寄存器，能通过端口与 CPU 交换数据。

4．中断系统

中断系统实现对异常情况和外部中断请求的处理。中断系统具体内容见第 6 章。

如图 5-8 所示，通过地址总线（AB）、数据总线（DB）和控制总线（CB），CPU 可以实现与主存或外设的信息交换。其中，数据总线是双向的，代表读/写操作不同的传送方向；控制总线根据操作性质的不同，其传送方向也不同；地址总线是单向的，由 CPU 发出用于指向要访问的指令或数据所在的存储单元地址。

操作数是指令要操作的对象，它的存在有三种形式：寄存器操作数、存储器操作数和立即数。若操作数是存储器操作数，则操作数和指令存放在主存的不同区域，该操作数在数据总线上传送都以二进制形式存在，那如何区分数据总线上通过的是指令还是数据？

下面以取指令和访存取数据为例，说明 CPU 的工作原理。

（1）取指令。首先，由 PC 发出将要执行指令的地址，在控制总线的信号作用下，将指令的机器码从主存中取出，通过数据总线送到 IR 中，将 IR 中的操作码通过指令译码器进行分析、解释，生成该指令的操作控制信号。

（2）访存取数据。首先根据寻址方式确定操作数在存储器中的有效地址；其次通过 MAR 发出访问主存的地址；最后在控制总线的信号作用下，将数据通过数据总线送到寄存器中或送到参与运算的 ALU 中。

5.3 数 据 通 路

5.3.1 数据通路的基本结构

数据通路是指数据在 CPU 各功能部件之间传送的路径，通常将指令执行过程中数据所经过的路径称为**数据通路**。数据通路实现了 CPU 内部运算器、寄存器、控制器等各功能部件间的数据传递。

例如，某通用寄存器的数据经过内部数据总线送到 ALU 中；PC 发出的地址信号通过地址总线传送到 MAR 上；CPU 从存储器取指令，通过数据通路送到 IR 中。因此，数据通路描述了信息从什么地方发出，中间经过什么部件，以及最后传送到哪个部件，而且信息每传送一步，都需要在控制信号的作用下完成，执行指令的控制信号是由控制信号形成部件产生的。

1. 数据通路的基本结构

数据通路的基本结构主要有两种形式，总线结构和专用数据通路。

（1）总线结构。连接两个以上数字器件的信息通路称为总线。最简单的总线结构是单总线结构，在单总线结构中，所有寄存器、ALU 等部件的输入端和输出端均连接在这条共享 CPU 内部总线上，任何时刻只允许连接在总线上的一个部件输出数据，其他部件不允许输出数据，因为只要有两个以上的部件将它们的数据同时输出，必然使总线产生竞争或冲突，一旦产生竞争就会引起出错。因此，单总线结构的 CPU 中，避免总线竞争是特别需要注意的。为了防止单总线结构出现总线竞争，部件向总线输出数据必须采用分时操作，即一个部件输出结束后，另一个部件才向总线输出数据。若部件无输出或输出结束，则输出端必须设置为高阻态。单总线结构简单，易出现总线竞争，并且其传输性能较差。为此，可采用多总线结构。

（2）专用数据通路。CPU 内部各功能部件之间不采用总线相连接，而是设置专用的数据通路，让各部件的数据、地址等信号走自己的专用连接线，这样可以避免共享总线产生总线竞争，进而提高 CPU 的性能，但是专用数据通路工作复杂，需要使用更多的硬件资源。

2. 数据通路的主要构成

近几年，随着 CPU 结构和硬件架构的发展，计算机数据通路的结构也发生了较大的变化。但是无论数据通路多么复杂，其基本工作原理都是相同的，因此，本章主要讨论总线结构的数据通路。

数据通路包括指令执行过程中数据所经过的路径和路径上的部件。ALU、GR、PSWR、MAR、MDR 等都是指令执行过程中数据流经的部件，都属于数据通路的一部分。此外，还有一些元件，如多路选择器（MUX）、加法器（Adder）、ALU、指令译码器等，这些部件和元件在总线数据通路中具有以下特点。

（1）MUX 需要控制信号 Select 来确定选择哪个输入被输出。

（2）加法器不需要控制信号，因它的操作是确定的。

（3）ALU 需要有操作控制信号，因为 ALU 没有记忆功能，所以若要进行正确的运算，则必须将两个操作数都送到 ALU 的输入端中，并在 ALU 控制信号的控制下完成相关操作。由于 ALU 可以完成算术运算和逻辑运算，因此它的控制信号有+（加）、−（减）、∧（与）、∨（或）等。

（4）指令译码器不需要控制信号。因为指令译码器是通过对指令操作码进行译码才获得控制信号的。

（5）通用寄存器对程序设计人员是可见的，在编程过程中经常使用通用寄存器的编号。

（6）内部寄存器是某些指令执行期间存放中间结果的临时寄存器，因此它对程序设计人员是透明的，如在 ALU 的输入端和输出端所使用的暂存器。

（7）IR 是 CPU 内部控制器的主要部件，需要相关的输入/输出信号。

（8）MDR 和 MAR 是通过系统总线连接主存和 CPU 的重要寄存器，需要相关的输入/输出控制信号。

5.3.2　单总线数据通路

早期冯·诺依曼计算机的数据通路中，除主存 M 外，还主要有 ACC、IR、PC 等，因此数据通路较简单，部件之间通过专用的连接线互相连接。数据通路中的所有部件通过一组公共的内部总线（Bus）进行连接，这种总线结构的数据通路称为**单总线数据通路**，如图 5-9 所示，因为这组总线在 CPU 内部，所以又被称为 **CPU 的内部总线**。

$R_0 \sim R_{n-1}$ 是通用寄存器；Y 和 Z 是内部寄存器，用于暂时存放中间结果；ALU 的两个输入端和一个输出端都直接或间接连接在一组内部总线上，其控制信号包括+、-、$\wedge$、$\vee$ 等。

单总线数据通路中，某个时刻只能有一个部件可以利用总线传输信息，再经过内部总线上一定的时间延迟，才被传送到目的寄存器中。

通常情况下，寄存器和内部总线之间有两个控制信号 R_{out} 和 R_{in}。其中，R_{out} 表示寄存器 R 将信息送入内部总线，R_{in} 表示将内部总线上的信息存到寄存器 R 中，R_{out} 和 R_{in} 还可以简写为 R_o 和 R_i，例如 Z_o、MDR_i。

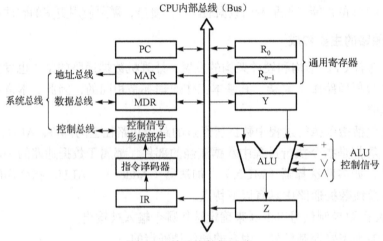

图 5-9　单总线数据通路

【例 5-1】已知单总线数据通路如图 5-9 所示，CPU 各部件通过内部总线建立数据通路，内部总线 bus 和寄存器的输入和输出由 in 和 out 控制信号控制，MM 的读写控制信号为 RD（读）和 WR（写）(1 表示控制信号有效，0 表示控制信号无效)，分析下面两条指令，画出指令周期信息流程，并列出相应的控制信号序列。

（1）MOV [R_1], R_2　　　；功能　$M[R[R_1]] \leftarrow R[R_2]$

（2）ADD R_2, [30H]　　；功能　$R[R_2] \leftarrow R[R_2] + M[30H]$

【解】（1）MOV [R_1], R_2 源操作数是寄存器寻址，目的操作数是寄存器间接寻址。该指令周期信息流程、控制信号序列和操作功能如图 5-10 所示。

（2）ADD R_2, [30H] 指令周期信息流程、控制信号序列和操作功能如图 5-11 所示。

由图 5-10 和图 5-11 可知，两条指令在取指周期的功能完全相同。针对不同数据通路的任何指令，其取指周期的功能都是一样的。

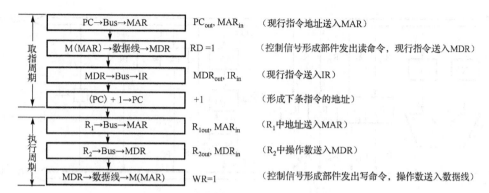

图 5-10　MOV [R₁], R₂ 指令周期信息流程、控制信号序列和操作功能

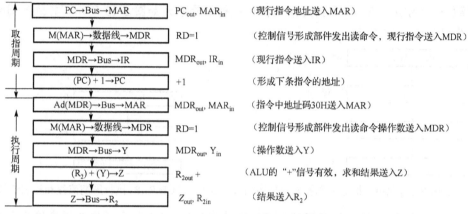

图 5-11　ADD R₂, [30H] 指令周期信息流程、控制信号序列和操作功能

取指周期结束后，指令在 IR 和 MDR 中，由于没有 IR$_{out}$ 信号，因此进入执行周期后，操作数的地址 30H 由 MDR 提供，表示为 Ad(MDR)。

5.3.3　多总线数据通路

单总线数据通路中，一个时钟周期内只允许在内部总线上传送一个数据，因此，指令执行效率很低，为了提高计算机性能，尽量减少每条指令执行所用到的时钟周期数，可采用多总线结构。这样结构的数据通路称为**多总线数据通路**。根据总线结构特点，多总线数据通路分为双总线数据通路和三总线数据通路。

双总线数据通路如图 5-12 所示，其中控制信号 G 控制一个门电路，R₀、R₁、R₂、R₃、X 和 Y 均为寄存器，ALU 根据 "+" "–" 等控制信号决定完成何种操作，线上标注有控制信号，如 R₀$_o$ 表示 R₀ 的输出信号，R₀$_i$ 表示 R₀ 的输入信号，未标注控制信号的线为直通线，表示不受控制信号的控制。

【例 5-2】已知双总线数据通路如图 5-12 所示，分析下面 2 条指令，写出取指周期、执行周期的流程和控制信号序列。

（1）SUB　R₁,R₂　　　；功能 R[R₁]← R[R₁]–R[R₂]

（2）SUB　[R₁],R₂　　　；功能 M[R[R₁]]← M[R[R₁]]–R[R₂]

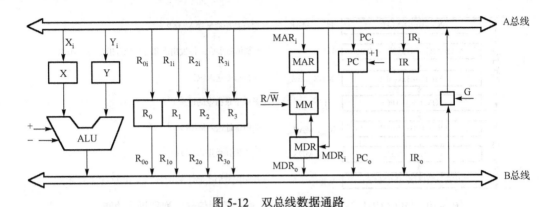

图 5-12　双总线数据通路

【解】（1）SUB　R_1,R_2 取指周期流程和控制信号序列如图 5-13 所示，其执行周期和控制信号序列如图 5-14 所示。

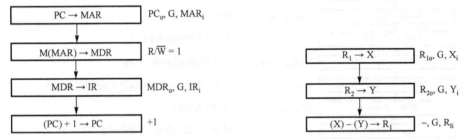

图 5-13　SUB R_1,R_2 取指周期流程和控制信号序列　　图 5-14　SUB R_1,R_2 执行周期流程和控制信号序列

（2）SUB　$[R_1],R_2$ 取指周期流程和控制信号序列同（1）指令的取指周期流程和控制信号序列，其执行周期和控制信号序列如图 5-15 所示。

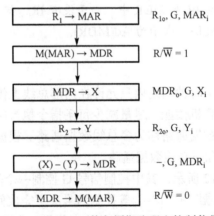

图 5-15　SUB $[R_1],R_2$ 执行周期流程和控制信号序列

三总线数据通路如图 5-16 所示，所有通用寄存器均在一个寄存器组中，该寄存器组允许两个寄存器的内容同时输出到 A 总线和 B 总线上。若完成双操作指令 SUB R_1,R_2，则可用内总线 A 和内总线 B 传送源操作数，内总线 C 传送目的操作数，因此，源操作数和目的操作数通过内总线，经过 ALU 实现了连接。

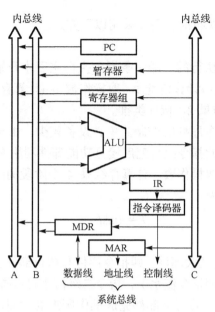

图 5-16　三总线数据通路

若完成三操作数指令 SUB R_3,R_2,R_1（指令功能为 $R[R_3] \leftarrow R[R_2]-R[R_1]$），则所需操作通过 ALU 一次即可完成，该三个操作数指令的执行可在一个时钟周期内完成，所需的有效控制信号为 R_{1out}、R_{2out}、$-$、R_{3in}，其含义是同时将 R_1 与 R_2 中的内容分别送到内总线 A 和内总线 B 上，同时在 ALU 中进行减法操作，并将 ALU 的输出结果送到内总线 C 上。

该数据通路中，若将一个寄存器内容传送到另一个寄存器中，则需要通过 ALU 来完成，只要控制 ALU 进行 MOV 操作即可。因为 ALU 的输入通路分别是内总线 A 和内总线 B，输出通路为内总线 C，三者无冲突，所以不需要单总线通路中 Y 或 Z 这样的暂存器。目前，几乎所有 CPU 都采用流水线方式执行指令，而采用上述单总线或三总线方式连接的数据通路很难实现指令的流水执行。为了更好地理解 CPU 设计技术，下面简单介绍在流水线数据通路中指令执行的基本工作原理。

5.4　指令流水线

5.4.1　指令流水线的基本原理

流水线技术是一种将每条指令分解为多步，并让不同指令的各步操作重叠，从而实现几条指令并行处理，以加速程序运行过程的技术。程序中的指令仍是一条条顺序执行的，且每条指令的操作步骤一步也不能少，但可以预先取若干条指令，并在当前指令尚未执行结束时，提前启动后续指令的另一些操作步骤。这样，从总体上看显然可加快指令流速度，并缩短程序运行时间。

一条指令的执行过程可以分为多个阶段，具体分法随计算机的不同而不同。为叙述方便，这里把一条指令的执行过程分成 4 个阶段，即取指令→指令译码/计算地址→取操作数→计算存结果。

当多条指令在处理机中执行时，可以采用以下方式。

（1）顺序执行方式

计算机程序是顺序串行执行的，即一条指令执行完后才开始下一条指令的执行，多条指令的执行过程是：取指令 1→计算地址 1→取操作数 1→计算存结果 1→取指令 2→计算地址 2→取操作数 2→计算存结果 2，依此类推。

这样顺序串行执行的指令序列的控制简单，设备较少。由于上一条指令执行完成后才能开始执行下一条指令，因此指令执行速度慢且功能部件利用率低。

若取指令、计算地址、取操作数、计算存结果 4 个阶段的时间都相等，每段时间都为 Δt，则 n 条指令所用的时间为

$$T = 4n\Delta t \tag{5.1}$$

（2）重叠执行方式

若将计算机的 CPU 分为两大部件，即指令部件和执行部件，则可以将两条指令或若干条指令在时间上重叠起来（即指令流水），指令二级流水可以提高 CPU 的处理速度，但该处理速度并不是成倍增加的。若每个部件完成操作所需的时间均为 Δt，每条指令执行的时间均为 $2\Delta t$，则每隔 Δt 就能得到一条指令的处理结果，相当于处理器的速度提高一倍。当遇到转移指令时，也必须等到本指令执行结束后才能获得下一条指令的地址。

对于单独的一条指令，从它开始到执行完毕，整个过程总的时间并没有缩短，然而，在有多条指令同时并行工作时，单位时间内能够完成的指令条数得到极大增加，实际上，流水线改善了计算机系统的吞吐率。

> 📖 吞吐率（Throughput，TP）：衡量流水线速度的重要指标，它是指在单位时间内流水线所完成指令或输出结果的数量。

若指令包含 4 个阶段（子过程），则每个子过程均由一个独立的功能部件来实现，如图 5-17 所示。每段的执行时间若均为 Δt，则执行一条指令的时间为 $4\Delta t$。4 条指令重叠执行时，每隔 Δt 就能得到一条指令的处理结果，当第 1 条指令计算存结果时，其他 3 条指令的相关部件都同时工作。这时，4 条指令重叠执行，指令执行进入流水线阶段，执行 n 条指令所用的时间为

$$T = 4\Delta t + (n-1)\Delta t \tag{5.2}$$

流水线中每段都有各自的功能部件，每个功能部件的执行时间是不可能完全相等的。为了保证完成指定的操作，Δt 应该取所有段中处理的最长时间，该 Δt 称为流水线的**操作周期**。

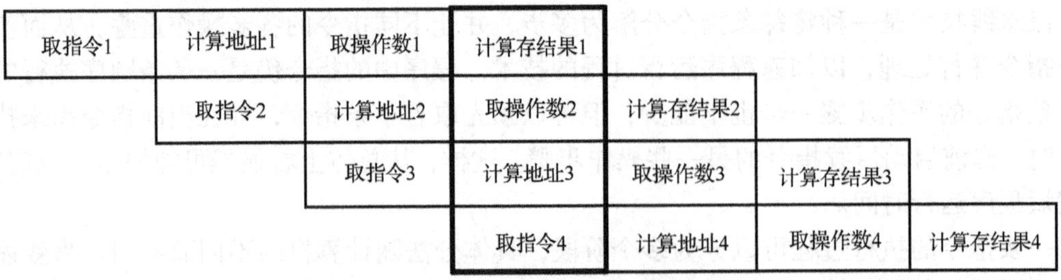

取指令1	计算地址1	取操作数1	计算存结果1		
	取指令2	计算地址2	取操作数2	计算存结果2	
		取指令3	计算地址3	取操作数3	计算存结果3
			取指令4	计算地址4	取操作数4	计算存结果4

图 5-17 4 条指令重叠执行的情况

若各段的执行时间不相等，则各段应以所有段中处理时间最长的段（称为瓶颈段）为基准，此时处理时间短的段会处于等待状态，进而影响流水线的功能。解决瓶颈段的问题应采用细分瓶颈段、重复设置瓶颈段、段合并等方法。

为了描述流水线的工作过程，经常采用的方法是绘制**时空图**。时空图是一种二维的图形，图 5-18 是 4 级流水线工作过程时空图。其中，横坐标表示时间，即流水线各段在流水过程中所用的处理时间。为了简单起见，各段处理时间都为 Δt。时空图的纵坐标表示流水线所流过的各功能段。

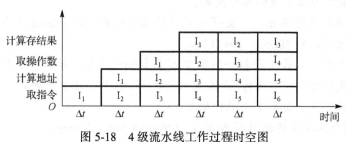

图 5-18　4 级流水线工作过程时空图

由图 5-18 可以看出，指令 $I_1 \sim I_6$ 各功能段处于不同的物理空间，每条指令进入流水线后首先进行取指令。随着时间的推移，每条指令按顺序通过各功能段，当流水线在第 $4\Delta t$ 时进入连续工作状态时，各功能段重叠并行工作。第 $5\Delta t$ 时，I_1 指令运算结束并获得结果，之后流水线每隔 Δt 输出一个运算结果。

在多段流水线中，开始时流水线为空，最高的处理速率要在流水线装满的条件下才能达到。若要保证流水线高效运行，则需要流水线充满，由于程序编译原因或者存储器无法连续提供流动所需的指令和数据，因此会导致流水线不能连续工作。

影响流水线性能的主要因素是执行转移指令和共享资源冲突。当流水线执行转移指令时，会引起流水线的阻塞，因为在该转移指令完成前，流水线不能确定下一条指令的地址。如 4 级流水线中，若第 2 条指令的操作数是第 1 条指令的处理结果，则第 2 条指令的取操作数必须等待 Δt 时间才能进行；否则取得的结果是错误的，这种情况称为**数据相关**。根据数据存放在寄存器中还是存储器中，数据相关可分为**寄存器数据相关**或**存储器数据相关**。但两级流水线不会有数据相关的问题出现。

在指令流水线中，当遇到访存冲突（如取指令、取操作数，以及存结果）和数据相关（相应指令共用一个存储单元或寄存器），以及控制相关（条件转移指令需等到上一条指令产生结果，才能确定转移方向）时，流水线会受阻，影响流水线性能。

解决数据相关的方法有设置相关的专用通路、后推法和改变流水的顺序等。

（1）设置相关的专用通路。这种方法是指在运算部件中设置一些数据寄存区及一些专用通路，使前一条指令的运算结果通过专用通路直接送入后继的运算部件。当发生数据相关时，直接通过专用通路得到操作数。数据不相关时，仍去寄存器或存储器中取操作数，这种方法增加了控制的复杂性。

（2）后推法。后推法是指暂停后继的指令输入，等待几个时钟周期后，当相应指令完成写入后，再继续执行。

（3）改变流水的顺序。这种方法是指当多条指令产生数据相关时，可以不停止流水，而是将后续不产生数据相关的指令提前执行。

【例 5-3】某系统采用 4 级流水线结构，完成一条指令的 4 个基本操作是：取指令、计算地址、取操作数、计算存结果。每步操作时间依次为 100ns、60ns、50ns 和 70ns。试问：20 条指令执行完毕后，总共需要多长时间？

【解】根据流水线技术的基本特征，流水线的平均时间取决于流水线子操作中最慢的操作，即采用 100ns 作为流水线的操作周期。

第 1 条指令执行时还不能充分发挥流水线的技术优势，需要经过 4 个操作周期才能得到该指令的运行结果，即 100ns × 4 = 400ns。

采用流水线技术，从第 1 条指令的第 2 步基本操作开始，后续指令开始重叠执行。因此，20 条指令的执行过程可以看作 20 段流水线，由于基本操作重叠执行，除第 1 条指令外，每条指令的执行均可视为需要 1 个操作周期。

所以 20 条指令总共需要的时间为 400 + (20−1) × 100 = 2300ns。

5.4.2 CISC 指令集和 RISC 指令集

随着计算机科学和微电子等相关学科的发展，尤其是 VLSI（超大规模集成电路）技术的发展，硬件成本不断下降，软件成本不断提高，为了缩小指令系统和高级语言的语义差别，便于高级语言的编译，在指令系统中增加了更多、更复杂的指令以提高操作系统的效率。用户对兼容性的要求使同一系列计算机的新指令系统越来越复杂，因此也促使指令系统越来越复杂，这种计算机称为**复杂指令集计算机**(Complex Instruction Set Computer，**CISC**)。

一般的 CISC 包含的指令数目为 300～500 条，并具有较强的处理高级语言的能力，但是复杂的指令系统必然增加硬件实现的复杂性，并且增加了研制时间和研制成本。由于复杂指令需要进行复杂的操作，与功能较简单的指令同时存在同一台机器中，因此很难实现流水线操作。复杂的指令系统使芯片容量增大，难以实现基于 CISC 技术的高档微型机的全部硬件集成在一个芯片上或将大/中型机的 CPU 装配在一块板上，这也影响了 CISC 的速度和单片计算机的发展。

1975 年，被称为 RISC 架构之父的美国科学家 John Cocke 在研究 IBM370 CISC 系统的过程中发现：计算机中大约 80% 的工作是由大约 20% 的指令完成的。这说明各种指令的使用频率相差悬殊，常用指令只占指令总数的 20%，在程序中出现的频率占 80%。（即 80% 程序只用到了 20% 的指令集）。因此，John Cocke 提出了**精简指令集计算机**（Reduced Instruction Set Computer，RISC）的概念，CPU 应该被精简到只包含这 20% 最有用的指令。

CISC 体系结构因包含大量复杂且功能强大的指令，使得 CISC 指令集具有指令种类多、指令格式不规范、寻址方式多等缺点，造成了资源的极大浪费。与 CISC 指令集相比较，RISC 指令集具有如下特点。

（1）优先选取使用频率高的简单指令，减少复杂指令。

为了使计算机的结构更加简单、合理，并且提高其运算速度，RISC 保留经常使用的指令，将节省下来大量的晶体管资源用于增加寄存器以及经常使用指令的硬布线逻辑上，对于精简掉的那些指令，由于不经常使用，在程序总的运行时间中占的比例很小，可以通过软件方法来实现其功能。

CISC 中功能强大且复杂的指令会增加 CPU 结构的复杂性并且提高对 CPU 工艺的要求，有利于编译器的开发。RISC 的简单指令对于编译器的设计提出更高的要求，但是这样可以降低 CPU 的复杂性，在相同工艺水平下可以生产出功能更强大的 CPU。

（2）指令长度固定，指令格式种类较少。

CISC 处理的是不等长指令集，在执行单一指令时必须对不等长指令进行分割，需要的处理工作较多。RISC 是等长精简指令集，指令中操作码和寄存器编号等位置是固定的，便于取指令、指令译码和提前读取寄存器内容。CPU 执行 RISC 指令的速度更快且性能稳定，RISC 将复杂操作分解为多条 RISC 指令，分解后与直接使用一条 CISC 指令的速度相当，有的甚至更快。

（3）RISC 以控制逻辑为主，不用或少用微码控制。

RISC 指令长度固定，指令格式种类少，使指令功能变得简单。但指令多在一个时钟周期内就能完成，因此其平均指令周期短，更适合用硬布线逻辑电路来控制。CISC 指令与 RISC 指令相比，指令复杂且平均周期长，采用微程序进行控制，影响了系统性能。

（4）寻址方式种类较少，只有 load/store（取数/存数）型指令可以访问存储器。

除 load/store 型指令可以访问存储器外，几乎所有指令都使用寄存器寻址方式，其他复杂的寻址方式由软件利用简单的寻址方式来合成。因此，大部分指令都可以在一个周期内完成操作。

（5）处理器中设置大量通用寄存器，多达几百甚至上千个。

编译器可将更多的局部变量分配到寄存器中，过程调用通过寄存器传递参数而不是通过栈进行传递，进而减少访存的次数。

（6）RISC 体系结构并行处理能力强。

RISC 可将一条指令分割成若干个进程或线程交由多个处理器同时执行，RISC 指令集适合于采用流水线技术，进而实现指令级并行操作，提高处理器的性能。

> 📖 **硬布线逻辑电路和微程序控制**
>
> **硬布线逻辑电路**采用组合逻辑电路来生成控制信号，用状态寄存器来实现状态的转换。**微程序控制**采用软件设计思想，把每条指令的执行过程均用**微程序**来表示。每个控制信号对应一个**微命令**，若控制信号取不同的值，则会发出不同的微命令。多个微命令组成一条**微指令**。一个微程序由若干条微指令组成。
>
> 　　硬布线逻辑电路速度快，适用于实现简单、规整的指令系统。微程序控制采用软件设计思想，在指令执行时，将控制存储器中事先存储的控制信号取出，即可完成执行。IA-32 架构是属于 CISC 风格的指令系统。对 CISC 这种复杂指令系统来说，其指令集控制逻辑较为复杂，实现比较困难，不便于维护、扩充和修改，因此 CISC 指令系统大多采用微程序控制器实现。

此外，基于 VLSI 技术，制作 RISC 体系结构的处理器要比制作 CISC 体系结构的处理器的工艺简单、成本低廉。RISC 体系结构可以为设计单芯片处理器带来很多好处，有利于提高性能。自 RISC 推出以来，高性能微处理器的设计提高了指令系统的运算速度，使得 20 世纪 80 年代后期，RISC 逐渐在高端服务器和工作站领域中普遍应用，主流 RISC 芯片主要有 IBM Power PC、Sun SPARC、PA-RISC、MIPS 等，这些芯片分别由重要的服务器厂商用来作为其高端服务器产品和工作站的核心。

虽然 RISC 具有明显的优势，但是在市场上 RISC 并没有占据优势地位，也不能彻底取代 CISC，这是因为 Intel 一直保持处理器市场较大的份额。若 CISC 被 RISC 取代，则面临软件的兼容性和软件的重新投资等问题。目前，CISC 和 RISC 两者正在逐步走向融合，现代的处理器采用 CISC 外围，并在内部加入 RISC 特性，或采用基于 RISC 体系结构的内核，如 Pentium Pro 超长指令集处理器等。

5.4.3 流水线冒险及其解决方法

1985 年以后，所有处理器都使用流水线来重叠指令的执行过程，以提高性能。由于指令可以并行执行，因此指令之间可能实现的这种重叠执行称为**指令级并行**。

若要确定一个程序中可以存在多少指令级并行以及如何开发指令级并行，则判断指令之间的相互依赖性是至关重要的。具体来说，为了开发指令级并行，必须判断哪些指令可以并行执行。若两条指令是并行执行的，且只要流水线有足够的硬件资源，则可以在流水线中同时执行这两条指令而不会导致任何停顿。

指令相关是指在流水线中，若某条指令的某个阶段必须等到它前面另一条指令的某个阶段后才能开始，则这两条指令存在指令相关。若两条指令存在指令相关，则它们不能并行执行，尽管它们一般可以部分重叠执行，但必须按顺序执行。处理器要支持的指令序列通常会存在指令相关，这样可能导致流水线处理器执行出错。

程序中的指令相关是普遍存在的，这些指令相关要求指令的执行必须满足有序的关系，否则执行的结果就会出错。指令间的有序关系有些指令是很容易满足的，例如，两条相关的指令之间隔得足够远，后面的指令开始取指执行时，前面的指令早就执行完了，那么处理器结构设计就不用做特殊处理。但是若两条相关的指令距离很近，尤其两者都在指令流水线的不同阶段执行时，则需要用结构设计来保证这两条指令在执行时满足它们的指令相关。

数据在指令之间传送，既可以通过寄存器，又可以通过存储器。当数据传送在寄存器中发生时，由于指令中的寄存器名称是固定的，因此相关性的检测很简单，若存在分支干扰，则相关性检测可能会变得复杂一些。

当数据在存储器之间流动时，两个不同形式的地址可能引用同一个位置，所以其相关性更难检测。此外，load/store 指令的实际地址可能会在每次执行时发生变化，这使相关性的检测更复杂。

指令序列在流水线中执行时，可能会遇到使流水线无法正确、按时执行后续指令的情况，并引起流水线阻塞或停顿（Stall），这种现象称为**流水线冒险**（Hazard）。可能存在的流水线冒险包括数据冒险、结构冒险和控制冒险，这些冒险及其解决方法如下。

1．数据冒险及其解决方法

若两条指令访问同一个寄存器或存储单元，并且这两条指令中至少有 1 条是写该寄存器或存储单元的指令，则这两条指令之间存在数据相关。只要指令间存在数据相关，并且两者位置非常接近，执行期间的重叠改变对相关操作数的访问顺序就会存在冒险。

数据相关根据冲突访问读和写的次序可以分为三种：写后读相关、写后写相关、读后写相关。

例如，有两条指令 I_1 和 I_2，已知 I_1 在 I_2 前面，讨论可能出现的三种数据相关。

（1）**写后读（Read After Write，RAW）相关**，即后面指令要用到前面指令所写的数据，也称为真相关。

这种相关最为常见，例如 I_2 试图在 I_1 写入一个源位置之前读取它，所以 I_2 会错误地获得旧值。因此，为了确保 I_2 能收到来自 I_1 的值，必须保持程序的执行顺序。

（2）**写后写（Write After Write，WAW）相关**，即两条指令写入同一寄存器或存储单元，也称为输出相关。

例如，I_2 试图在 I_1 写一个操作数之前写该操作数，这种写操作最终将以错误的顺序执行，最后留在目标位置的是由 I_1 写入的值，而不是由 I_2 写入的值，这种冒险与输出相关相对应。因此，允许在多个流水级进行写操作的流水线中，或者在前一条指令停顿时允许后一条指令继续执行的流水线中，都会存在 WAW 冒险。

（3）**读后写（Write After Read，WAR）相关**，后面的指令覆盖前面指令所读的寄存器或存储单元，也称为反相关。

例如，I_2 尝试在 I_1 读取一个目标位置之前写入该位置，所以 I_1 会错误地获取新值，这个冒险与名称相关。在大多数静态发射流水线中（即使是较深的流水线或者浮点流水线），由于所有读取操作都较早进行，并且所有写操作都要晚一些进行，因此一般不会发生 WAR 冒险。若有一些指令在指令流水线中提前写出结果，而其他指令在流水线的后期读取一个源位置，或者对指令进行重新排序，则会发生 WAR 冒险。

解决数据冒险的方法主要有以下两种。

（1）**阻塞方法**。最简单的阻塞方法是**软件阻塞**，即由编译器在数据相关的指令之间加上若干条 NOP（空操作）指令。这种暂停方式增加了时间开销和空间开销，但减少了硬件开销。还可以采用**硬件阻塞**，保持被阻塞流水线内容原值不变，同时向被阻塞流水级的下一级流水线输入无效信号，即用**流水线气泡**（Buddle）填充。无论采用哪种阻塞方法，都势必引起流水线执行效率的降低。

（2）**流水线前递技术**。流水线前递技术是指在某些流水线段之间设置直接连接通路，也称为定向（或旁路）技术。在数据通路中一旦产生运算结果或一旦存储器读出数据，就通过一条旁路（Bypass）直接把前面指令的运算输出作为后面指令的输入。如当前加法指令在执行阶段完成了运算，因此可以在 ALU 运算结束后设计一条通路，把这个结果前递到读寄存器中，下一条指令可以直接读取，即实现了从执行级到译码级的前递通路。

【**例 5-4**】流水线存在三种类型的数据相关，分别是写后读相关、读后写相关和写后写相关。判断下面三组指令存在哪种类型的数据相关？

（1）I_1:   ADD R_2,R_1,R_0 ;功能 $R[R_2]\leftarrow R[R_1]+R[R_0]$

       I_2:   SUB R_4,R_2,R_3 ;功能 $R[R_4]\leftarrow R[R_2]-R[R_3]$

（2）I_3:   MOV $[[20H]],R_3$,   ;功能 $M[M[20H]]\leftarrow R[R_3]$

       I_4:   MOV R_3,R_1 ;功能 $R[R_3]\leftarrow R[R_1]$

（3）I_5:   MUL $R_1,R_2,[[40H]]$;功能 $R[R_1]\leftarrow R[R_2]\times M[M[40H]]$

       I_6:   XOR R_1,R_3,R_4 ;功能 $R[R_1]\leftarrow R[R_3]\oplus R[R_4]$

【解】

（1）I_1 指令和 I_2 指令均访问 R_2，I_1 指令需要先写入 R_2，然后 I_2 指令再读出 R_2 中的内容。I_1 指令和 I_2 指令为写后读相关。

假设系统为 5 级指令流水线，包括取指令、译码、取操作数，运算和存结果，各段时间均为 Δt。其指令执行情况如表 5-1 所示，I_1 指令在 $5\Delta t$ 向 R_2 存入结果，I_2 指令在 $4\Delta t$ 从 R_2 中取数，因此 I_2 指令取出的是 I_1 指令执行之前 R_2 中的内容，故发生 RAW 冒险。

表 5-1　写后读相关指令执行情况

Δt	1	2	3	4	5	6
I_1	取指令	译码	取 R_1R_0	运算	存 R_2	
I_2		取指令	译码	取 R_2R_3	运算	存 R_4

（2）I_3 指令和 I_4 指令均访问 R_3，I_3 指令先读出 R_3，I_4 指令再写入 R_3，I_3 指令和 I_4 指令为读后写相关。

假设 I_3 指令和 I_4 指令通过一条多功能流水线。I_3 指令源操作数是存储器 2 次间接寻址，需要 $5\Delta t$ 才能执行完毕，其指令执行情况如表 5-2 所示。I_3 指令先从 R_3 中读出内容保存在 M 中，I_4 指令再将结果写入 R_3。I_3 指令写入 M，是 I_4 在 $4\Delta t$ 时刻写入的 R_1 值，导致 R_3 的内容错误，故发生 WAR 冒险。

表 5-2　读后写相关指令执行情况

Δt	1	2	3	4	5
I_3	取指令	译码	取 20H	得 M	R_3 写 M
I_4		取指令	译码	写 R_3	

（3）I_5 指令和 I_6 指令均访问 R_1，I_5 指令先将结果写入 R_1，I_6 指令再将结果写入 R_1，I_5 指令和 I_6 指令为写后写相关。

假设 I_5 指令和 I_6 指令通过一条多功能流水线，其指令执行情况如表 5-3 所示。I_5 指令源操作数是存储器 2 次间接寻址，在 $5\Delta t$ 进行乘法运算，在 $6\Delta t$ 将结果写入 R_1，而 I_6 指令在 $5\Delta t$ 已经将运算结果写入 R_1。导致 I_5 指令的结果 R_1 是 I_6 指令写入的，发生 WAW 冒险。

表 5-3　写后写相关指令执行情况

Δt	1	2	3	4	5	6
I_5	取指	译码	取 40H	取 M	运算	写 R_1
I_6		取指	译码	运算	写 R_1	

📖 多功能流水线

按照流水线功能的多寡进行分类，流水线可以分为单功能流水线和多功能流水线。

单功能流水线是指只能完成一种固定功能的流水线。比如浮点加减运算的流水线由 4 段构成，从求阶差、对阶、尾数运算、到规格化，该流水线由于只能完成一种功能，这就是一个单功能流水线。如果需要实现多种不同功能时，可以用多条单功能流水线来完成。

多功能流水线是指在不同时间内或在同一时间内，流水线中的各段通过不同的连接方式来实现不同的功能。

2．结构冒险及其解决方法

若两条指令使用同一份硬件资源，则这两条指令之间存在结构相关，这种硬件资源竞争会引发**结构冒险**。例如，两条指令都是加法指令而处理器中只有一个加法器，那么这两条指令间存在结构相关。或者一条指令正在取指令，另一条指令恰好将结果存到存储器中，两条指令若要访问相同的存储器，则会出现结构冒险。

解决结构冒险的方法如下。

（1）延迟（或暂停）流水线。通过流水线气泡方式引入暂停周期，延迟流水线的冲突段，使各段"轮流"使用硬件资源。但是该方法影响流水线的性能。

（2）规定每条指令只能使用一次某个部件，且只能在特定阶段使用。

（3）设置多个独立的部件。将指令存储器和数据存储器分开，指令存储器只能在取指阶段使用，数据存储器只能在执行阶段使用。事实上，现代计算机的一级 Cache 中采用了数据 Cache 和指令 Cache 分开设置的方式，通过这种方式设置多个独立的部件来避免资源冲突，这样可以避免访存冲突引起的结构冒险。

3．控制冒险及其解决方法

若流水线遇到分支指令和其他能够改变 PC 值的指令时，则会引起流水线阻塞，该过程称为**控制冒险**。从某种意义上讲，控制冒险是一种特殊的数据冒险，只不过相关的数据对象是 PC。如取指令会用到 PC，而转移指令则会修改 PC 中的内容。

解决控制冒险的方法如下。

（1）**阻塞方法**。采用与前面解决数据冒险一样的硬件阻塞或软件阻塞的方法。但是该方法执行效率较低。

（2）**分支预测**。预测分支结果并立即沿预测方向取指令的技术，称为分支预测。预测既可以在编译阶段静态完成，又可以由硬件在执行阶段动态完成。这种技术可以减小由于分支冒险带来的时间损失。

【例 5-5】假设流水线分为 5 级流水，分别是取指令（IF）、指令译码/读寄存器（ID）、执行（EX）、存储器访问（MEM）、结果写回（WB），现有以下指令序列

I_1:　ADD R_2, R_1, R_0;　　功能 $R[R_2] \leftarrow R[R_1] + R[R_0]$

I_2:　SUB R_4, R_2, R_3;　　功能 $R[R_4] \leftarrow R[R_2] - R[R_3]$

I_3:　MUL R_6, R_5, R_2;　　功能 $R[R_6] \leftarrow R[R_5] \times R[R_2]$

I_4:　AND R_7, R_1, R_2;　　功能 $R[R_7] \leftarrow R[R_1] \wedge R[R_2]$

I_5:　XOR R_8, R_2, R_3;　　功能 $R[R_8] \leftarrow R[R_2] \oplus R[R_3]$

（1）若不对指令数据相关进行特殊的处理，则处理器允许这些指令序列进入流水线，上述指令中哪些指令从未准备好数据的寄存器 R_2 中取到错误的操作数。

（2）若处理器为解决数据相关问题将相关指令延迟，则处理器执行该指令序列需要多少个 Δt？

【解】（1）表 5-4 列出未对数据相关进行特殊处理的流水线。由于 I_1 指令后面的所有指令都用到 R_2 的计算结果，并且 I_1 指令在第 5 个 Δt 才将计算结果写入 R_2，并且 $I_2 \sim I_5$ 指令都在 ID 阶段读 R_2 操作数，因此只有 I_5 指令取到正确的操作数。

表 5-4 未对数据相关进行特殊处理的流水线

Δt	1	2	3	4	5	6	7	8	9
I_1	IF	ID	EX	MEM	WB				
I_2		IF	ID	EX	MEM	WB			
I_3			IF	ID	EX	MEM	WB		
I_4				IF	ID	EX	MEM	WB	
I_5					IF	ID	EX	MEM	WB

（2）表 5-5 列出采用数据相关特殊处理的流水线，从 I_2 指令开始，将 ID 阶段读 R_2 操作数推迟到 I_1 指令 WB 结束后。因此，从 I_1 指令进入流水线到 I_5 指令执行完成，共需要 12 个 Δt。

表 5-5 采用数据相关特殊处理的流水线

Δt	1	2	3	4	5	6	7	8	9	10	11	12
I_1	IF	ID	EX	MEM	WB							
I_2		IF				ID	EX	MEM	WB			
I_3			IF				ID	EX	MEM	WB		
I_4				IF				ID	EX	MEM	WB	
I_5					IF				ID	EX	MEM	WB

5.4.4* 流水线多发技术

指令并行执行过程中，数据相关和控制相关引发的冒险使得指令流水线面临停顿、阻塞等现象，即使进入指令流水线，每次也只能流出一条指令。只有采用多指令流处理器，才能实现一个时钟周期内流出多条指令，产生更多条指令的结果。

每个周期只能取出一条指令进入流水线，这种情况称为**单发射**。常见的多指令流处理器采用的多发技术有三种，即超标量技术、超流水线技术和超长指令字技术。将指令分解为以下 4 个子过程：取指令（IF）、指令译码（ID）、执行（EX）、回写（WB）。采用单发射的指令流水线（普通流水线）如图 5-19(a)所示。

（1）超标量技术。**超标量**（Superscalar）是指处理器内有多条流水线，这些流水线能够并行处理。超标量结构的处理器支持指令级并行，每个时钟周期内可同时并行发送多条独立指令，即同时对若干条指令进行译码，将并行执行的指令送往不同的执行部件。超级量流水线如图 5-19(b)所示，超标量处理机一次发射 3 条指令，流水线一次流出 3 条指令，图 5-19(b)中 9 条指令用 6Δt 个周期便可完成。

超标量处理机有多条流水线，每个时钟周期流出的指令数量是不确定的。若要实现超标量技术，则要求处理机中配置更多的通用寄存器、容量更大的指令、数据分离的 Cache 及多个处理单元（如浮点处理单元、定点处理单元、图形图像处理单元等），因此超标量处理机是借助硬件资源重复来实现空间并行操作的。

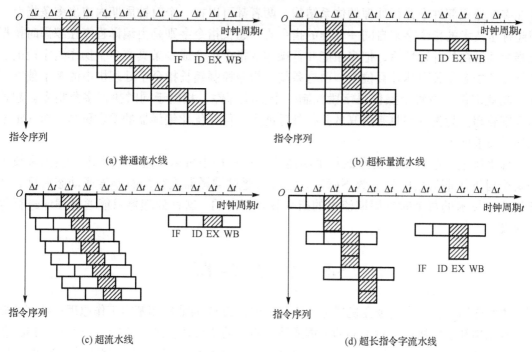

图 5-19　流水线多发技术

超标量处理机具有动态多流出能力，可以对指令序列进行静态调度和动态调度。当程序段中的指令数据相关且不能并行执行时，超标量处理机虽然不能重新安排指令的执行顺序，但可以通过编译优化技术，在高级语言翻译成机器语言时，把能并行执行的指令精心安排和搭配，就可带来更多指令并行执行的效果。

（2）超流水线技术。单发射的指令流水是指每个时间段只能流出一条指令。若将每个时间段再分成更小的时间段，则使流水线在每个更短的时间间隔就流出一条指令，可以提高流水线的吞吐率。

超流水线（Super Pipeline）是在一个基本时间段内能够分时发射多条指令的处理。即将每个功能部件都进一步细化，特别是取指令或指令流被分解为多段，使得一个功能部件在一拍中可以处理多条指令，这好比将流水线再分流。超长流水线如图 5-19(c)所示，原来的一个 Δt 被分成 3 段，功能部件在 Δt 内被使用 3 次，每隔 $\Delta t/3$ 流水线就会流出一条指令。超标量流水线的处理器周期比普通流水线的处理器周期短，与超标量处理机一样，硬件不能调整指令的执行顺序，需要利用编译程序解决并优化问题。

（3）超长指令字技术。**超长指令字**（Very Long Instruction Word，VLIW）技术采用多个独立的功能部件，但它并不是将多条指令全部装入各个功能部件中，而是将多条指令的操作组装成固定格式的指令包，形成一条非常长的指令。超长指令字流水线如图 5-19(d)所示。

超长指令字的格式固定，处理过程简单。在超长指令字处理机上，同时可流出的多条指令及其相关处理任务的选择都是由编译器完成的，所以超长指令字处理机可以节省大量硬件，同时可流出指令的最大数目越大，超长指令字技术的性能优势就越显著。

与超标量技术相比，超长指令字技术所需硬件数量较少。这两种技术都是采用多条指令在多个处理部件中并行处理的体系结构，两者都可以在一个时钟周期内流出多条指令。但超标量技术的指令字来自同一标准的指令流，超长指令字则是由编译程序在编译时挖掘出指令间潜在的并行性后，把多条能并行操作的指令组合成一条具有多个操作码字段的超长指令（指令字长可达几百位），由这条超长指令控制超长指令字处理机中的多个独立工作的功能部件，由每个操作码字段控制一个功能部件，相当于同时执行多条指令。超长指令字较超标量指令字具有更高的并行处理能力，但对优化编译器的要求更高，对 Cache 的容量要求更大。

综上所述，超流水线技术的每个功能部件在一拍中可以处理多条指令；超标量技术的每个时钟周期流出的指令数不确定，它可以通过编译器进行静态调度或动态调度；超长指令字技术的每个时钟周期流出的指令数是固定的，这种处理器只能通过编译进行静态调度。

5.5　本 章 小 结

本章介绍了程序中指令在机器上的执行过程，CPU 的结构和基本工作原理；数据通路的基本结构和主要构成，对不同的数据通路下指令的执行过程进行分析；介绍了 CISC 指令集和 RISC 指令集的各自特点；介绍了流水线的基本实现原理，流水线冒险及其解决办法，流水线的多发技术等。

指令执行过程主要包括取指令、译码、取操作数、运算、存结果。通常把取出并执行一条指令的时间称为指令周期，它由机器周期组成或直接由时钟周期组成。不同指令的指令周期可能包括取指周期、间址周期、执行周期和中断周期。

每条指令的功能不同，指令执行时数据在数据通路中所经过的部件和路径也可能不同。但是，每条指令在取指令阶段都是一样的。本章介绍了在单总线数据通路和多总线数据通路下指令的执行过程。

不同的处理器有不同的指令系统，其指令格式、寻址方式、操作数的定义、寄存器以及存储器的相关规定都不同，因此 CISC 和 RISC 凭借各自结构特点应用于不同的领域。

为了提高计算机指令并行性能，目前处理器使用流水线来执行指令，但是基于指令相关的特性，可能会产生流水线冒险。针对流水线冒险出现的三种情况（结构冒险、数据冒险和控制冒险）进行分析并给出解决方法。

为了避免指令并行执行过程中因数据相关和控制相关引发的冒险，如出现指令流水线停顿、阻塞等现象，故采用流水线多发技术，如超标量技术、超流水线技术和超长指令字技术，使相关处理机可以实现在一个时钟周期内流出多条指令，输出多条指令的结果。

习　题　5

1．CPU 的基本组成和基本功能各是什么？

2．如何控制一条指令执行结束后接着执行另一条指令？

3．通常一条指令的执行要经过哪些步骤？每条指令的执行步骤都一样吗？

4．取指令部件的功能是什么？控制器的功能是什么？

5．指令和数据是通过什么总线传递的？如何区分总线上的信息是指令还是数据？

6．CPU 结构如图 5-20 所示，各部分之间的连线表示数据通路，箭头表示信息传送方向。

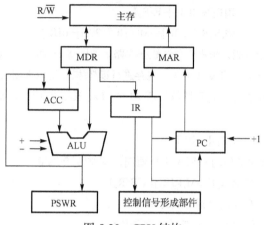

图 5-20　CPU 结构

根据以上信息回答下列问题：

（1）说明 MAR、MDR、IR 和 PC 的名称和作用。

（2）说明 ACC、ALU 和 PSWR 的名称和作用。

（3）IR 和 PC 分别向 MAR 传送的信息是什么？有何区别？利用 IA-32 指令系统编写指令进行说明。

（4）MDR 向 ALU 和 IR 传送的信息是什么？有何区别？利用 IA-32 指令系统编写指令进行说明。

7．已知指令格式和指令功能，采用单总线数据通路，如图 5-21 所示，画出每条指令的指令周期信息流程，并列出相应的控制信号序列。其中，控制信号 W 为写信号（高电平有效），R 为读信号（高电平有效），R_1 和 R_2 为寄存器。

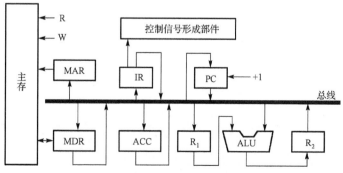

图 5-21　单总线数据通路

（1）LDA ACC, X   ; R[ACC]←M[X]，X 为主存地址

（2）STA Y, ACC   ; M[Y]←R[ACC]，Y 为主存地址

（3）ADD X, ACC   ; M[X]←M[X]+R[ACC]，X 为主存地址

（4）SUB ACC, Z   ; R[ACC]←R[(ACC)]−M[Z]，Z 为主存地址

8. 已知指令格式和指令功能，采用双总线数据通路，如图 5-12 所示，写出每条指令的操作流程，并写出微操作信号。其中，R/$\overline{W}$ 为读/写控制信号（高电平为读，低电平为写）。其中，R_0、R_1、R_2 和 R_3 为 CPU 寄存器，X 和 Y 为暂存器。

（1）MOV R_0, [R_1]   ; R[R_0]←M[R[R_1]]

（2）MOV [R_0], R_1 ; M[R[R_0]]←R[R_1]

（3）SUB R_2, R_3 ; R[R_2]←R[R_2]−R[R_3]

（4）ADD 20H[R_2], R_3 ; M[R[R_2]+20H]←M[R[R_2]+20H]+R[R_3]

9. 已知指令格式和指令功能，采用三总线数据通路，如图 5-16 所示，ALU 部件可以采用的控制信号有+（加）、−（减）、∧（与）和∨（或）；主存进行读/写操作可以采用 R/$\overline{W}$ 信号（高电平为读，低电平为写）；PC 可以完成+1 操作；寄存器组包括 ACC、R_0、R_1、R_2 等。写出每条指令的操作流程，并写出微操作信号。

（1）MOV [R_1],10H   ; M[R[R_1]]←10H

（2）SUB Z   ; R[ACC]←R[ACC]−M[Z]，Z 为主存地址

（3）OR [R_2],R_3 ; M[R[R_2]]←M[R[R_2]]∨R[R_3]

（4）JMP 50H   ; 转移的目标地址为 50H

10. 流水线冒险的种类及各种冒险的解决方案是什么？

11. 说明超标量处理机和超流水处理机的差别。

第 6 章　异常和中断

计算机系统在执行程序的过程中，被其他事件打断，如用户按下键盘按键、程序指令执行时发现语法错误无法编译、正在执行打印任务的打印机缺纸、用户程序通过网卡传输数据等，这时 CPU 会暂停当前程序，转去处理这些特殊事件，当特殊事件处理完毕后再返回来继续执行被暂停的程序。CPU 的这个工作过程称为发生**异常或中断**，这些特殊事件统称为**异常源或中断源**。发生中断时正在执行指令的下一条指令所在地址称为**断点**。计算机系统有相应的应对措施处理异常和中断，如异常情况下的程序出错甚至程序终止，也有一些功能的实现依赖于中断处理方式，如 I/O 设备的输入，程序主动触发的状态切换等。

本章主要介绍了计算机系统对异常和中断的处理，从异常和中断的概念及作用入手，列举了异常源和中断源的类型，叙述了异常和中断的响应过程，IA-32 CPU 的中断管理，8259A 中断控制器功能结构等。

6.1　异常和中断概述

6.1.1　异常和中断的基本概念

计算机系统产生异常或中断时，把当前正在执行的程序称为主程序，把转去处理特殊事件执行的程序称为**异常或中断服务子程序**。中断源向 CPU 发出的请求中断处理信号称为中断请求，而 CPU 收到中断请求后转到相应的事件处理程序的过程称为**中断响应**。主程序被打断且 CPU 转去执行异常或中断服务子程序时，会引起一个异常控制流，其处理过程如图 6-1 所示。该过程表明异常或中断发生时，正在运行的当前进程在内核态执行一个独立的指令序列，而不进行上下文切换不同进程。

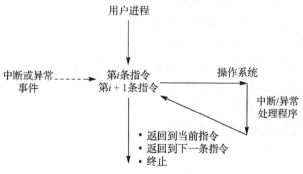

图 6-1　异常和中断的处理过程

不同计算机体系结构和不同教材对异常和中断这两个概念规定了不同的含义。例如，Power PC 体系结构用"异常"表示各种来自 CPU 内部和外部的意外事件，用"中断"表示正常程序执行控制流被打断这个概念。在 Randal E. Bryant 等编著的 *Computer System: A Programmer's Perspective* 中，用"异常"表示所有来自 CPU 内部和外部的意外事件的总称，同时"异常"也表示程序正常执行控制流被打断。而 Intel 架构系统把 CPU 内部产生的意外事件称为"异常"，CPU 的中断请求引脚接收到的中断请求称为"中断"。

在早期的 Intel 8086/8088 CPU 中，并不区分异常和中断，两者的处理过程和实现机制基本上是相同的，所以很多体系结构或教材中将两者统称为"中断"或统称为"异常"。在 IA-32 架构 CPU 中提供了异常和中断这两种打断程序正常执行的机制。中断是一种典型的由输入/输出设备触发的、与当前正在执行的指令无关的异步事件；异常是 CPU 执行一条指令时，由 CPU 在其内部检测到的、与正在执行的指令相关的同步事件。

一般程序中调用子程序以及返回操作与中断过程类似，也是一种程序的切换，但这种切换是编程时预先安排好的，并非响应随机事件的请求。编程时在特定的代码位置有意安排了子程序的一次调用，还需为此约定参数，不能随机插入主程序中，而中断和异常是随机发生的。两者存在以下显著差异。

（1）转入子程序的执行是由程序设计人员事先安排好的，中断服务程序的执行则是由随机的中断事件引起的调用。

（2）转入子程序的执行受到主程序或上层子程序的控制，中断服务程序一般与被中断的现行程序没有关系。

（3）不存在一个程序同时调用多个子程序的情况，却经常可能发生多个外设同时请求 CPU 为自己服务的情况。

6.1.2 异常和中断的分类

引起中断或异常的原因统称为中断源。一般系统都有多个中断源，常见的外部中断源有以下几种。

（1）输入/输出设备：键盘、鼠标、显示器、打印机、游戏机、音响、投影等。

（2）用户故障源：掉电、奇偶校验错误等。

（3）实时时钟：系统外部的定时电路等。

（4）数据通道：可移动磁盘、硬盘、光盘等。

产生于 CPU 内部的异常源有以下三种。

（1）CPU 运行结果：除数为 0、结果溢出、调试程序设置等。

（2）执行中断指令：INT 4、INT 21 等。

（3）非法操作或指令引起异常处理。

IA-32 架构中，异常和中断的分类如下。

1. 异常的分类

异常一般不是随机产生的中断，而是程序中以指令形式产生的中断，如陷阱指令、软件中断指令等，由它可以引出一段具有特定功能的程序。异常通常用于调出相应的管理程序进行软件调试、程序查错等。

Intel 将内部异常分为三类：**故障、陷阱和终止**。

（1）故障。故障是指在 CPU 执行指令过程中检测到的一类与指令执行相关的意外事件。例如，指令译码时出现非法操作码；取指令或数据时发生页故障（Page Fault）；执行除法指令时发现除数为 0 等。这种意外事件有些可以恢复，有些则不能恢复。

对于溢出和非法操作码等这类故障，因为无法通过异常处理程序恢复，所以不能回到被中断的程序继续执行，通常异常处理程序在屏幕上显示一个对话框告知发生了某种故障，然后调用内核中的 Abort 例程，以终止发生故障的当前进程。对于除数为 0 的情况，定点除法指令和浮点除法指令有不同的处理方式。对于整数除 0，会发生"整除 0"故障，通常利用调用 Abort 例程来终止当前用户进程；对于浮点数除 0，异常处理程序可以选择将指令执行结果用特殊的值（如*或 NaN）表示，然后返回到用户进程继续执行除法指令后面的一条指令。

（2）陷阱。陷阱指用户程序为调用内核函数或者使用硬件从而获得操作系统所提供的服务，从用户态运行模式陷入内核态运行模式，并把控制权转移给操作系统，也称为自陷或陷入。与故障等其他异常事件不同，陷阱是预先安排的一种异常事件，就像预先设定的陷阱一样。当执行到陷阱指令时，CPU 就调出特定的程序进行相应的处理，处理结束后返回到陷阱指令的下一条指令执行。

陷阱为用户程序和内核之间提供了一个像过程一样的接口，这个接口称为系统调用，用户程序利用这个接口可以方便地使用操作系统内核提供的一些服务。操作系统给每个服务编一个号，称为系统调用号，每个服务功能均通过一个对应的系统调用服务例程提供。例如，在 Linux 系统中，提供了创建子进程（Fork）、读文件（Read）、加载并运行新程序（Execve）等服务功能，其对应的服务功能 Fork、Read 和 Execve 的系统调用号分别是 1、3 和 11。

为了使用户程序在需要调用内核服务功能时能够从用户态转到对应的系统调用执行，CPU 会提供一个或多个特殊的系统调用指令，如 IA-32 CPU 中的 SYSENTER 指令、中断指令 INT n、MIPS CPU 中的 SYSCALL 指令等。这些系统调用指令均属于陷阱指令，CPU 通过一系列步骤自动调出内核中对应的系统调用服务例程去执行这些指令。此外，利用陷阱机制可以实现程序调试功能，包括设置断点和单步跟踪。

例如，在 IA-32 中，启用 CPU 的单步跟踪调试状态可以检查程序的运行情况，若将 CPU 状态标志 TF 和 IF 均置 1，则每条指令都被设置成陷阱指令，执行每条陷阱指令后，都会发生中断类型号为 1 的"调试"异常，从而转去执行特定的"单步跟踪处理程序"。该程序将当前指令执行的结果显示在屏幕上，供用户检查程序运行状态。单步跟踪处理过程中，CPU 会自动把标志寄存器内的数值压栈，然后将 TF 和 IF 都清零，以保证在单步跟踪处理程序执行过程中 CPU 能以正常方式工作。单步处理结束后，返回到断点处执行，再从栈中取出标志，以恢复 TF 和 IF 的值，使 CPU 回到单步跟踪状态，这样若下一条指令又是陷阱指令，则会继续被跟踪执行。如此下去，直到将 TF 和 IF 均清零为止。注意，对于单步跟踪这类陷阱，当陷阱指令是转移指令时，处理后不能返回到转移指令的下一条指令执行，而是返回到转移目标指令执行。

在 IA-32 中,用于程序调试的断点设置陷阱指令为 INT 3,对应机器码为 CCH,若调试程序在被调试程序某处设置了断点,则调试程序在此位置增加一条 INT 3 指令,当 CPU 执行该指令时,就会暂停当前被调试程序的运行,并发出一个"EXCEPTION_BREAKPOINT"异常,从而最终调出相应的调试程序来执行,执行结束后再回到设定断点的被调试程序执行。

(3)终止。若在执行指令过程中发生了严重错误,例如,控制器出现问题,访问 DRAM 或 SRAM 时发生校验错误等,则程序将无法继续执行,只能终止发生问题的进程,在有些严重的情况下,甚至要重启系统。显然,这种异常是随机发生的,无法确定发生异常的是哪条指令。

CPU 从硬件上提供一个逻辑信号线,该信号线有效时向外设表明 CPU 已经进入中断响应状态,外设可以在此时把中断类型号送给 CPU。这个逻辑信号线称为中断响应线。异常的中断类型号一般包含在指令中或隐含规定,执行时不响应总线周期,除单步中断外,其他异常均不能被禁止,且在服务某种异常时,不能再同时发生同种类型的异常。

2. 中断的分类

中断一般是随机产生的,是由外部输入/输出设备请求 CPU 进行处理的一种信号,它不是由当前执行的指令引起的,也不是程序事先安排好的。外部输入/输出设备通过特定的中断请求信号线向 CPU 提出中断申请,当这种中断发生后,由中断系统强迫 CPU 中止现行程序并转入中断服务子程序。CPU 在执行指令的过程中,每执行完一条指令就查看中断请求引脚,若中断请求引脚的信号有效,则进入中断响应周期。

Intel 将外部中断分成**可屏蔽中断**和**不可屏蔽中断**。

(1)可屏蔽中断。可屏蔽中断是指 CPU 内部能够"禁止"的中断,所谓"禁止"中断是指 CPU 拒绝响应中断请求,不允许打断正在执行的主程序。可屏蔽中断是 CPU 用来响应各种外部硬件中断的最常用方法,这通常是由 CPU 内部的状态标志寄存器中的中断允许标志 IF 控制的。

中断请求输入信号 INTR 为电平触发方式,在每条指令的最后一个时钟周期,CPU 采样 INTR 引脚,若 INTR=1(高电平),则 CPU 将根据中断允许标志 IF 的状态进行操作。中断允许标志 IF 可以用 STI(中断允许位置位)指令或 CLI(中断允许位复位)指令来设定。

若 IF=0(低电平),则表示 INTR 线上的中断请求被"禁止",CPU 将屏蔽该中断请求而继续运行主程序。

若 IF=1(高电平),则表示 INTR 线上的中断开放,CPU 在完成当前正在执行的指令后,响应 INTR 线上的中断请求。

CPU 通过在中断控制器中设置相应的控制字来选择是否屏蔽中断请求,若一个输入/输出设备的中断请求被屏蔽,则它的中断请求信号将不会被送入 CPU。

(2)不可屏蔽中断。不可屏蔽中断是指 CPU 内部不能"禁止"的中断。不可屏蔽中断通常是非常紧急的硬件故障，通过专门的不可屏蔽中断请求线向 CPU 发出中断请求，用来通知 CPU 发生了紧急事件，如电源掉电、存储器读/写出错、总线奇偶位出错等。这类中断请求信号一旦产生，任何情况下都不可以被屏蔽（无法禁止的），不受 CPU 内部的中断允许标志 IF 的屏蔽，而且立即被 CPU 锁存，以便让 CPU 快速处理这类紧急事件。通常这种情况下，中断服务程序会尽快保存系统中的重要信息，然后在屏幕上显示相应的消息或直接重启系统。

不可屏蔽中断的优先级比可屏蔽中断的优先级高。在 CPU 响应不可屏蔽中断时，不必由中断源提供中断类型码，也不需要执行总线周期的 INTA。在执行不可屏蔽中断服务过程中，CPU 不再为后面的中断请求或中断请求输入信号请求提供服务，直至执行中断返回指令（IRET）或 CPU 复位。若在为某个不可屏蔽中断服务的同时又出现新的请求，则 IF 位被清除，以禁止 INTR 引脚上产生的中断请求。

6.1.3　异常和中断的作用

为了解决快速的 CPU 与慢速的外设之间数据传输的矛盾，除不断提高外设的工作速度外，还需要不断完善中断系统。中断系统可以使 CPU 控制多个外设同时工作，极大地发挥 CPU 的高速性特点。

中断系统是衡量计算机性能的重要考察对象，其工作方式有效地提高了 CPU 的工作效率，许多用其他工作方式难以处理的操作往往可以通过中断系统得以解决。

1. 管理中/低速 I/O 操作，使 CPU 与外部设备并行工作

对于键盘这类中断设备，工作时会主动地向主机提出随机请求，编程时无法确定何时会有按键操作发生，若 CPU 以程序查询方式管理键盘，则持续查询会使 CPU 无法执行其他处理任务。采用中断方式进行管理，只有当按键操作产生中断请求时，CPU 才进行响应转入键盘中断服务程序，获取按键编码，并根据按键编码的要求做出相应处理，大大提高 CPU 的工作效率，并实现对键盘设备的有效管理。

对于打印机这类设备，有时是在特定位置安排的调用，有时又是随机发生的打印请求，采用中断管理模式，编写可并行执行的程序，将打印机中断服务程序作为一个独立模块，单独编写以便在响应中断时调用。当把准备好的打印信息送入主存的一个输出缓冲区后启动打印机，当打印机做好准备可以接收打印数据后，将提出中断请求，CPU 转入打印机中断服务程序，直至全部打印完毕。

中断方式适用于管理中/低速 I/O 操作，因为磁盘一类高速外设中也包含中/低速的机电型操作，如磁盘寻道等，所以对磁盘接口实现数据传输的同时，也可以采用中断方式用于寻道判别和结束处理等。

2. 具有处理应急故障事件的能力

计算机工作时可能产生各种故障，但故障出现的时间和种类显然是随机的，只能以中断方式处理。即预想有可能出现的故障类型，事先编成若干故障处理程序模块，一旦发生故障，提出中断请求，然后转向故障处理程序进行处理。

常见的硬件故障有掉电、校验出错、运算出错等。大多数计算机都有掉电处理和校验出错处理等功能。当电源检测电路发现电压不足或掉电时，提出中断请求，利用直流稳压电源滤波电容的短暂维持能力（毫秒级）进行必要的紧急处理。为确保主存的正常工作，CPU 设置存取 1 字节的数据位和该数据的奇偶校验位信息，当主存电路出现故障时，这些数据原有的奇偶性关系会被破坏，这时奇偶检测电路会产生中断请求信号。有些计算机具有运算出错判断能力，从而也可提出中断请求。

常见的软件故障有溢出、地址越界、使用非法指令等。在定点运算中，由于比例因子选择不当可能产生溢出，通过溢出判别逻辑可引发中断，在中断处理中修改比例因子，重新启动有关运算过程。在多道程序工作方式中，操作系统为各用户分配了存储空间，若某用户程序访存地址越界，则可由地址检查逻辑引发中断，提示用户修改。许多计算机将执行程序状态分为用户态和核心态，用户态执行用户程序，核心态执行系统管理程序。有少数指令是为编制系统管理程序专门设置的，称为特权指令。若用户程序误用这些特权指令，则这些指令称为非法指令，将引发故障中断。

3．可实现实时处理

实时处理是指在事件发生时计算机能及时地对其进行处理，实时程度视具体应用需要而定。这是计算机的一个重要应用领域，如巡回检测系统、各种生产过程的计算机控制系统，处理计算机部件损坏和计算过程中出现的错误等，都属于实时处理系统。实时处理需要广泛应用中断技术，其中断服务程序的数量甚至占应用程序的大部分。在实时控制系统中，通过设置实时时钟定时地向 CPU 发出中断请求。

4．可实现多处理机系统中的协调

在多台处理机系统和计算机网络中，各节点之间需要相互通信，以便交换信息或协同工作。当一个节点要与其他节点通信时，可通过中断方式向 0 标节点提出中断请求，对方接收请求后就转入中断服务程序，以实现相互通信。

5．可实现人工干预（人机对话）

应用计算机设备越来越强调良好的用户体验，其很大程度上取决于人机交互界面。用户通过键盘终端或其他设备向计算机输入命令和数据，主机则通过显示器等输出设备提供运行结果和有关状态。在信息检索系统中，计算机给出用户提问的提示和回答，或用显示器以菜单形式提供选项，或由计算机主动显示执行情况，为操作者提供干预能力等。这种交互式操作被形象地称为人机对话，其最大特点就是明显的随机性，用户随时的提问以及系统随时的应答，因此这种操作也以中断方式提出和处理。

6.2 异常和中断的响应

由于 CPU 架构不同，其各自定义所处理的异常和中断类型也不同，但不同的 CPU 和操作系统平台的基本工作原理都相同。CPU 从检测到异常或中断事件到调出相应的异常或中断处理程序开始执行，整个过程称为异常和中断的响应。

中断响应过程主要包括 3 个方面：外设发出中断请求信号给 CPU，即中断请求；CPU 对中断请求信号做出反应，即中断响应；CPU 执行对外设操作的子程序，即中断处理。

1. 中断请求

若外设通过充分的准备可以与 CPU 进行数据交换，则设置中断请求触发器有效；若中断屏蔽触发器状态标志 IF 为 1，则中断请求触发器输出的中断请求信号有效并会发给 CPU。请求信号产生后，通过中断请求线传送给主机。按照中断请求线的数目通常可分为单线中断、多线中断和多线多级中断。

2. 中断响应

CPU 在没有接到中断请求信号时，一直执行原来的程序（即主程序）。当 CPU 接到外设的中断请求信号时，能否马上去执行中断服务程序还要看中断的类型，若为非屏蔽中断请求，则 CPU 执行完当前指令，并且做好断点保护工作后即可去服务；若为可屏蔽中断请求，CPU 只能得到允许后才能去服务。CPU 响应可屏蔽中断申请必须满足的 3 个条件为无总线请求、CPU 被允许中断和 CPU 执行完现行指令。

3. 中断处理

中断处理过程是指从中断源发出中断请求开始，CPU 响应中断，现行程序中止进入中断服务子程序到执行完毕，CPU 返回断点，继续执行原来程序的整个过程。

当 CPU 在执行当前程序或任务（即用户进程）的第 i 条指令时，检测到一个异常事件，或在执行第 i 条指令后发现有一个中断请求信号，则 CPU 会中断当前用户进程，改变指令执行控制流而转到操作系统中的异常或中断处理程序执行。若异常或中断处理程序能够解决相应问题，则在异常或中断处理程序的最后，CPU 通过执行异常和中断返回指令回到被中断的用户进程的第 i 条或者第 $i+1$ 条指令继续执行；若在异常或中断处理程序中存在不可恢复的错误，则终止用户进程。通常情况下，对于异常和中断事件的具体处理过程全部由操作系统（包括驱动程序）软件来完成。一旦 CPU 响应中断，就可转入中断服务程序中。

中断服务程序结构如下：

```
CLI             ;关中断
PUSH  EAX       ;保护现场
  ⋮
PUSH  EBX
STI             ;开中断
  ⋮             ;中断处理
CLI             ;关中断
POP   EBX       ;恢复现场
  ⋮
POP   EAX
STI             ;开中断
IRET            ;中断返回
```

中断服务子程序从开始到结束可详细归纳为以下几个步骤。

（1）关中断。CPU 响应中断后，首先要关中断以保护程序的断点和现场（程序状态等），在此过程中，CPU 不响应更高级中断源的中断请求。对于电平触发的中断，当 CPU 响应中断后，若不关中断，则本次中断有可能会触发新的中断。另外，也会出现现场保存不完整的情况，在中断服务子程序结束后，不能正确地恢复并继续执行主程序的情况。CPU 通常通过将状态标志寄存器中的中断标志 IF 清零的方式来禁止自身响应新的可屏蔽中断和异常。

（2）保护现场。保护现场是将被中断时原程序的状态（如产生的各种标志信息和允许自陷标志等）和有关寄存器中的内容压入堆栈中保存，该过程由设置入栈操作指令 PUSH 完成。通常每个正在运行程序的状态信息称为程序状态字（PSW），存放在程序状态寄存器（PSWR）中。例如，在 IA-32 中，PSWR 就是标志寄存器（EFLAGS）。与断点一样，PSW 也要保存在栈或特定寄存器中，在异常返回时，将保存的 PSW 恢复到 PSWR 中。

保存断点是由 CPU 响应中断后在硬件驱动下自动完成的。CPU 响应中断时，自动完成寄存器 CS 和寄存器 IP 以及标志寄存器的保护，但主程序中使用的寄存器的保护则由用户根据使用情况而定。由于中断服务程序中也要用到某些寄存器，因此若不保护这些寄存器在中断前的内容，则中断服务程序会将其修改。这样，从中断服务程序返回主程序后，程序就有可能无法继续正确执行。

对于不同的异常事件，其返回地址不同。例如，缺页故障的断点是发生页故障的当前指令的地址；陷阱的断点则是陷阱指令后面一条指令的地址。显然，断点与异常类型有关。为了能在异常处理后正确返回到原中断程序处继续执行，数据通路必须能正确计算断点处的地址。假定计算出的断点地址存放在 PC 中，则保护断点时，只要将 PC 送到堆栈或特定的寄存器中即可。

为了能够支持异常或中断的嵌套处理，大多数 CPU 将断点保存在栈中，若系统不支持嵌套处理，则可以将断点保存在特定寄存器中，而不需要送到栈中保存，如 MIPS 利用 EPC 专门存放断点。显然，后者的 CPU 用于中断的开销较小，因为栈在存储器中，访问栈比访问寄存器所用的时间要长。

（3）判别中断源，并转入相应的中断服务子程序。这里需要判别中断源及同时发生多个中断时判断中断的优先级，并按照优先级顺序执行相应的中断程序，不同中断源的优先级事先在中断控制器中已经设置好。

（4）开中断。开中断是为了在执行中断服务子程序过程中响应更高级的中断请求，实现中断嵌套。CPU 接收并响应一个中断后会自动关闭中断，但在 CPU 正在处理当前中断时，有可能出现更优先的中断源发出中断请求信号给 CPU 的情况。此时，应停止对该中断的服务而转入优先级更高的中断处理，故需要再开中断，否则优先级高的中断源只有在优先级低的中断源的中断处理结束后才能得到响应。

（5）执行中断服务子程序。通过执行中断程序完成中断服务，对各种异常和中断情况的服务处理是中断过程的核心。

（6）关中断。中断服务子程序结束后，中断返回之前要恢复主程序断点处有关寄存器的数据，为保证顺利恢复现场，中断服务子程序结束后需要关中断以保证恢复现场的过程不被打断。

（7）恢复现场。恢复现场由设置出栈指令实现，该出栈过程应与前面的入栈过程对应。

在返回主程序前要将用户保护的寄存器中的内容从堆栈中弹出，以便返回主程序后继续正确执行主程序。恢复现场用 POP 出栈指令，堆栈为"先进后出"的数据结构，保护现场时寄存器的先入栈顺序要与出栈时的顺序相反。

（8）开中断。为了返回主程序后使 CPU 处于开中断状态，恢复现场后，返回断点前要开中断。此处的开中断对应 CPU 响应中断后自动关闭中断，使结束当前中断后 CPU 可以继续响应下一次中断。在返回主程序前，即中断服务程序的倒数第二条指令往往是开中断指令，最后一条是返回主程序指令 IRET。

6.3 IA-32 的 CPU 中断管理

IA-32 架构 CPU 支持实地址模式和保护模式两种运行模式。实地址模式兼容 8086CPU，系统上电后会处于该模式下。保护模式下，系统增加了全局描述符表结构，可以对主存和一些外围设备提供硬件级别保护。不同的工作模式对中断的管理方式不同。

6.3.1 中断向量表

中断向量表又称中断矢量表，是存放中断服务子程序入口地址（即中断向量）的表格。在实地址模式下，CPU 的中断响应根据中断源提供的中断类型号，查找中断向量表，获取中断向量，继而转去执行中断处理。中断向量表存放在存储器的最低端，即主存地址为 0～1023 的存储单元中，共 1024 字节，固定在地址范围是 00000H～003FFH 的主存区域内。每 4 字节存放一个中断服务子程序的入口地址，整个中断向量表可以驱动 256 个中断源，每个异常或中断都有唯一的编号，对应中断类型码为 0～255，即**中断类型号**（也称向量号）。例如，类型 0 为除法错，类型 2 为 NMI 中断，类型 4 为溢出故障，类型 14 为缺页等。

中断向量表中较高地址的 2 个字节存储单元中存放中断程序入口地址的段基址，较低地址的 2 个字节存储单元中存放入口地址的段内偏移量，这 4 个字节存储单元的最低地址称为向量地址，其值为对应的中断类型码乘 4。当 CPU 响应中断请求时，向中断控制器发送批准信号（INTA），并由数据总线从中断控制器取回被批准请求源的中断类型码，然后乘以 4，形成向量地址并访问主存，从中断向量表中读取服务程序入口地址，再转向服务程序。异常是由指令给出中断号（即中断类型码 n）的，而外部中断是由某个中断请求信号 IRQ 引起的，经中断控制器转换为中断类型码 n。若中断类型码为 0，则从地址为 0 的存储单元开始，连续读取 4 字节的入口地址；若中断类型码为 1，则从地址 4～7 存储单元读取其入口地址。实地址模式下，系统中断向量表在主存中的地址如图 6-2 所示。

（1）专用的 5 个（中断类型号 0～4）中断是 IA-32 系统中统一规定的中断类型。

（2）保留的 27 个（中断类型号 5～31）中断是系统的管理调用或为系统开发所保留的中断类型。

（3）供用户自定义的 224 个（中断类型号 32～255）中断是用户可任意使用的，这里的用户是指机器硬件的用户，实际上就是操作系统。

从类型号 32 开始，其中断类型可以是双字节 INT n 指令中断，也可以是 INTR 的硬件中断。表 6-1 列举了 IA-32 系统的异常和中断类型。

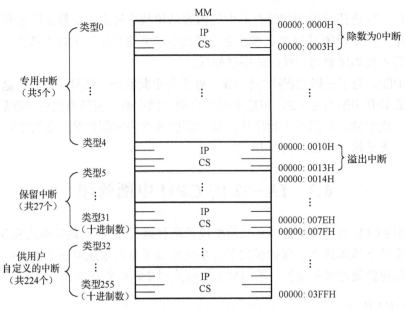

图 6-2　实地址模式下中断向量表

表 6-1　IA-32 系统的异常和中断类型

类型号	助记符	含义描述	起因或事件源
0	#DE	除法出错	DIV 指令和 IDIV 指令
1	#DB	单步跟踪	任何指令和数据引用
2		NMI 中断	不可屏蔽外部中断
3	#BP	断点	INT 3 指令
4	#OF	溢出	INTO 指令
5	#BR	边界检测（BOUDN）	BOUND 指令
6	#UD	无效操作码	不存在指令操作码
7	#NM	协助 CPU 不存在	浮点或 WAIT/FWAIT 指令
8	#DF	双重故障	处理一个异常时发生另一个异常
9	#MF	协助 CPU 段越界	浮点指令
10	#TS	无效 TSS	任务切换访问 TSS
11	#NP	段不存在	装入段寄存器或访问寄存器
12	#SS	栈段出错	栈操作和装入 SS 段寄存器
13	#GP	一般性保护出错（GPF）	存储器引用和其他保护检查
14	#PF	页故障	存储器引用
15	/	保留	/
16	#MF	浮点错误	浮点或 WAIT/FWAIT 指令
17	#AC	对齐检测	存储器数据引用
18	#MC	机器检测异常	与具体型号有关
19	#XM	SIMD 浮点异常	SIMD 浮点指令
20～31	/	保留	/
32～255	/	可屏蔽中断和软中断	INTR 中断或 INT n 指令

　　CPU 在响应中断的过程中，先将断点的 CS 和 IP 中的数值分别压入堆栈中，然后将中

断向量表中相应中断类型号的 4 字节地址内容存入 IP 和 CS 中，使控制转入中断过程。

专为 IBM 计算机开发的基本输入/输出系统（BIOS）中断调用占用 10H～1AH 共 11 个中断类型号，如 INT 10H 为屏幕显示调用，INT 13H 为磁盘输入/输出调用，INT 16H 为键盘输入调用，INT 1AH 为时钟调用等，这就是双字节指令中断。DOS 中断占用 20H～3FH 共 32 个中断类型号（其中，A0～BBH 和 30H～3FH 为 DOS 保留类型号），如 DOS 系统功能调用（INT 21H）主要用于对磁盘文件的存储管理。这些中断为用户提供直接与输入/输出设备交换信息又不必了解设备硬件接口的一系列子程序。

对于系统定义的中断，如 BIOS 中断调用和 DOS 中断调用，在系统引导时就自动完成了中断向量表中的中断向量的装入，即中断类型号对应中断服务子程序入口地址的设置。而对于用户定义的中断调用，除设计好中断服务子程序外，还必须把中断服务子程序入口地址放置到与中断类型号相应的中断向量表中。

6.3.2　IA-32 的中断描述符表

在保护模式下，IA-32 系统并不像实地址模式那样将异常处理程序或中断服务程序的入口地址直接填入 00000H ～003FFH 存储区中，而是借助中断描述符表来获得入口地址。因为由 4 字节表项构成的中断向量表无法完整描述地址信息，除了 2 字节的段描述符用来指示异常处理程序或中断服务程序在全局描述符表（**Global Descriptor Table，GDT**）中的位置，偏移量给出程序第一条指令所在的偏移地址，还要反映模式切换的信息。因此在保护模式下，中断向量表中的表项由 8 字节组成，对应表 6-1 中的 256 个异常和中断，共占用 $256 \times 8B = 2KB$ 存储空间。中断向量表也改称为**中断描述符表（Interrupt Descriptor Table，IDT）**。IDT 与 IDTR（**Interrupt Descriptor Table Register，中断描述符表寄存器**）的关系如图 6-3 所示。

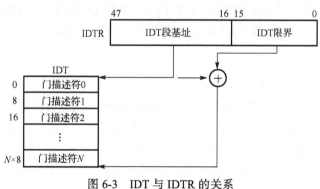

图 6-3　IDT 与 IDTR 的关系

其中，每个表项均称为一个门描述符（Gate Descriptor），"门"的含义是当中断发生时必须先通过这些门，然后才能进入相应的处理程序。主要门的具体描述符如下。

1．中断门（Interrupt Gate）

中断门的类型码为 110，中断门包含一个中断或异常处理程序所在段的选择符和段内偏移量。当控制权通过中断门进入中断处理程序时，CPU 清 IF 标志，即关中断，避免嵌套中断的发生。由于中断门中的描述符优先级（Descriptor Privilege Level，DPL）为 0，因此用户态的进程不能访问 Intel 的中断门。所有的中断处理程序都由中断门激活，并全部限制在内核态。中断门描述符格式如图 6-4 所示。

图 6-4　中断门描述符格式

2．陷阱门（Trap Gate）

陷阱门的类型码为 111，与中断门作用类似，其唯一的区别是：控制权通过陷阱门进入处理程序时维持 IF 标志不变，即期间不关中断。也就是说，外部中断不支持嵌套处理，而内部异常支持嵌套处理。因为异常与中断对应的处理程序都属于内核代码段，所以所有中断门和陷阱门的段选择符都指向 GDT 中的"内核代码段"描述符。陷阱门描述符格式如图 6-5 所示。

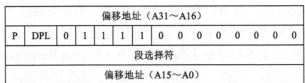

图 6-5　陷阱门描述符格式

3．系统门（System Gate）

系统门是 Linux 内核特别设置的，用来让用户态的进程访问 Intel 的陷阱门，因此，门描述符的 DPL 为 3。通过系统门来激活 4 个 Linux 异常处理程序，它们的向量分别是 3、5 及 128，也就是说，在用户态下，可以使用 INT 3、INT 0、BOUND 及 INT 80H 共 4 条汇编指令。

4．任务门（Task Gate）

任务门的类型码为 101，描述符中不包含偏移地址，只包含任务状态段（Task Status Segment，TSS）段选择符，将 TSS 本身作为一个段来对待，因此，任务门不包含某个入口函数的地址。这个段选择符指向 GDT 中的一个 TSS 段描述符，CPU 根据 TSS 中的相关信息装载 EIP 和 ESP 等寄存器，从而执行相应的异常处理程序。TSS 是 Intel 所提供的任务切换机制。任务门描述符格式如图 6-6 所示。

图 6-6　任务门描述符格式

在保护模式下，IDT 可以驻留在线性地址空间的任何地方，位置不再限于从地址为 0 开始。为此，CPU 中增设了一个 48 位的 IDTR，用来存放 IDT 在主存的起始地址，以便定位 IDT 的位置，其低 16 位保存 IDT 的大小，高 32 位保存 IDT 的段基址。

指令 LIDT 和指令 SIDT 分别用于加载和保存 IDTR 中的内容。指令 LIDT 把在主存中的限长值和段基址操作数加载到 IDTR 中。该指令仅能由当前特权级（Current Privilege Level，CPL）是 0 的代码执行，通常被用于创建 IDT 时的操作系统初始化代码中。指令 SIDT 用于把 IDTR 中的段基址和限长内容复制到主存中，该指令可在任何特权级上执行。若中断或异常向量引用的描述符超过了 IDT 的界限，则 CPU 会产生一个一般保护异常。

保护模式下的中断处理模式如图 6-7 所示。当中断和异常发生时，CPU 用中断类型号乘以 8 的结果借助 IDTR 去访问 IDT，从中获取对应的中断描述符或者陷阱描述符。找到相应的描述符后，中断门和陷阱门中有目标代码段选择子，以及段内偏移量。从而找到 GDT 或者 LDT 中的代码段描述符，就可以从代码段描述符中取出对应的代码段的段基址与段内偏移量，从而取得具体的中断处理过程的代码。

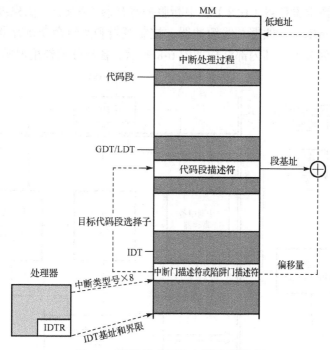

图 6-7　保护模式下的中断处理模式

6.4* 8259A 中断控制器

8259A 是一种可编程中断控制器（Programmable Interrupt Controller，PIC），它是用于系统中断管理的专用芯片，在 IBM 系列机中大多使用了 8259A，但从 Intel 80386 开始，8259A 都集成在了外围控制芯片中。

6.4.1　8259A 的功能

在总线控制器作用下，8259A 可以处于初始化编程状态和工作状态下，相应的功能如下。

（1）具有 8 级优先权。一片 8259A 有 8 个中断引脚，能管理 8 级中断，并把当前优先级最高的中断请求送到 CPU 的 INTR 端。

（2）具有中断判优逻辑功能，且可通过编程屏蔽或开放接于 8259A 上的任意一个中断源，或者通过编程改变中断类型码。

（3）在中断响应周期内，8259A 能自动向 CPU 提供响应的中断类型码。

（4）可扩展中断源数量，在不增加任何其他电路的情况下允许 9 片 8259A 级联，构成 64 级中断系统。

（5）可通过编程选择 8259A 的不同工作方式。

6.4.2　8259A 的内部结构

8259A 由中断请求寄存器（IRR）、中断服务寄存器（ISR）、优先级分析器（PR）、中断屏蔽寄存器（IMR）、数据总线缓冲器、控制逻辑和两组命令寄存器及辅助电路等组成，每个寄存器均为 8 位，其内部结构如图 6-8 所示。各部分的作用说明如下。

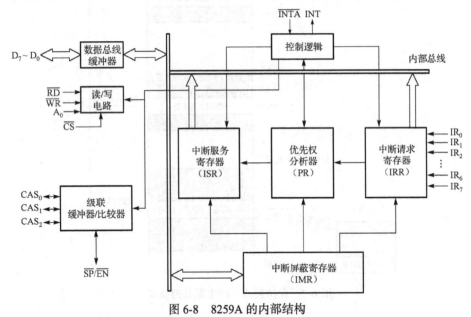

图 6-8　8259A 的内部结构

1．中断请求寄存器（IRR）

由于每个中断事件发生时向 CPU 发出的中断请求都是随机的，因此为了记录中断或异常事件的发生，一般为中断源设置一个触发器，称为**中断请求触发器**。该触发器用于寄存所有要求服务的中断请求。IRR 有 8 位（$D_0 \sim D_7$）用作中断请求触发器，该触发器接收并锁存来自 $IR_0 \sim IR_7$ 的 8 根中断请求输入线上传来的中断请求信号，$D_0 \sim D_7$ 与中断请求信号

$IR_0 \sim IR_7$ 对应。当某个中断源有中断请求时，$IR_0 \sim IR_7$ 中的任意一根线的信号上升为高电平，则 IRR 中相应的位置 "1"，即记录当前的中断请求，表示该中断源向 CPU 发出中断请求信号。从本质上讲，它是把外设的状态信号保存在一个触发器中作为中断信号。当同一时刻有多个中断请求到达时，IRR 可同时将多个对应位置 1，构成一个中断字。CPU 在对 8259A 的中断请求（INT）进行响应时，会连续返回两个中断响应信号，产生两个中断响应总线周期，第一个中断响应信号到达后，IRR 锁存功能失效，不接收 $IR_0 \sim IR_7$ 上的任何中断请求信号。若 8259A 决定令 IR_i 得到响应，则会将对应的 D_i 清除，直到第二个中断响应脉冲结束后，IRR 锁存功能会恢复。

2. 中断服务寄存器（ISR）

ISR 用于寄存所有正在被服务的中断级。ISR 的引脚 $IS_0 \sim IS_7$ 与中断请求信号 $IR_0 \sim IR_7$ 对应。第一个中断响应脉冲到达后，若 8259A 决定令 IR_i 得到响应，则会将对应的 IS_i（$i=0 \sim 7$）置 1，表示 IR_i 正在被服务，IS_i 置 1 可阻止与其同级或更低优先级的中断请求被响应，但不能阻止比其优先级高的中断请求被响应，即允许中断嵌套。因此，ISR 中可能不止一位被置 1。

IS_i 的复位则由 8259A 中断结束方式决定。若 8259A 被设置为自动结束方式，则 IS_i 会在第二个中断响应脉冲的后沿被自动复位为 0；若 8259A 被设置为非自动结束方式，则 D_i 应由其对应的中断服务程序发送来的中断结束命令（EOI）复位。

3. 中断屏蔽寄存器（IMR）

IMR 用于存放中断屏蔽码，同时存放与中断请求信号引脚 $IR_0 \sim IR_7$ 对应的中断屏蔽标志，中断屏蔽触发器的功能是决定中断请求触发器的输出信号是否可以作为中断请求信号发送给 CPU，其作用如图 6-9 所示。寄存器中的内容通过编程由 CPU 设置。当 CPU 当前执行的程序不允许被中断时，会通过对输出接口的操作使这个中断屏蔽触发器复位，不接收某个外接设备输送的中断请求信号，中断请求触发器的信号即不会通过与门发送给 CPU。若 CPU 通过对输出接口的操作使中断屏蔽触发器置 1，则中断请求触发器的信号就可以作为有效的中断请求信号送给 CPU。

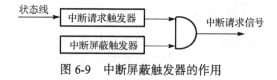

图 6-9　中断屏蔽触发器的作用

4. 优先级分析器（PR）

PR 用于确定 IRR 中各个中断信号的优先级。$IR_0 \sim IR_7$ 的优先级可通过对 8259A 的编程设定。当 IRR 中有中断请求信号并将其置位时，PR 就选出其中的最高优先级，并使 CPU 响应中断请求。当返回第一个脉冲时，把最高优先级存放到 ISR 的相应位置。优先权判决器将 IRR 中记录的当前中断请求与 ISR 中记录的 CPU 正在服务的中断按中断优先级排序并进行比较，若 IRR 中的最高优先级高于 ISR 中的最高优先级，则由中断控制逻辑向 CPU 发出中断请求信号（INT），使 CPU 暂停当前的中断服务，转而响应 IRR 中最高优先级，即进行中断嵌套；否则 8259A 不向 CPU 发出 INT，CPU 继续当前的工作。

5．控制逻辑

控制逻辑的作用是根据 CPU 对 8259A 编程设定的工作方式产生 8259A 内部控制信号的，并在适当情况下，向 CPU 发出中断请求信号（INT）和接收来自 CPU 的中断响应信号（INTA），控制 8259A 进入中断管理状态。

6．数据总线缓冲器

数据总线缓冲器为三态寄存器、双向寄存器、8 位寄存器。数据线 $D_7 \sim D_0$ 与 CPU 系统数据总线连接，构成 CPU 与 8259A 之间信息传送的通道，以便编程时由 CPU 对 8259A 写入控制字或者读取状态字，或者中断响应时由 CPU 读取中断向量号。

7．读/写电路

读/写电路用于接收 CPU 的读/写命令，一方面把来自 CPU 初始化命令字 ICW 和操作命令字 OCW 存入 8259A 内部相应的端口寄存器中，用于规定 8259A 的工作方式和控制模式；另一方面也可使 CPU 通过读/写电路读出 8259A 内部有关端口寄存器的状态信息。8259A 读/写电路的引脚功能如表 6-2 所示。

表 6-2　8259A 读/写电路的引脚功能

符号	名称	功能说明
$\overline{CS}$	片选线	$\overline{CS}=0$，芯片被选中，允许 CPU 读/写。一般由高位地址线译码得到
$\overline{WR}$	写线	$\overline{WR}=0$，允许 CPU 把命令字（ICW 和 OCW）写入相应命令寄存器中
$\overline{RD}$	读线	$\overline{RD}=0$，允许 CPU 读取 IRR、ISR、IMR 三个寄存器或中断级的 BCD 码
A_0	端口选择线	用于片内端口选择。一般可直接接到地址总线的 A_0 位或其他位

8．级联缓冲器/比较器

级联缓冲器/比较器用于提供多片 8259A 的管理和选择功能，以实现将优先中断等级最多扩展到 64 级。多片连接时，一个为主控芯片（主片），其余为从属芯片（从片）。8259A 既可以工作在单片方式下，又可以工作在多片级联方式下。

6.4.3　中断源识别与中断优先级

当 CPU 响应异常或中断请求信号时，需要判定是哪个中断源发出的中断请求信号，只有正确地确定中断源，CPU 才能转到相应的中断服务程序为其服务。这里确定中断源的方法被称为**中断源识别或中断方式**。当多个异常或中断请求信号同时发送给 CPU，或者 CPU 正在执行某个中断，又有其他外设发出中断请求信号给 CPU 时，中断系统应如何识别并处理该信号，下面给出解决该问题的方案。

1．中断源识别

内部异常事件的识别很简单。因为大多数异常事件与 CPU 正在执行的程序有关，只要 CPU 在执行指令时把检测到的事件对应的异常类型号或标志异常类型的信息记录到特定的内部寄存器中即可。

外部中断源输入/输出的识别比较复杂。由于外部中断的发生与 CPU 正在执行的指令没有必然联系，并且相对于指令来说，外部中断是随机的，因此并不能根据指令执行过程中的某些现象来判断是否发生了中断请求。对于外部中断，只能在每条指令执行完成后，取下一条指令之前去查询是否有中断请求。通常 CPU 通过采样对应的中断请求引脚（如 Intel CPU 的 INTR）来进行查询。若发现中断请求引脚有效，则说明有中断请求，但是，到底是哪个设备发出的请求，还需要进一步识别。通常是由 CPU 外部的中断控制器根据输入/输出设备的中断请求和中断屏蔽情况，并结合中断响应优先级来识别当前请求的中断类型号的，然后通过数据总线将中断类型号送到 CPU 中。

异常源和中断源识别可以采用查询识别或矢量中断两种方式。

（1）查询识别。操作系统使用一个统一的异常或中断查询程序，CPU 设置一个专用寄存器来保存一些标志异常原因或中断类型的信息，查询程序通过查询 CPU 中的该寄存器状态值识别中断源。该程序遵循设定好的优先级顺序查询，然后转到内核中相应的异常处理程序或中断服务程序进行具体的处理。

（2）矢量中断。对中断源识别最快的方法是矢量中断。外部设备不仅给 CPU 提供中断请求信号，而且还为其提供一个中断类型号。CPU 响应外设中断请求并根据中断类型号自动找到相应的中断程序的入口地址，从当前正在执行的主程序转移到相应的中断服务子程序上。在中断理论中，这种确定中断源的方法称为矢量中断。

2．中断优先级

在一个计算机系统中，常常会遇到多个中断源同时申请中断的情况。这时，CPU 必须确定首先为哪一个中断源服务以及服务的顺序。当 CPU 已在中断处理状态时，若另一个外设又发出了中断请求信号，则这时 CPU 必须确定是否中断当前的中断处理程序而接收更需要紧急处理的中断。当有多个中断同时发生时，CPU 对中断源响应的顺序（即解决中断的优先排队问题）称为"**中断优先级**"或"**中断优先权**"。

确定中断优先级的原则是：对那些一旦提出请求需要立刻响应处理否则就会造成严重后果的中断源，规定最高的优先级，而对那些可以延迟响应处理的中断源规定较低的优先级。一般把硬件故障引起的中断优先级设为最高，其次是软件故障中断和输入/输出中断。其中，软件故障的中断优先级顺序从高到低分别为内部中断（除法错中断、溢出中断、中断指令 INT n）、NMI、INTR、单步中断。确定中断优先级的方法有以下几种。

（1）软件查询。软件查询即中断源识别方法中的查询识别，通过查询软件并借助简单的硬件电路把系统中的多个设备的中断请求信号进行逻辑运算，从而产生一个总的中断请求信号并送给 CPU。同时，将中断请求信号对应 CPU 内的一个专用状态寄存器，其中，每位均标志一个设备的请求情况。CPU 在中断服务子程序中，读入状态寄存器的值，并用带优先级的查询程序分别处理各请求设备。其中断优先级由查询顺序决定，即先被查询的中断源具有高的中断优先级。使用这种方法需要设置一个中断请求信号的锁存接口，将每个申请中断的请求情况保存下来，以便查询并可对还没有服务的中断请求做一个备忘录。软件查询的好处在于可以通过软件修改来改变中断优先级。

对于一个有 4 个中断源的中断查询接口电路，其查询程序如下。

```
IN  AL, INPORT        ; 从输入接口取中断信息
```

```
        TEST  AL, 80H      ；检测是否是 0 号设备请求
        JNZ   SEVERCE0     ；若是 0 号设备请求，则转到 0 号设备中断请求服务程序
        TEST  AL, 40H      ；检测是否是 1 号设备请求
        JNZ   SEVERCE1     ；若是 1 号设备请求，则转到 1 号设备中断请求服务程序
        TEST  AL, 20H      ；检测是否是 2 号设备请求
        JNZ   SEVERCE2     ；若是 2 号设备请求，则转到 2 号设备中断请求服务程序
        TEST  AL, 10H      ；检测是否是 3 号设备请求
        JNZ   SEVERCE3     ；若是 3 号设备请求，则转到 3 号设备中断请求服务程序
```

其中，0 号设备具有最高优先权，3 号设备具有最低优先权，只要改变查询顺序就可令 3 号设备具有最高优先权，而不必更改硬件。

对于优先级别高的中断源，CPU 首先对其进行查询，很快就可以转移到相应的中断服务子程序上，中断反应快。但对于优先级低的中断，即使当前没有其他高级别的中断源的中断，CPU 也要从优先级高的中断源到优先级低的中断源逐一进行查询，由于优先级相对低的中断源的查询语句被安排在查询程序段的后面，所以 CPU 可能会花较长时间才能转移到相应的中断服务程序上去，其中断反应较慢，优先级别低的中断响应得不到实时处理。软件查询方式通常只适用于低速的小型系统中，更多时候它是作为硬件判优逻辑的一种软件补充手段。

（2）简单硬件方式。在每个外设对应的接口电路上均连接一个简单的逻辑电路，以便根据优先级顺序来传递或截留 CPU 发出的中断响应信号（INTA），以实现响应中断的优先顺序。这些逻辑电路构成一个链式结构，称为菊花链。菊花链优先级排队电路是一种优先级管理的简单硬件方案。

（3）专用硬件。在 IA-32 系统中，具有中断控制器，CPU 的 INTR 引脚和 INTA 引脚不再直接与接口电路相连，而是与中断控制器相连。外设接口电路的中断请求信号连至中断控制器的输入端，由中断控制器向 CPU 提出中断请求。在有多个中断源的系统中，控制器接收外部中断请求信号后，先进行判断，选中当前优先级最高的中断请求，再将此请求送到 CPU 的 INTR 端，当 CPU 响应中断并进入中断子程序的处理过程后，中断控制器仍负责管理外部中断请求。

6.4.4 8259A 的工作方式

8259A 的中断管理功能很强，具有中断屏蔽、中断优先级控制、级联工作、中断嵌套、中断结束、连接系统总线和中断请求等多种中断管理方式。

1．中断屏蔽方式

中断屏蔽方式是对 8259A 的中断请求 $IR_0 \sim IR_7$ 进行屏蔽的一种中断管理方式，分为普通屏蔽方式和特殊屏蔽方式两种。

（1）普通屏蔽方式。普通屏蔽方式是通过 8259A 的中断屏蔽寄存器（IMR）来实现屏蔽中断请求 IR_i 的。通过编程写入操作命令字（OCW_1），将 IMR 中的 IM_i 位置 1，以实现对相应的 IR_i（$i=0 \sim 7$）中断请求的屏蔽。一旦 IR_i 被屏蔽，它就不可能被 8259A 响应。

（2）特殊屏蔽方式。在一些特殊情况下，通常希望正在被 CPU 服务的中断能够被更低优先级的中断请求打断。每当一个中断请求被响应时，8259A 会使该中断对应的 ISR 位置

1，只要 CPU 没有对该中断发出中断结束命令（EOI），8259A 就会禁止所有比它优先级低的中断请求进入。若 8259A 工作在特殊屏蔽方式下，并且使 IMR 的某位置 1，则会同时使 ISR 的对应位自动复位。这样就可以使更低优先级的中断请求进入，当然未被屏蔽的更高优先级的中断请求也可以进入。

2．中断优先级控制方式

一般情况下，8259A 总是响应优先级最高的中断请求，而且使 CPU 暂停对低优先级中断的服务，转而服务高优先级的中断。8259A 的中断优先方式分为以下两种。

（1）固定优先级方式。在固定优先级方式中，$IR_0 \sim IR_7$ 的中断优先级是固定不变的，除非通过编程重新设置其优先级别。8259A 在通电后就工作在固定优先级方式下，刚通电时，$IR_0 \sim IR_7$ 默认的优先级顺序是 IR_0，IR_1，IR_2，…，IR_7，其中 IR_0 的优先级最高，IR_7 的优先级最低。该方式用于系统中多个中断源优先级相等的场合。

（2）自动循环优先级方式。在自动循环优先级方式中，$IR_0 \sim IR_7$ 优先级是可以改变的，其变化规律是：当某个中断请求的服务结束后，它的优先级自动降为最低，原来比它低一级的中断则变为最高级，$IR_0 \sim IR_7$ 的优先级按右循环方式改变。例如，若初始优先级从高到低依次为 IR_0，IR_1，IR_2，…，IR_7，此时若 IR_4 和 IR_6 同时发出中断请求，则先服务 IR_4。在 IR_4 被服务后，它的优先级自动降为最低，IR_5 具有最高优先级，这时中断优先级顺序变为 IR_5，IR_6，IR_7，IR_0，IR_1，IR_2，IR_3，IR_4。这种优先级管理方式使 8 个中断请求都可以享受同等优先服务的权利。

除此自动循环优先级方式外，还可以通过编程人为地将某个中断请求的优先级降为最低，而其他中断请求的优先级也随之改变，以后随着中断的产生，它们的优先级顺序将按右循环方式自动改变。例如，通过编程将 IR_4 的优先级降为最低后，$IR_7 \sim IR_0$ 的优先级顺序变为 IR_5，IR_6，IR_7，IR_0，IR_1，IR_2，IR_3，IR_4。

3．级联工作方式

当中断源超过 8 个时，即超过了一片 8259A 芯片的管理能力时，这时可采用 8259A 的级联工作方式。指定一片 8259A 为主片，它的 INT 输出端接到 CPU 的 INT 输入端，而其余的 8259A 芯片均作为从片，其 INT 输出端分别接到主片的不同 IR 的输入端。由于 8259A 有 8 个 IR 输入端，因此一个主片可连接 8 个从片，最多允许有 64 个 IR 中断请求输入。

在级联系统中，主片和从片都有独立的地址，而且需分别进行初始化编程来设置各自的初始工作方式。若中断请求来自从片，则该请求将通过从片的 INT 输出端传给主片，一旦该请求被主片响应，主片就会通过 $CAS_2 \sim CAS_0$ 来通知相应的从片，而从片可把该中断请求对应的中断类型码放到数据总线上，使该中断请求得到 CPU 的服务。

4．中断嵌套方式

无论是固定优先级方式还是自动循环优先级方式，它们都允许中断嵌套，即允许更高优先级的中断请求打断 CPU 当前的中断服务过程，使 CPU 转而为更高优先级的中断请求服务。8259A 允许以下两种嵌套方式。

（1）普通全嵌套方式。普通全嵌套方式是 8259A 最常用的工作方式，简称为全嵌套方式，它是 8259A 初始化后默认的工作方式。其特点是，在 CPU 进行中断服务时，若有新的中断请求到来，则 8259A 只允许比当前服务的中断请求的优先级高的中断请求进入，而不允许同级或低级的中断请求进入。

（2）特殊全嵌套方式。特殊全嵌套方式是 8259A 在多片级联方式下使用的一种嵌套方式。其特点是，在 CPU 进行中断服务时，8259A 除允许更高优先级的中断请求进入外，还允许同级中断请求进入，从而实现了对同级中断请求的特殊嵌套。

在级联方式下，主片通常设置为特殊全嵌套方式，从片设置为普通全嵌套方式。这样设置的优点在于：当从片的某个中断请求得到响应并进入中断服务期间后，来自该从片的更高级的中断请求仍能被主片响应。这是因为从片的所有中断请求都是通过同一个 IR_i 引入主片的，对主片来说，来自从片的所有中断请求都属于同级，而特殊全嵌套方式允许同级的中断请求进入，因此主片能响应来自从片的更高级的中断请求。

5．中断结束方式

当一个中断请求 IR_i 得到响应时，8259A 会将其对应的 ISR 位置 1，CPU 服务完该中断后，应及时清除其对应的 ISR 位，否则意味着 CPU 仍在为该中断服务，导致比它优先级低的中断请求无法进入。8259A 提供了以下三种中断结束方式。

（1）自动结束方式。在自动结束方式下，刚被响应的中断请求对应的 ISR 位会在第二个中断响应脉冲的后沿被复位，这种中断服务结束方式是由硬件自动完成的。需要注意的是，尽管中断请求对应的 ISR 位被清除，但其中断服务程序并不一定真正结束，若在中断服务程序的执行过程中有另外一个比其优先级低的请求信号到来，并且因 8259A 没有保存任何标志来表示当前中断服务尚未结束，进而导致低优先级中断请求进入，则会打断当前中断服务程序的执行。因此这种方式只适合用在没有中断嵌套的场合。

（2）普通结束方式。普通结束方式不指定需要复位的 ISR 位。收到命令后，8259A 会清除 ISR 中已置 1 的优先级最高的那一位。在普通全嵌套方式下，CPU 正在服务的中断请只会被优先级更高的中断请求打断，因此当前结束的中断必定是所有正在服务的中断中优先级最高的，它对应着 ISR 中已置 1 的优先级最高的那一位，因此普通结束方式适用于普通全嵌套方式下的中断结束。

（3）特殊结束方式。特殊结束方式要求中断服务程序在结束前向 8259A 写入一个包含特殊 EOI 命令的操作命令字（OCW_2），该命令要指定需复位的 ISR 位。由于在特殊 EOI 命令中明确指出了复位 ISR 中的哪一位，因此该命令可以用于普通全嵌套方式下的中断结束，更适用于优先级嵌套结构有可能遭到破坏的特殊全嵌套下的中断结束。

6．连接系统总线方式

8259A 数据线与系统数据总线的连接方式分别缓冲方式和非缓冲方式。

（1）缓冲方式。一般在多片 8259A 级联的系统中，使 8259A 通过总线驱动器和系统数据总线连接，这时选择缓冲方式。当设置为缓冲方式后，$\overline{SP}/\overline{EN}$ 为输出引脚。在 8259A 向 CPU 传送中断类型码时，$\overline{SP}/\overline{EN}$ 输出一个低电平，用此信号作为总线驱动器的启动信号。

（2）非缓冲方式。若 8259A 的片数较少，并且数据线可以与系统数据总线直接相连，则此时选择非缓冲方式。在该方式下，$\overline{SP}/\overline{EN}$ 作为输入端设置，主片应接高电平，从片应接低电平。

7. 中断请求方式

中断请求方式即 IR 线上有效请求信号的形式，中断请求输入端 $IR_0\sim IR_7$ 可采用的中断触发方式有电平触发和边沿触发两种，由初始化命令字 ICW_1 中的 LTIM 位来设定 8259A，并将 IR 线上的高电平作为有效的中断请求信号。

（1）电平触发方式。当 LTIM 设置为 1 时，为电平触发方式。当 8259A 检测到 IR_i（$i=0\sim 7$）端有高电平时就认为有外设提出中断请求，产生中断并使 IRR 的相应位置 1。若采用该触发方式，则中断请求信号在被响应后应及时撤除，以防止在中断处理程序发出中断结束命令（EOI）并开放中断（STI）后或在中断处理程序结束后，引发不该有的第二次中断。电平触发方式提供了重复产生的中断，用于需要连续执行子程序直到中断请求 IR 变为低电平的情况。

（2）边沿触发方式。当 LTIM 设置为 0 时，为边沿触发方式。当 8259A 检测到 IR_i 端有由低到高的跳变信号时，产生中断，即 IR 线上的上升沿作为有效的中断请求信号。

无论采用哪种中断请求方式，中断请求信号都应维持足够的宽度，即在第一个中断响应信号到达前，中断请求信号必须保持高电平。

6.4.5 8259A 的工作过程

8259A 对外部中断的处理过程分为以下 5 个步骤。

（1）中断源通过 $IR_0\sim IR_7$ 向 8259A 发出中断请求，使得 8259A 的 IRR 的相应位置 1。

（2）PR 对 IRR 中记录的、未被屏蔽的中断请求和 IRS 中记录的中断请求进行优先权判决，并决定是否向 CPU 发出中断请求信号（INT）。若 IRR 中记录的中断请求的最高优先级高于 ISR 中记录的中断请求的最高优先级，则向 CPU 发出 INT，否则不发出 INT。

（3）在 CPU 的 INTR 引脚接收到 8259A 发送来的信号后，若 CPU 处于开中断状态，则 CPU 会暂停执行下一条指令。在当前指令执行结束后，启动中断响应总线操作，发出两个负脉冲作为响应信号。

（4）在 8295A 接收到第一个中断响应信号后，使 IRR 的锁存功能失效，不再接收中断请求，直到第二个中断响应信号结束后恢复；对 IRR 中记录的优先级最高的中断请求进行响应，使其对应的 ISR 位置 1，并使其对应的 IRR 位复位。

（5）在 8295A 接收到第二个中断响应信号后，将被响应中断的中断类型码送入 CPU 中。CPU 用中断类型码乘以 4 就得到中断向量地址，然后从该地址中取出中断向量，转而执行该中断的中断服务程序；若 8259A 工作在自动结束中断方式（AEOI），则在第二个中断响应脉冲的后沿清除 ISR 的相应位，否则直至中断服务结束，发出 EOI 命令，才能使 ISR 中的相应位清 0。

以上就是 8259A 处理一个中断整个过程的简述。之所以要采用普通 EOI，是因为允许中断请求是按优先级抢占的。若将 EOI 通知设定为自动模式，则在 CPU 发出第二个 INTA 信号后，8259A 中相应的 ISR 就会自动清 0，而此时该中断服务程序还没有被调用。在该中断服务程序被调用的过程中，8259A 收到了优先级比当前正在处理的优先级低的中断请求，由于正在处理的中断在 ISR 中相应的位已经清零，因此这个新的中断请求就完全可以抢占正在处理的优先级比它高的中断服务程序了。

6.5 中断程序设计及响应过程举例

6.5.1 中断程序设计

中断程序设计包括主程序设计和中断服务程序设计两部分。中断过的完整实现除需要相应的硬件基础外，还需要主程序和中断服务程序的有机结合。中断服务程序（根据中断源的不同）设计与主程序设计主要包含以下步骤。

（1）根据系统可屏蔽中断响应过程及系统连线确定外设中断申请对应的中断类型号。主程序设置 CPU 可响应外设的中断申请。

（2）关中断。在主程序对中断进行相关设置前，应关闭 CPU 的中断标志，防止 CPU 在该过程中响应中断。

（3）保存原中断向量。将中断服务程序入口地址设置到中断向量表前，应先保存该地址中原来的内容（原中断向量）。取出的中断向量可保存在用户程序的数据段或附加段中，以便主程序退出前能恢复原中断向量。

（4）设置自身中断向量。将中断服务程序的入口地址存入中断向量表的相应表项中，包括段基址和偏移地址。该过程可以通过中断指令的功能调用完成。

（5）初始化 8259A。对 8259A 进行初始化编程，设置初始化命令字为 $ICW_1 \sim ICW_4$，设置 8259A 的工作方式并可接收外设中断请求。

（6）CPU 开中断。前述工作完成后，打开 CPU 的中断标志，允许 CPU 响应新的中断。

（7）中断服务程序执行。中断服务程序在对应的中断产生时被 CPU 自动调用，为该中断请求进行服务。在服务程序结束前，发出中断结束命令，清除 8259A 中当前对应的 ISR 位；否则，响应一次中断后，同级中断和低级中断都将被屏蔽。

（8）利用指令 IRET 返回主程序被中断处。恢复现场，主程序继续执行。

【例 6-1】自定义一个中断类型码为 79H 的软中断以完成 ASCII 码到 BCD 码的转换，编写程序将输入的一串十进制数存放在以 BCDBUF 为首地址的存储区中。

【解】将输入的十进制数转换为压缩 BCD 码，压缩 BCD 码在 BCDBUF 中存放的方式是：高位在高地址，低位在低地址。相关程序如下。

```
STACK    SEGMENT STACK 'STACK'
         DW 32 DUP(0)
STACK    ENDS
DATA     SEGMENT
         IBUF    DB 255, 0, 255 DUP(0)
         BCDBUF  DB 127 DUP(0)
DATA     ENDS
```

```
CODE      SEGMENT
BEGIN     PROC FAR
          ASSUME SS: STACK, CS: CODE, DS: DATA
          PUSH DS
          SUB AX, AX
          PUSH AX
          MOV DS, AX              ;DS 为中断向量表的段首址
          MOV AX, SEG IN79        ;中断服务程序的段基址填入中断向量表
          MOV DS: 1E6H, AX        ;1E6H=79H*4+2
          MOV AX, OFFSET IN79     ;中断服务程序的偏移地址填入中断向量表
          MOV DS: 1E4H, AX
          MOV AX, DATA
          MOV DS, AX
          MOV DX, OFFSET IBUF     ;输入一串十进制数
          MOV AH, 10
          INT 21H
          MOV DI, OFFSET BCDDUF   ;建立压缩 BCD 数存放区的地址指针
          INT 79H
          RET
BEGIN     ENDP
IN79      PROC FAR
          INC DX                  ;DX 指向 IBUF 的第二个存储单元
          MOV BX, DX
          ADD BL, [BX]            ;BX 指向字符串的最后一个字符
          INC DX                  ;DX 指向第一个字符, 即 IBUF 的第三个存储单元
          MOV CL, 4               ;二进制数移 4 位即 BCD 码移 1 位, 移位次数送入 CL 中
IN790:    CMP BX, DX
          JE IN792                ;若 BX 等于 DX, 则最高位(1位)待处理
          JA IN791                ;若 BX 高于 DX, 则继续处理 2 位 BCD 码
          IRET                    ;若 BX 低于 DX, 则结束
IN791:    MOV AX, [BX-1]          ;取 2 位 BCD 码的字符
          SUB BX, 2               ;调整字符串指针
          AND AH, 0FH             ;BCD 字符转换为 BCD 码保留在 AH 的低 4 位
          SHL AL, CL              ;BCD 字符转换为 BCD 码保留在 AL 的高 4 位
          OR AL, AH               ;存 2 位压缩 BCD 码
          INC DI                  ;调整压缩 BCD 码以存放地址指针
          JMP IN790
IN792:    MOV AL, [BX]            ;取第一个字符, 即 BCD 码的最高位字符
          AND AL, 0FH;            ;将 BCD 码字符转换为 BCD 码
          MOV [DI], AL            ;存最高位 BCD 码
          IRET
IN79      ENDP
CODE      ENDS
          END BEGIN
```

6.5.2 中断响应过程举例

以打印机中断服务程序为例，说明中断处理程序的基本过程与完成的操作。在调用打印机的主程序时，将打印内容送入打印输出缓冲区，在开中断的前提下（一般在上电初始化后即已开中断），用输出指令启动打印机，此时 CPU 可继续执行其他任务程序。

单独编写打印机中断服务处理程序模块，并将入口地址及程序状态字写入中断向量表中的对应存储单元。该中断服务程序按允许多重中断方式编写，其流程如图 6-10 所示。

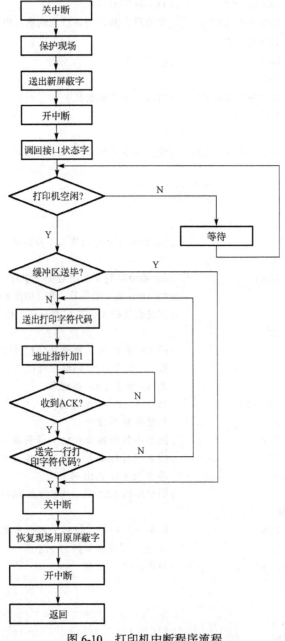

图 6-10　打印机中断程序流程

（1）中断前的准备过程。首先要保护现场，将本程序需要使用的寄存器的内容依次压入堆栈中，然后送出新屏蔽字，禁止与打印机中断同一优先级别以及更低级别的中断请求，然后进行开中断，以便在后续程序中还可以响应更高级别的请求。

（2）中断服务程序处理过程。先读取打印机接口的状态字、将地址指针指向缓冲区的首地址。本次中断请求是打印机初始化完成后的第一次请求，会向接口送出一个打印字符，并修改地址指针。若 CPU 从接口收到一个回答信号 ACK（确认），则表明接口已经接收字符，CPU 可以继续发送下一个字符，直至送出一行打印信息为止。于是中断服务程序关中断，恢复现场及原屏蔽字，再开中断，返回到原程序继续执行。此时打印机进入打印状态，CPU 与打印机可以并行工作。

当打印机打印完一行字符后，再次提出中断请求，CPU 又进入打印中断服务程序。在完成有关例行操作后，对缓冲区地址指针做出判断。若指针指向的存储单元仍在缓冲区中，则说明打印尚未完成，继续输出打印信息，并修改指针。

（3）中断结束，返回源程序。当指针指向缓冲区底部时，说明本次调用打印的任务已经完成，于是令打印机接口复位，结束调用。之后恢复现场、开中断、返回原程序。

该中断服务程序采用这样一种方式：打印机每提出一次中断请求，CPU 响应后输出一行打印信息；打印完一行打印信息后，再提出中断请求。再打印一行打印信息时，CPU 可以继续执行其他任务程序。这种安排减少了响应请求的次数，因此可减少系统开销。有些计算机，如单用户工作方式的个人计算机，除了等待打印外并无其他事可做，每打印完一个字符代码就提出一次中断请求，每响应处理一次中断请求就送出一个打印字符代码。

该例题仅说明一个中断服务处理程序的基本内容，实际的打印中断服务程序还要考虑一些细节问题，这里不再详述。

6.6　本　章　小　结

从异常和中断的基本概念出发，本章详细阐述了计算机系统对异常和中断从请求到响应再到处理的完整过程。在中断屏蔽触发器处于非屏蔽状态，并且中断允许触发器处于开中断状态时，CPU 才能响应中断。当 CPU 响应异常或中断请求信号时，只有在判定是哪个中断源发出的中断请求后，CPU 才能转到相应的中断服务程序为其服务。当多个异常或中断请求同时发送给 CPU 时，CPU 需要对中断请求的优先级进行排序。

中断向量表和中断描述符表分别是 CPU 在实地址模式下和保护地址模式下存储中断服务子程序入口地址的存储空间。对应存储了 256 种不同类型中断源的服务程序。8259A 是常用的管理系统中断的控制器，本章介绍了 8259A 中断控制器的功能、结构、工作方式及工作过程，但并未对芯片的编程过程做详细介绍。

习　题　6

1. 什么是中断？中断能实现哪些功能？
2. 简述 IA-32 系统可屏蔽中断的响应过程。

3．简述中断服务程序调用和子程序调用的异同。

4．在设计中断服务程序时，为什么要进行现场保护和现场恢复？

5．什么是中断向量表？它有什么作用？它位于主存的什么位置？中断系统优先级顺序是什么？

6．8259A 的全嵌套方式和特殊全嵌套方式有何异同？

7．优先级自动循环的内容是什么？什么是特殊屏蔽方式？8259A 有几种中断结束方式？

8．IA-32CPU 响应可屏蔽中断的条件是什么？

9．外设向 CPU 发出中断请求，但 CPU 不对其进行响应，其原因有哪些？

10．IA-32 系列微控制器的外部中断中，有几种中断触发方式？如何选择中断触发方式？

11．在实地址方式下，给定 R[SP]=0100H、R[SS]=0500H、R[FLAGS]=0240H，IP 和 CS 分别存储在主存地址为 00024H 和 00026H 中，其中 M[00024H]=0060H，M[00026H]=1000H，在段基址为 0800H 及偏移地址为 00A0H 的存储单元中，有一条中断指令 INT 9。试问：执行 INT 9 指令后，SS、SP、IP、FLAGS 的内容分别是什么？栈顶的三个字分别是什么？

12．讨论在 IA-32 系统的调试应用中，INT 3 指令和单步自陷所产生的中断差别，并指出其应用场合。

13．若 IA-32 系统正以单步方式运行某用户程序（该程序已开放外部中断，即 IF=1）的一条除法指令，则 INTR 线上出现可屏蔽中断请求，与此同时，这条除法指令也产生了除法出错中断。试以流程图表示 CPU 处理这三种同时出现的中断请求的过程。

第7章 输入/输出系统

除 CPU 和存储器外的硬件设备都可称为输入/输出设备或外部设备,简称 **I/O 设备或外设**,I/O 设备和主机与其之间设置的硬件电路及相应的软件控制构成输入/输出系统或 I/O 系统。计算机系统通过 I/O 系统(如键盘、鼠标、显示器、投影设备、耳机、磁盘存储器、A/D 转换器、D/A 转换器等)实现数据传输。随着计算机系统应用的进一步普及,I/O 设备在计算机系统中的地位越来越重要,其成本在整个系统中所占的比重也越来越大。

本章主要介绍与 I/O 系统软件和硬件相关的内容。主要包括: I/O 设备,I/O 系统构成,与 I/O 系统调用相关的函数,I/O 接口的基本功能和结构,I/O 接口中的端口的编址方式,外设与主机之间的 I/O 控制方式等。使读者对 I/O 系统有一个较清晰的认识,进一步加深读者对计算机系统整体工作的理解。

7.1 输入/输出系统概述

I/O 系统是能够实现计算机与外界之间信息交换的一个组成部分。在计算机系统中,CPU 与外部设备交换信息是非常重要且频繁的操作。由于这些 I/O 设备的工作速度比 CPU 的处理速度慢得多,且工作原理、驱动方式、信息格式及信号线的功能逻辑时序等各不相同,因此外部 I/O 设备要经过中间电路再与内部系统连接。这部分中间电路称为 I/O 接口电路,简称 **I/O 接口**,即 I/O 接口是位于内部系统与外设间、能够协助完成数据传送和传送控制任务的连接电路,是 CPU 与外界进行数据交换的中转站。

I/O 接口可以看成两个系统或两个部件之间的交接部分,它既可以是两种硬件设备之间的连接电路,又可以是两种软件之间的共同逻辑边界。I/O 接口技术采用了软件和硬件相结合的方式,其中,I/O 接口属于硬件系统,是信息传递的物理通道;对应的驱动程序则属于软件系统,用于控制 I/O 接口按要求工作。不同的外设往往对应不同的 I/O 接口。

I/O 设备的组成通常可用图 7-1 中虚线框内的结构来描述。图 7-1 中的 I/O 接口用来控制 I/O 设备的具体动作,不同的 I/O 设备完成的控制功能也不同,机、电、磁、光、声部件与具体的 I/O 设备有关。

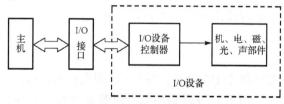

图 7-1 I/O 设备结构框图

从用户角度，可将 I/O 设备大致分为三类。

（1）人机交互设备。实现操作者与计算机之间互相交流信息的设备，能将人体五官可识别的信息转换成机器可识别的信息，如键盘、鼠标、触摸屏、手写板、扫描仪、摄像机、语音识别装置、体感装置等。反之，另一类是将计算机的处理结果信息转换为人们可识别的信息，如打印机、显示器、绘图仪、语音合成装置、投影设备等。

（2）存储设备。存储设备既是存储器子系统的一部分，又是一种 I/O 设备，同时既可以作为输入设备，又可以作为输出设备。存储设备一般用于大量的系统软件和计算机的各种用户数据的存储，不负责信息转换，所以常将它们视为 I/O 设备中专门的一类。

（3）机-机通信设备。为实现信息资源的共享及异地之间的通信，用一台计算机与其他计算机或与其他系统之间完成任务的设备称为机-机通信设备，两台计算机之间可利用电话线或网线等数据通信设备进行通信。为实现实时工业控制，将用于模拟控制信号与数字控制信号相互转换的模数（A/D）转换设备和数模（D/A）转换设备与计算机系统连接通信。计算机与计算机及其他系统可通过各种设备实现远距离的信息交换。

7.2 输入/输出硬件系统

7.2.1 输入/输出接口功能

为满足不同应用的要求，人们为计算机系统配置了不同的外设，如键盘、显示器、鼠标、硬盘、网卡、图像采集卡等。由于这些设备的工作原理各不相同、性能特点各异，因此需要对不同的 I/O 设备配套不同的 I/O 接口。归纳起来，各类 I/O 接口的功能可分为以下几类。

1. 数据缓冲与传送

计算机系统工作时，要频繁使用总线进行数据传输，由于总线的工作速度快，而外设的工作速度相对较慢，因此为解决二者在速度上的差异，提高 CPU 和总线的工作效率，需要在 I/O 接口中设置数据缓冲寄存器（也称数据口）。数据缓冲寄存器分为输入数据缓冲寄存器和输出数据缓冲寄存器两种。在输入时，由输入缓冲寄存器保存外设发往 CPU 的数据；在输出时，由输出缓冲寄存器保存 CPU 发往外设的数据。

每个 I/O 接口中的数据缓冲寄存器的位数不一定相同，因为各类 I/O 设备的需要是不同的。例如，键盘 I/O 接口的数据缓冲寄存器为 8 位，由 7 位 ASCII 码和 1 位奇偶校验位组成。对于磁盘外设，其数据缓冲寄存器的位数通常与存储字长的位数相等，而且还要求具有串/并转换能力。磁盘外设的数据缓冲寄存器既可以将从磁盘中串行读出的信息并行送至主存，又可以将从主存中并行读出的信息串行输入磁盘。

2. 外设的寻址

一个微机系统通常含有多个 I/O 设备，每个 I/O 设备的 I/O 接口又包括多个端口（如数据口、控制口、状态口），以及对外联络控制逻辑等其他端口，并且每种端口的数目可能不止一个。一个 CPU 在同一时刻只能与一台外设交换信息，这就需要在 I/O 接口中设置端口地址译码电路对外设进行寻址。CPU 将 I/O 设备的端口地址代码送到 I/O 接口中的地址译码电路上，经地址译码电路翻译成 I/O 设备的选中信号。当系统对某个端口访问时，能迅速找到相应的地址。I/O 接口利用译码器对地址总线上的地址信息进行译码，当总线上的地址信息与 I/O 接口设定的地址吻合时，才允许 I/O 接口工作。数据在读/写控制信号作用下完成实际的输入与输出。

3．提供控制逻辑与状态信号

I/O 接口在计算机与外设之间进行数据交换时，既要与 CPU 进行联络，又要面向外设进行通信。I/O 接口必须提供完成这个功能所需的控制逻辑与信号信息，包括状态信号、控制信号和请求信号等。I/O 接口在执行 CPU 命令前、执行 CPU 命令过程中和执行命令后，需要描述外设及 I/O 接口的工作状态或故障状态，如"忙""闲""准备就绪""未准备就绪""满""空""溢出错""格式错""校验错"等。这些情况以状态代码形式存放在 I/O 接口的状态寄存器中。CPU 从状态口读取这些状态信息时，可根据发生的情况做出判断与处理。

例如，利用完成触发器 D 和工作触发器 B 来表示设备所处的状态。

（1）当 $D=0$，$B=0$ 时，表示 I/O 设备处于暂停状态。

（2）当 $D=1$，$B=0$ 时，表示 I/O 设备已经准备就绪。

（3）当 $D=0$，$B=1$ 时，表示 I/O 设备正处于准备状态。

一般情况下，CPU 与外设的工作是异步的，为进行可靠的数据传输，CPU 只有在外设准备好数据后才能输入，外设也只有在 CPU 已准备好数据后才能读取。

4．转换交换数据格式

CPU 与有些外设交换数据时，要求按一定的数据格式传送，但计算机直接处理的信号与外设所使用的信号可能不同，外设所需的控制信号和它提供的状态信号往往与计算机的总线信号不兼容，即两者的信号功能定义、逻辑关系、电平高低及工作时序都不一致。另外，CPU 所处理的数据都是并行数据，而有的外设只能处理串行数据，如串行通信设备、磁盘驱动器等。此时就要求 I/O 接口同时具有数据并/串相互转换的能力，必须将信号转换成适合的形式才能传输，使外设和 CPU 都能接收到符合各自要求的信号。一般而言，常见的转换包括以下几种。

（1）电平高/低的转换。在不同的设备上，相同的逻辑所表现的物理电平范围可能不同，因此 I/O 接口需要完成电平转换，进而使逻辑关系符合要求。

（2）信息格式的转换。在不同种类的设备上传递信息的方式会有所不同。相应的 I/O 接口就必须实现并行数据和串行数据之间的转换。

（3）时序关系的转换。在系统中经常利用信号之间的顺序关系来实现控制目的，不同设备的控制时序可能不同，为了使控制信息能够正确传递，I/O 接口必须能够完成时序关系的配合和控制。

（4）信号类型的转换。计算机处理的信息均是以数字信号形式存在的，但外设信息可能是模拟信号，还需要对应的 I/O 接口能够实现 D/A 之间的转换。

5．中断管理功能

大多数计算机系统采用中断 I/O 方式来实现 CPU 与外部设备之间的 I/O 操作，这样可以充分提高 CPU 的效率，同时及时响应外部设备的需求。要求 I/O 接口可以产生符合计算机中断系统要求的中断请求信号并保持到 CPU 开始响应为止。同时也要求 I/O 接口具备撤销中断请求信号的能力。

6．可编程功能

外部设备种类繁多，若针对每种设备均设计专用的 I/O 接口，会提高成本、造成浪费，也不利于标准化。若 I/O 接口具备一定的可编程能力，可以在不更换硬件的情况下，只需修改设定就能改变其工作方式，将大大提高 I/O 接口的灵活性和可扩展能力。

7.2.2 输入/输出接口结构

I/O 接口电路是连接外设和主机的一个通道，它在外设侧和主机侧各有一个接口。I/O 接口在主机侧通过 I/O 总线与主机相连，实现将控制信息送到控制寄存器中，并且具有将状态寄存器中的状态信息取至 CPU 或在数据缓冲寄存器与 CPU 寄存器之间进行数据交换的功能。I/O 接口在外设侧通过各种接口电缆（如 USB 线、网线、并行电缆等）与外设相连，实现外设数据信息的获取和传送。通过连接电路、I/O 接口、各类总线及其桥接器，可以在 I/O 硬件、主存和 CPU 之间建立一个信息传输纽带。

在 I/O 接口内部，通过使用不同的寄存器分别保持系统的数据、控制信息、状态信息，从而实现其相应的功能。不同 I/O 设备的 I/O 接口中还可根据需要增设一些其他状态标志触发器，如出错触发器和数据迟到触发器，或配置一些奇偶校验电路、循环码校验电路等。随着大规模集成电路制作工艺的不断进步，目前，大多数 I/O 设备所共用的电路制作在一个芯片内作为通用 I/O 接口芯片，另一些 I/O 设备专用的电路制作在设备的接口中，如磁盘控制器、网络控制器、USB 控制器等都是一种 I/O 接口。有了 I/O 接口，底层 I/O 软件就可以通过 I/O 接口来控制外设了，因此编写底层 I/O 软件的程序设计人员只需要了解 I/O 接口的工作原理即可，其内容包括 I/O 接口中有哪些用户可访问的寄存器、控制/状态寄存器中每位的含义、I/O 接口与外设之间的通信协议等，而无须了解外设的机械特性。图 7-2 给出了常用的几种外设接口。

通常一个典型的接口是由端口、地址译码器、总线驱动器和控制逻辑 4 部分组成的，如图 7-3 所示。

1．端口

端口和接口是两个不同的概念。前面提到的 I/O 接口中的各种寄存器都称为**端口**，I/O 接口中包含数据缓冲寄存器、状态/控制寄存器等多个不同的寄存器，用于存放外设与主机交换的数据信息、控制信息和状态信息，分别称为**数据端口**、**控制端口和状态端口**。控制寄存器、I/O 数据缓冲寄存器是 I/O 接口中的核心部分。在这些寄存器端口上加上相应的控制逻辑组成接口。在同一个接口中，把每个端口分配到相邻的地址中，即一个接口占用一段连续的地址空间。有时为了节省地址资源，多个端口可共享同一个地址，此时可通过读/写控制、访问顺序及特征位等手段加以区别。CPU 通过这些地址向 I/O 接口中的寄存器发命令、读状态和传送数据。底层 I/O 软件中，CPU 与外设通过输入指令 IN 和输出指令 OUT 实现 I/O 接口的功能，既可以将控制命令送到控制寄存器来启动外设工作，又可以读取状态寄存器来了解外设和 I/O 接口的状态，还可以通过直接访问数据缓冲寄存器来进行数据的输入和输出。

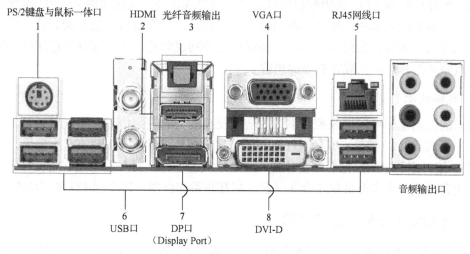

图 7-2　常用的几种外设接口

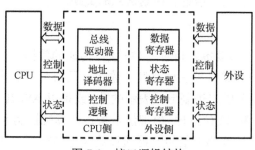

图 7-3　接口逻辑结构

2．地址译码器

I/O 接口中通过地址译码电路识别连接外设的地址，把来自地址总线上的地址代码翻译成需要访问的端口的选中信号，进而来识别端口。这部分电路一般不包含在集成 I/O 接口芯片中，需要由用户自行设计。计算机的端口地址译码主要有全译码、部分译码两种方法。

（1）全译码。I/O 地址线全部作为译码电路的输入参加译码，一般在要求产生单个端口的选中信号时采用该方式。

（2）部分译码。把 I/O 地址线分为高位地址线和低位地址线两部分。高位地址线参加译码，译码电路的输出连接到 I/O 接口芯片的片选信号，产生 I/O 接口芯片的选中信号，实现 I/O 接口芯片间寻址；低位地址线不参加译码，直接连接到 I/O 接口芯片，进行芯片的片内端口寻址。低位地址线的数量取决于 I/O 接口芯片所用端口地址的数量。

I/O 端口地址译码电路将地址和控制信号进行逻辑组合，产生对 I/O 接口芯片的选择信号。因此译码电路的输入端除地址信号线外，还引入一些控制信号，并且可以选择数据的传输方式。若 I/O 接口需使用多个端口地址，则通常采用地址译码器比较方便。地址译码器的型号有很多，如 3:8 译码器 74LS138、4:16 译码器 74LS154、双 2:4 译码器 74LS155 等。

3．总线驱动器

端口要在接收到 CPU 选中控制信号后才会与总线连通，通过总线与 CPU 实现信息的传递。在没有接收到选中信号时，端口处于悬空状态，且端口与总线是断开的。因此，在端口与总线之间需要有总线驱动芯片，使端口在控制逻辑的控制下实现与总线的连通和断开。总线驱动芯片也可以减轻总线的负载。

4．控制逻辑

接口的控制逻辑电路接收控制端口的信息及总线上的控制信号，实现对接口工作的具体控制。不同的 I/O 接口，其复杂性也不同，在控制外设的数量上也有很大差别，在较复杂的 I/O 接口中还包括数据总线缓冲器和地址总线缓冲器、对外联络控制逻辑等部分。这些硬件电路按设计要求有机地结合在一起，相互联系和作用，以实现 I/O 接口功能。

7.2.3　输入/输出设备的总线连接

I/O 设备与主机的连接方式通常采用总线连接方式，通过一组总线将所有的 I/O 设备与主机连接，实现数据信息、状态信息、控制信息的交换。

1．数据信息

数据信息是 CPU 与外部设备之间通过 I/O 接口传递的数据，在计算机系统中，数据通常包括数字量、模拟量和开关量等三种类型。数字量是指由键盘或其他输入设备输入的、向打印机输出的字符信息等以二进制形式表示的数，或是以 ASCII 码表示的数或字符编码，其传送位数有 8 位、16 位和 32 位三种。模拟量是指在计算机控制系统中，某些现场信息（如压力、声音等）经传感器转换为电信号，再通过放大得到模拟电压或模拟电流。这些信号不能直接输入计算机中，需先经 A/D 转换才能输入计算机。同样，计算机对外部设备的控制必须先将数字信号经 D/A 转换转换成模拟信号，再经相应的幅度处理后才能控制执行部件。开关量是指只含两种状态的量（如电灯的开与关，电路的通与断等），故只需用一位二进制数描述即可。在这种情况下，对于一个字长为 16 位的机器，其一次输出就可以控制 16 个这样的开关量。

2．状态信息

状态信息用来表达外设当前的工作状态。当有输入时，反映设备是否已准备好数据，若准备好，则状态信息为 Ready。当有输出时，需要查看输出设备的状态信息，若输出设

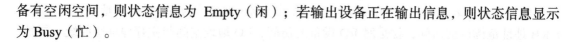

备有空闲空间，则状态信息为 Empty（闲）；若输出设备正在输出信息，则状态信息显示为 Busy（忙）。

3．控制信息

控制信息是 CPU 用来控制外设接口工作的命令。一般通过专门的控制信号来控制设备的启动与停止。

数据信息、状态信息和控制信息作为 CPU 与 I/O 设备间的接口信号，必须分别传送。但大部分计算机都只有通用的输入 IN 指令和输出 OUT 指令。因此，将状态信息与控制信息作为数据来传送，且在传送过程中用自己专用的端口地址加以区分。CPU 根据信息类型来寻址不同的端口，进而实现不同的操作。由于一个外设端口为 8 位，而通常情况下状态与控制端口都仅有 1 位或 2 位，因此不同外设的状态与控制信息可共用一个端口。

现代大多数计算机系统所采用的连接方式都是总线连接方式。I/O 总线包括数据线、地址线、命令线和状态线。

（1）数据线。用于传送 I/O 设备与主机之间的数据代码，其根数一般等于存储字长的位数或字符的位数，并且有单向和双向之分。若采用单向数据总线，则必须用两组才能实现数据的输入和输出功能，而双向数据总线只需一组即可。

（2）地址线。用来传送设备码，它的根数取决于 I/O 指令中设备码的位数。若把地址号看作设备号，则地址线又可称为设备选择线。地址线同数据线一样，可分为单向数据总线和双向数据总线，需要两组单向数据总线，其中一组用于主机向 I/O 设备发送设备码，另一组用于 I/O 设备向主机回送设备码。

（3）命令线。主要用于传输 CPU 向设备发出的各种命令及控制信号，如启动、清除、屏蔽、读/写等。命令线是一组单向总线，其根数与命令信号的位数有关。

（4）状态线。用于将 I/O 设备的状态向主机报告。I/O 设备的状态包括连接设备是否准备就绪、当前工作状态，以及是否向 CPU 发出中断请求等。状态线也是一组单向数据总线。

7.2.4　输入/输出接口的寻址方式

在计算机系统中，每个存储单元都有一个唯一的物理地址，若要存取存储器中的数据，则必须直接或间接地提供被访问的存储单元的地址。同理，连接 CPU 的多种外设也要分配唯一的地址，以便与外部设备通信时，区分系统中的不同外设。访问这些外设端口地址的过程称为寻址。一个外部设备可能分配一个或一个以上的端口地址，其形成端口地址的方式与形成存储单元地址的方式类似。端口的寻址方式通常有两种：**存储器映像的 I/O 寻址方式**和**I/O 映像的 I/O 寻址方式**。设计机器时，需根据实际情况权衡考虑选取何种编址方式。

1．存储器映像的 I/O 寻址方式

存储器映像的 I/O 寻址方式将 I/O 地址看成存储器地址的一部分，即将主存地址空间分出一部分地址给端口进行编号，把端口当作存储单元进行访问，对端口的访问过程和对存储单元的访问过程从硬件上看是没有区别的。

例如，在 128 KB 地址的存储空间中，划出 8 KB 地址作为 I/O 设备的地址，凡是在这 8 KB 地址范围内的访问，就是对 I/O 设备的访问，I/O 地址空间与主存地址空间统一寻址，由于端口和主存的存储单元在同一个地址空间的不同分段中，根据地址范围就可区分访问的是端口还是主存的存储单元，因此也就无须设置专门的 I/O 指令，只要用一般的访存指令就可以存取端口。因为这种方式是把端口地址与主存存储单元统一在同一个存储区域，也称**统一编址**。图 7-4 是存储器映像的 I/O 寻址连接方式。

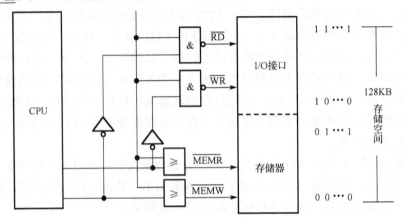

图 7-4　存储器映像的 I/O 寻址连接方式

因为在存储器映像的 I/O 寻址方式下，I/O 访问和主存访问共用同一组指令，所以它的保护机制可由分段分页存储管理来实现，而无须专门的保护机制。这种存储器映射方式为编程提供了非常大的灵活性。任何存取指令都可用来访问位于主存空间中的端口，并且所有有关主存寻址方式都可用于 I/O 端口寻址。例如，可用访存指令实现 CPU 中通用寄存器和 I/O 端口的数据传送；可用 AND、OR 或 TEST 等指令直接操作 I/O 接口中的控制寄存器或状态寄存器。

存储器映像的 I/O 寻址方式的主要优点如下。

（1）端口寻址方式丰富，对其端口的操作可与对存储器操作一样灵活，且不需要专门的 I/O 指令，这样有利于 I/O 程序的设计。

（2）由于端口和存储器在地址格式上没有区别，因此在程序设计时可以使用丰富的指令对端口进行操作，并且指令类型多、功能齐全，不仅使访问端口可实现输入与输出操作，而且还可对端口内容进行算术逻辑运算、移位等操作，且读/写控制逻辑简单。

（3）可以给端口较大的编址空间。使 I/O 接口中的寄存器数目与外设数目不受限制，便于扩展外设。

存储器映像的 I/O 寻址方式的主要缺点如下。

（1）端口占用了一部分存储器地址空间，使存储器容量减少。

（2）由于存储器与端口地址在形式上没有区别，因此相对增加了程序设计和阅读的难度。

（3）对端口寻址必须选择全地址线译码方式，增加了地址线的数量，增大了地址译码电路的硬件开销。

2. I/O 映像的 I/O 寻址方式

I/O 映像的 I/O 寻址方式是指 I/O 地址和存储器地址是分开的，将端口地址与存储单元地址分别进行编址，不占用主存空间，成为一个独立的 I/O 地址空间，也称为**独立编址**。由于编址的独立性，因此无法从地址码的形式上区分 CPU 访问的是端口还是主存的存储单元，所有对 I/O 设备的访问都必须有专用的 I/O 指令来访问端口，同时 I/O 指令中的地址码部分给出端口号。

CPU 需要提供两类访问指令：一类用于存储器访问，常规的存储器、寄存器操作指令，它具有多种寻址方式；另一类用于端口的访问，即输入指令 IN、输出指令 OUT 及其相关指令组，这类指令往往比较简单。独立的编址方式使对外设的操作不会像访问存储器那样灵活，但很容易区分。由于端口有自己的地址，因此使系统存储器地址范围扩大，该方式适用于大系统。图 7-5 是 I/O 映像的 I/O 寻址连接方式。

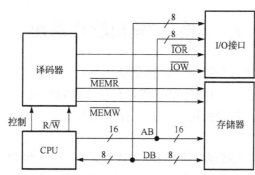

图 7-5　I/O 映像的 I/O 寻址连接方式

CPU 执行 I/O 指令时，通过 I/O 读或 I/O 写总线事务访问端口。由于系统需要的端口寄存器通常要比存储单元少得多，因此设置 256～1024 个端口对于一般微型机系统已经足够了，故对端口的选择只需用到 8～10 根地址线。在设备控制器中的地址译码逻辑比较简单，且寻址速度快。与存储器映像的 I/O 寻址相比，CPU 对端口和存储单元的不同寻址是通过不同的读/写控制信号、$\overline{\text{IOR}}$、$\overline{\text{IOW}}$、$\overline{\text{MEMR}}$、$\overline{\text{MEMW}}$ 来实现的。使用这种寻址方式时，系统中的端口地址需要单独一个译码器芯片，译码器的输出仅允许接 I/O 接口芯片的控制端或片选端。此时，译码器的控制输入端要接 CPU 低电平有效信号。使用 I/O 映像的 I/O 寻址时，端口地址仅需要 A15～A0 这 16 根地址线或 A0～A7 这 8 根地址线。可以接两片 I/O 接口芯片构成连续的十六进制的端口地址，如第一片 I/O 接口芯片的端口地址为 80H～87H，第二片的端口地址为 88H～8FH。

I/O 映像的 I/O 寻址的主要优点如下。

（1）I/O 端口的地址方式空间独立，且不占用存储器地址空间，故寻址速度相对较快。

（2）使用专门 I/O 指令使执行速度变快，且编写的程序清晰，便于理解和检查。若出现 IN 指令或 OUT 指令则一定是对外设的通信。

（3）对 I/O 端口寻址不需要全地址线译码，且地址线的数量少，同时简少了地址译码电路硬件的数量。

I/O 映像的 I/O 寻址方式的主要缺点如下。

（1）I/O 指令种类少，且往往只提供简单的传输操作，访问端口的方法远不如访问存储器的方法多，编程灵活性相对降低。

（2）硬件上需要端口的译码芯片，增加了硬件开支，并且需要存储器和端口两套控制逻辑，增加了控制逻辑的复杂性。

由于存储器映像的 I/O 寻址方式与 I/O 映像的 I/O 寻址方式各有优缺点，因此在不同的计算机中可采用不同的编址方式。对于存储器，要求其地址必须是连续的，即在硬件设计时，一个连续的存储器地址空间必须有对应的硬件存储器芯片；而端口并不需要这样的要求，即对外设的端口并不要求其端口地址必须连续。端口地址单独编址，同时在硬件上区分存储器和端口的访问，并且不与存储空间合并在一起。如 Motorola 公司的 M68 系列计算机、Apple 系列计算机和一些小型机均采用存储器映像的 I/O 寻址方式，而 Intel 8086 系列计算机、IBM-PC 系列及 Zilog 公司的 Z80 系列计算机则采用 I/O 映像的 I/O 寻址方式。

7.3 输入/输出软件系统

软件系统是控制硬件电路按要求工作的驱动，是使 I/O 设备能够更好地完成相关功能必不可缺的部分，任何 I/O 接口的应用，都离不开软件的驱动与配合。无论是应用程序设计人员编写用户程序时，还是最终用户使用计算机的人机交互功能时，都涉及如何利用 I/O 软件系统的问题。

在运行高级语言时，系统提供了执行 I/O 功能的高级机制，例如，C 语言中提供了类似于 Printf() 和 Scanf() 等这样的标准 I/O 库函数，C++语言中提供了如 "<<"（输入）和 ">>"（输出）这样的重载 I/O 操作符。使用高级语言编写应用程序时，通常利用编译系统提供的这些库函数来实现外设的 I/O 功能，从用户在高级语言程序中通过 I/O 函数或 I/O 操作符提出 I/O 请求到 I/O 设备响应并完成 I/O 请求，整个过程涉及多个层次的 I/O 软件和 I/O 硬件协调工作。高层次的行为包括库函数等，甚至提供类型检查、调试以及代码生成与优化等功能。这些具体的 I/O 操作功能将通过相应的陷阱指令以 "系统调用" 的方式转换为由操作系统内核来实现。也就是说，任何 I/O 操作过程最终都是由操作系统内核控制完成的。

7.3.1 输入/输出软件系统任务与工作过程

1. 系统任务

I/O 软件系统的主要任务包括以下内容。

（1）将用户编写的程序或外设传送的数据输入主机内。

（2）将运算结果输送到终端。

（3）实现 I/O 软件系统与主机工作的协调。

不同结构的 I/O 软件系统所采用的软件技术差异很大。一般而言，当采用 I/O 接口模块方式时，应用机器指令系统中的 I/O 指令及系统软件中的管理程序便可使 I/O 设备与主机协调工作。有些 I/O 管理方式除 I/O 指令外，还必须有与指令相应的操作系统，但即使都采用相同操作系统，不同的机器的复杂程度差异也很大。

2．工作过程

一个完整的 I/O 设备接口程序包括以下程序段。

（1）初始化程序段。对 I/O 接口中用到的可编程接口芯片需要通过初始化命令和控制命令来设置初始条件及工作方式，这是 I/O 接口程序中的基本部分。

（2）传送方式处理程序段。CPU 与外设进行信息交换时，I/O 接口可以采用多种传送方式，不同方式需要对应的处理程序段。例如，若采用查询方式，则需要有检测外设或 I/O 接口状态的程序段；若采用中断方式，则需要有中断向量修改、对中断源的屏蔽或开放及中断结束等的处理程序段，并且主程序和中断服务程序要分开编写；若采用 DMA 方式，则需要有相关的 DMA 传送操作，如通道的开放或屏蔽等处理的程序段。

（3）主控程序段。完成 I/O 接口任务的程序段。如采集数据，包括发送转换启动信号、查看转换结束信号、读数据及存数据等内容。

（4）程序终止与退出程序段。包括程序结束退出前对 I/O 接口中硬件的保护程序段。

（5）辅助程序段。包括人机对话、菜单设计等内容。

以上这些程序段是相辅相成的，构成完整的 I/O 程序。

I/O 软件系统工作的大致过程为：首先，CPU 在用户态执行用户进程，当 CPU 执行到系统调用封装函数对应的指令序列中的陷阱指令时，会从用户态陷入内核态；其次，转到内核态执行后，CPU 根据陷阱指令执行时 EAX 寄存器中的系统调用号，选择执行一个相应的系统调用服务例程；再次，在系统调用服务例程的执行过程中可能需要调用具体设备的驱动程序；最后，在设备驱动程序执行过程中启动外设工作，外设准备好后发出中断请求，CPU 响应中断后，就调出中断服务程序执行，在中断服务程序中控制主机与设备进行具体的数据交换，交换完毕后 CPU 继续执行其他任务。

7.3.2　内核空间输入/输出软件

内核空间主要是指操作系统运行时所使用的用于程序调度、虚拟存储管理或者连接硬件资源等的程序逻辑。内核空间的 I/O 软件分三个层次，分别是与设备无关的 I/O 软件层、设备驱动程序层和中断服务程序层，其中，后两个层次与 I/O 硬件密切相关。

1．与设备无关的 I/O 软件层

一旦通过陷阱指令调出系统调用处理程序执行，就开始执行内核空间的 I/O 软件。首先执行的是与具体设备无关的 I/O 软件，主要完成所有设备公共的 I/O 功能，并向用户层软件提供一个统一的接口。通常包括以下几个部分：设备驱动程序统一接口、缓冲处理、错误报告、打开与关闭文件以及逻辑块大小的处理等。

（1）设备驱动程序统一接口。设备驱动程序用来实现外设具体的 I/O 操作。外设的种类繁多且控制接口不一致，导致不同设备的驱动程序千差万别。若计算机系统每次连接一种新的外设都要为其添加对应新的设备驱动程序而修改操作系统，则会给操作系统开发者和系统用户带来很大麻烦。因此操作系统为所有外设的设备驱动程序规定了一个统一的接口，新设备驱动程序只要按照统一的接口规范来编制就可以在不修改操作系统的情况下，在系统中添加新设备驱动程序并使用新的外设进行数据传输。因为采用了统一的设备驱动程序接口，所

以内核中与设备无关的 I/O 软件包含了所有外设统一的公共接口中的处理部分。

（2）缓冲处理。每个 I/O 设备都需要使用缓冲区，用户进程在提出 I/O 请求时，会在用户空间指定的缓冲区中存放 I/O 数据。为避免在外设进行 I/O 转换期间，由于用户进程被挂起而使用户空间的缓冲区所在页面有可能被替换出去，而无法获得缓冲区中的 I/O 数据的情况，因此一般采用的方法是通过陷阱指令陷入内核后，在内核空间中再开辟一个或两个缓冲区。这样，在底层 I/O 软件控制设备进行 I/O 操作时，就直接使用内核空间中的缓冲区来存放 I/O 数据。因而缓冲区的申请和管理等处理是所有设备共用的，可以包含在与设备无关的 I/O 软件部分。此外，为了充分利用数据访问的局部性特点，操作系统通常在内核空间开辟高速缓存，将大多数最近从块设备读出或写入的数据保存在作为高速缓存的 RAM 区。与设备无关的 I/O 软件会确定所请求的数据是否已经在高速缓存的 RAM 区中，若存在，则可能不需要访问磁盘。

（3）错误报告。I/O 软件系统对错误处理的框架是与设备无关的。虽然很多错误与特定设备相关，必须由对应的设备驱动程序来处理，但所有 I/O 操作在内核态执行时所发生的错误信息，都是通过与设备无关的 I/O 软件返回给用户进程的。例如，有一类 I/O 操作错误，即写入一个已被破坏的磁盘扇区、打印机缺纸、读一个已关闭的设备等，这些错误由相应的设备驱动程序检测出来并处理。若驱动程序无法处理，则驱动程序将错误信息返回给与设备无关的 I/O 软件，再由设备无关的 I/O 软件返回给用户进程。在用户进程中，有时对所调用的 I/O 标准库函数返回的信息处理完毕后返回的是错误码。例如，fopen() 函数的返回值为 NULL 时，表示无法打开指定文件。

对于一些编程错误，如请求了某个不可能的 I/O 操作、写信息到一个输入设备中或从一个输出设备读出信息、指定了一个无效的缓冲区地址或参数、指定不存在的设备，这些错误信息均由与设备无关的 I/O 软件检测出来并直接返回给用户进程，无须再进入底层的 I/O 软件处理。

（4）打开与关闭文件。对于设备或文件进行打开或关闭等 I/O 函数所对应的系统调用，并不涉及具体的 I/O 操作，只要直接对 RAM 中的一些数据结构进行修改即可，这部分工作也是由与设备无关的 I/O 软件来处理的。

（5）逻辑块大小的处理。为了给所有的块设备和所有的字符设备都分别提供一个统一的抽象视图，以隐藏不同块设备或不同字符设备之间的差异，与设备无关的 I/O 软件为所有块设备或所有字符设备都设置了统一的逻辑块大小。例如，对于块设备，不管磁盘扇区和光盘扇区有多大，所有逻辑数据块的大小均相同，这样，高层 I/O 软件只需处理简化的抽象设备，从而在高层软件中简化数据定位等处理。

2. 设备驱动程序层

设备驱动（Device Driver）程序是与设备相关的 I/O 软件的一部分，是一种可以使计算机系统和外部硬件设备进行相互通信的特殊程序，只有借助驱动程序，两者才能完成特定的数据传输。驱动程序是介于操作系统与硬件之间的媒介，相当于硬件的接口，操作系统通过这个接口控制硬件设备的工作，传达操作命令给硬件设备，同时将硬件设备本身具有的功能传达给操作系统，完成硬件设备电子信号与操作系统及软件的编程语言之间的互相翻译，从而实现两者的无缝连接。若一个硬件设备没有正确安装驱动程序，则只有操作系统是不能发挥其功能的。

当主机系统连接新的外设时，系统会要求安装驱动程序，实现操作系统与外设的沟通。根据操作系统的不同，硬件的驱动程序也不同，为了保证硬件的兼容性及提高硬件的性能，外设的驱动程序也会不断升级更新。设备驱动程序通常会占到 70% 以上份额的操作系统内核源代码，且设备驱动程序的更新与维护往往会涉及超过 35% 的源代码修改，所以如何在设备驱动程序与操作系统内核不断变化的同时，保证其余部分源代码的一致性是操作系统内核开发的难题。

设备驱动程序中包含了许多 I/O 指令，通过执行 I/O 指令，CPU 可以访问端口，向控制端口发送控制命令来启动外设，从状态端口读取状态来了解外设或 I/O 接口的状态，也可以从数据端口中读取数据或向数据端口发送数据等，从而控制外设的 I/O 操作。每个设备驱动程序只处理一种外设或一类紧密相关的外设。

I/O 软件系统的高层与设备控制器之间的通信任务中，驱动程序的主要功能如下。

（1）接收由 I/O 进程发来的命令和参数，并将命令中的抽象要求转换为具体要求，如将磁盘块号转换为磁盘的盘面、磁道号及扇区号。同时也将由设备控制器发来的信号传送给上层软件。

（2）检查用户 I/O 请求的合法性，了解 I/O 设备的状态，传递有关参数，设置设备的工作方式。

（3）发出 I/O 指令，若设备处于空闲状态，则立即启动 I/O 设备去完成指定的 I/O 操作；若设备处于忙碌状态，则将请求者的请求块挂在设备队列上等待。

（4）及时响应由控制器或通道发来的中断请求，并根据其中断类型调用相应的中断处理程序进行处理。

（5）对于设置有通道的计算机系统，驱动程序还应能够根据用户的 I/O 请求自动地构成通道程序。

对于 I/O 系统中外设的 I/O 操作，可以有不同的设备处理方式。对于某种类型的设备，专门设置一个进程，用于执行这类设备的 I/O 操作；可以在整个系统中设置一个 I/O 进程，专门用于执行 I/O 系统中所有各类设备的 I/O 操作。若不设置专门的设备处理进程，则需要为各类设备设置相应的设备处理程序，供用户进程或系统进程调用。

3. 中断服务程序层

由前一章内容可知整个中断过程包括三个阶段：中断请求、中断响应和中断处理。其中，中断处理的过程就是 CPU 执行一个中断服务程序的过程，完全由软件完成。不同的中断源对应的中断服务程序不同，但是所有中断服务程序的结构是基本相同的，均包含三个阶段：准备阶段、处理阶段和恢复阶段。图 7-6 是中断服务程序的典型结构。

在准备阶段，CPU 在保存断点、保护现场和旧屏蔽

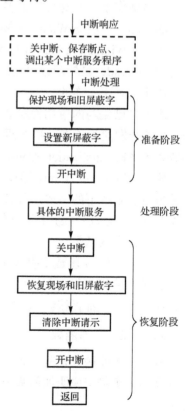

图 7-6 中断服务程序的典型结构

字及设置新屏蔽字的过程中，一直处于关中断状态。CPU 响应中断后首先将中断允许触发器清 0，即关中断，在进行具体的中断服务前，再通过执行开中断指令来使中断允许触发器置 1，以允许 CPU 在进行具体中断服务过程中，响应新的未被屏蔽的中断请求。

在恢复阶段，结束处理中断程序后，也要让 CPU 通过相应指令实现关中断，并在中断返回前再次开中断。以保证主程序能返回到原来的断点继续执行。中断服务程序中使用 I/O 指令对可编程中断控制器中的中断请求寄存器和中断屏蔽字寄存器进行访问，以使这些寄存器中相应的位清 0 或置 1，完成"设置新屏蔽字"和"清除中断请求"操作。通过"入栈"和"出栈"指令来实现"保护现场和旧屏蔽字""恢复现场和旧屏蔽字"的相关功能。

在设备驱动程序和中断服务程序中用到的 I/O 指令、开中断指令和关中断指令都是特权指令，这些指令只能在操作系统内核程序中使用。

7.3.3 用户空间输入/输出软件

用户空间中的代码运行在较低的特权级别上，设定了一些具体的使用限制，不能使用某些特定的系统功能，也不能直接访问内核空间和硬件设备，只能看到允许它们使用的部分系统资源，与内核空间的程序代码区别较大。用户空间 I/O 软件包括系统级 I/O 函数、标准 I/O 库函数及用户程序中的 I/O 函数。

1. 系统级 I/O 函数

很多操作系统本身会提供多个函数供外部的第三方应用程序调用，这些函数属于操作系统的一部分。假设 Windows 操作系统开发商自己提供一个专门用于从键盘读入数据的函数，命名为 Winread，Linux 操作系统开发商也提供了一个专门用于从键盘读入数据的函数，命名为 Linread，虽然函数 Winread 和 Linread 功能是一样的，但在两个系统中，它们的内部具体实现是不一样的。

用户自己编写的应用程序通过调用系统级别函数，来实现读取、写入等访问硬件的操作，系统开发商为了进一步方便直接调用这些函数，把这些众多的系统级别函数封装起来，形成系统 API(Application Programming Interface)，即应用编程接口。

假设 Windows、Linux 操作系统开发商分别将读入数据的系统函数 Winread 和 Linread 封装成各自系统下的 API，命名为 readAPI，则用户程序中只要调用这个 readAPI，就可以在 Windows、Linux 系统上不做任何改变运行读入数据的指令。这里的函数 readAPI 就是一个通用的标准的函数。

在标准 I/O 库函数中引入流缓冲区，可以尽量减少系统调用的次数。因为使用流缓冲区后，可以使用户程序仅与缓冲区进行信息交换，即可使文件的内容缓存在用户的缓冲区中，而不是每次都直接读/写文件，进而减少执行系统调用的次数。

2. 标准 I/O 库函数

标准 I/O 库函数是基于底层的系统调用函数实现的，以下利用标准 I/O 库函数 fopen() 的实现作为实例来说明如何基于底层的系统级 I/O 函数实现标准 I/O 库函数。fopen() 的用法如下：

```
#include < stdio.h >
FILE *fopen ( char *name, char *mode );
```

fopen()函数的功能是打开文件名为 name 的文件，具体来说，主要是分配一个 file 结构，并初始化其中的流缓冲区，返回指向该 FILE 结构的指针，不管因为什么原因不能打开文件，都返回 null。

参数 mode 指出用户程序如何使用文件，可以是"rwab+"中的一个或多个字符构成的字符串，如'r'、'w'、'a'、'a+b'等。各字符的含义如下。

（1）若 mode 中有'a'（append），则参数值能写到文件末尾，且当前读/写位置为文件末尾处。

（2）若 mode 中有'r'（read），则文件必须已经存在并包含数据；若文件不存在或不能被打开，则返回 null。数据只能写到文件末尾，且当前读/写位置为文件末尾处。

（3）若 mode 中有'w'（write），则对于已经存在的文件截断到 0 字符，而对于不存在的文件需要创建'w'。

（4）若 mode 中有'+'（update），则允许从该文件读取数据或写入数据。若'+'和'r'或'w'同时使用，则可以在文件的任意一处读取或写入。若'+'和'a'同时使用，则数据只能写入文件末尾。

（5）若 mode 中有'b'（binary），则表示文件按二进制形式打开；否则文件按文本形式打开。

用户程序总是通过某种 I/O 函数或 I/O 操作符请求 I/O 操作的。例如，用户程序需要读一个磁盘文件中的记录时，它可以通过调用标准 I/O 库函数 fread()，也可以直接调用系统调用的封装函数 read()来提出 I/O 请求。不管用户程序中调用的是标准 I/O 函数还是系统调用的封装函数，最终都是通过操作系统内核提供的系统调用来实现 I/O 转换的。图 7-7 给出了用户程序、C 语言函数库和内核之间的调用关系。

从图 7-7 中可以看出，对于一个 C 语言用户程序，若在某个过程（函数）中调用了 printf()，则在执行到调用 printf()语句时，便会转到 C 语言函数库中对应的 I/O 标准库函数 printf()去执行，而 printf()最终又会转到调用函数 write()；在执行到调用 write()语句时，便会通过一系列步骤在内核空间中找到 write()对应的系统调用服务例程来执行，从而从用户态转到内核态执行。

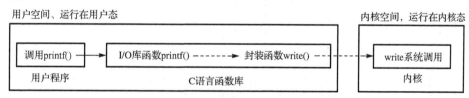

图 7-7　用户程序、C 语言函数库和内核之间的调用关系

每个系统调用的封装函数都会被转换为一组与具体机器架构相关的指令序列，这个指令序列中至少有一条陷阱指令，在陷阱指令前可能还有若干条传送指令用于将 I/O 操作的参数送入相应的寄存器中。

例如，在 IA-32 中，陷阱指令就是 INT *n* 指令，也称为软中断指令。不同架构有不同的指令用作系统调用，在系统调用指令前通过一串传送指令将系统调用号等参数传送到相应的寄存器中。系统调用号通常在 EAX 寄存器中，用户进程的 I/O 请求通过调出操作系统中相应的系统调用服务例程来实现。

使用标准 I/O 库函数有以下不足。

（1）因为没有支持文件安全性的函数，所以不能保证文件的安全性。

（2）所有 I/O 操作都是同步的，即程序必须等待 I/O 操作真正完成后才能继续执行。

（3）在一些情况下，不适合甚至无法使用标准 I/O 库函数来实现 I/O 功能，例如，标准 I/O 库中不提供读取文件元数据的函数。

（4）标准 I/O 库函数还存在一些问题，使得用其进行网络编程时会易于出现缓冲区溢出等风险，同时它也不提供对文件进行加锁和解锁等功能。

因此，常根据问题基于底层的系统级 I/O 函数自行构造高层次 I/O 函数，以提供弥补标准 I/O 库函数不足的 I/O 读操作函数和 I/O 写操作函数。

以常见的 I/O 函数为例。标准 I/O 库提供了相应的函数 scanf 和 printf。

```c
#include <stdio.h>
Void main( )
{
Int a;int b;int c;
    scanf("%d %d",&a,&b);
    c=a+b;
    printf("sum=%d\n",c);
}
```

将以上代码转为以下汇编代码。

```
00401010            PUSH EBP
00401011            MOV EBP,ESP
00401013            SUB ESP,4C
00401016            PUSH EBX
00401017            PUSH ESI
00401018            PUSH EDI
00401019            LEA EAX,[EBP-8]
0040101C            PUSH EAX
0040101D            LEA ECX,[EBP-4]
00401020            PUSH ECX
00401021            PUSH OFFSET 00422028
00401026            CALL 004010E0
0040102B            ADD ESP,0C
0040102E            MOV EDX,DWORD PTR SS:[EBP-4]
00401031            ADD EDX,DWORD PTR SS:[EBP-8]
00401034            MOV DWORD PTR SS:[EBP-0C],EDX
00401037            MOV EAX,DWORD PTR SS:[EBP-0C]
0040103A            PUSH EAX
0040103B            PUSH OFFSET 0042201C                    ;
00401040            CALL 00401060
00401045            ADD ESP,8
00401048            POP EDI
00401049            POP ESI
```

```
0040104A            POP EBX
0040104B            MOV ESP,EBP
0040104D            POP EBP
0040104E            RET
```

调用输入功能函数时，scanf 传递 3 个参数，"PUSH EBX"取 a 的地址，并传入栈中。"PUSH EAX"取 b 的地址，并传入栈中。再将[EBP−4]的地址传入栈中，调用 scanf 函数，进入 scanf 函数内部执行，直至 scanf 函数的 RET 指令，函数返回到 CALL 指令的下一条指令去执行，即"ADD ESP,8"，清理参数占用的栈空间，这样就完成了 scanf 函数的调用。同理，printf 函数的调用也是类似的过程。

3. 用户程序中的 I/O 函数

标准 I/O 库函数比系统调用的封装函数抽象层次高，通常情况下，C 语言程序设计人员大多使用较高层次的标准 I/O 库函数，而很少使用底层的系统级 I/O 函数。使用标准 I/O 库函数得到的程序移植性较好，可以在不同体系结构和操作系统平台下运行。很多情况下，使用标准 I/O 库函数就能解决问题，特别是对于磁盘和终端设备的 I/O 操作。

在用户空间 I/O 软件中，用户程序可以通过调用特定的 I/O 函数提出 I/O 请求。在 Windows 系统中，用户程序可以调用标准 I/O 库函数，此外，还可以调用 Windows 提供的 API 函数，如文件 I/O 函数 CreateFile()、ReadFile()、WriteFile()、CloseHandle()和控制台 I/O 函数 ReadConsole()、WriteConsole()等。同样在 Unix/Linux 系统中，用户程序使用的 I/O 函数可以是标准 I/O 库函数或系统调用的封装函数，前者如文件 I/O 函数 fopen()、fread()、fwrite()和 fclose()或控制台 I/O 函数 printf()、putc()、scanf()和 getc()等，后者如 open()、read()、write()和 close()等。

表 7-1 是关于部分文件 I/O 函数和控制台 I/O 函数的对照表，其中包含了标准 I/O 库函数、Unix/Linux 系统级 I/O 函数和用于 I/O 的 Windows API 函数。

表 7-1　关于部分文件 I/O 函数和控制台 I/O 函数的对照表

序号	C 标准库函数	UNIX/Linux	Windows	功能描述
1	gentc，scanf，gets	read	ReadConsole	从标准输入上读取信息
2	fread	read	ReadFile	从文件读入信息
3	Putc，printf，puts	write	WriteConsole	在标准输入上写入信息
4	fwrite	write	WriteFile	在文件上写入信息
5	fopen	open，creat	CreateFile	打开/创建一个文件
6	fclose	close	CloseHandle	关闭一个文件（Close-Handle 不限于文件）
7	fseek	lseek	SetFilePointer	设置文件的读/写位置
8	rewind	lseek(0)	SetFilePointer(0)	将文件指针设置成指向文件开头
9	remove	unlink	DeleteFile	删除文件
10	feof	无对应	无对应	停留到文件末尾
11	pernor	sterror	FormatMessage	输出错误信息
12	无对应	stat，fstat，lstat	GetFileTime	获取文件的时间属性
13	无对应	stat，fstat，lstat	GetFileSize	获取文件的长度属性
14	无对应	fcnt	LockFile/UnlockFile	文件的长度属性
15	使用 stdin、stdout 和 stder	使用文件描述 0、1 和 2	GetStdHandle	标准输入、标准输出和标准错误设备

从表 7-1 中可以看出，C 标准库中提供的函数并没有涵盖所有底层操作系统提供的功能函数，如表中第 12 项、第 13 项和第 14 项。不同的 C 标准库函数可能调用相同的系统调用，例如，表中第 1 项和第 2 项中不同的 C 标准库函数是由同一个系统调用 read 实现的，表中第 3 项和第 4 项中不同的 C 标准库函数都是由 write 系统调用实现的。

此外，标准 I/O 库函数、Unix/Linux 和 Windows 的 API 函数所提供的 I/O 操作功能并不是一一对应的。虽然对于基本的 I/O 操作，这些函数有大致一样的功能，但是在使用时还是要注意它们之间的区别。其中，一个重要的不同点是，它们的参数中对文件的标识方式不同，例如，函数 read() 和函数 write() 的参数中指定的文件用一个整数类型的文件描述符来标识；而 C 标准库函数 fread() 和 fwrite() 的参数中指定的文件用一个指向特定结构的指针类型来标识。

4．用户程序中的 I/O 指令

（1）I/O 指令。I/O 指令是机器指令的一类，其指令格式与其他指令既有相似之处，又有不同之处。I/O 指令可以与其他机器指令的字长相等，但它还应该能反映 CPU 与 I/O 设备交换信息的各种特点，如 I/O 指令必须能反映出多台 I/O 设备的设备码或地址码，以及在完成信息交换过程中，对不同设备应做哪些具体操作等。

I/O 指令的命令码一般可表述成以下几种情况。

① 数据读入。例如，将某台设备 I/O 接口的数据缓冲寄存器中的数据读到 CPU 的某个寄存器（如累加器 ACC）中。

② 数据输出。例如，将 CPU 的某个寄存器（如 ACC）中的数据写入某台设备 I/O 接口的数据缓冲寄存器。

③ 状态测试。利用命令码检测各个 I/O 设备所处的状态是"忙（Busy）"还是"准备就绪（Ready）"，以便决定下一步是否可进入主机与 I/O 设备交换信息的阶段。

④ 形成操作命令。不同 I/O 设备与主机交换信息时，需要完成不同的操作。例如，对于磁盘驱动器，需要读扇区、写扇区、找磁道、扫描记录标识符等。磁盘驱动器属于存储系统，但从管理角度来看，调用这些设备与调用其他 I/O 设备又有共同之处。

（2）通道指令。通道指令又称为**通道控制字（Channel Control Word，CCW）**，它是对具有通道的 I/O 系统专门设置的执行 I/O 操作的指令，可以由管理程序存放在主存的任意位置，由通道从主存中取出并执行。通道程序由通道指令组成，可完成某种外围设备与主存之间传送信息的操作，如将磁带记录区的部分内容送到指定的主存缓冲区内。这类指令一般用于指明参与写入或读取的数据组在主存中的首地址；指明需要传送的字节数或所传送数据组的末地址；指明所选设备的设备码及完成某种操作的命令码。这类指令的位数一般较长，如 IBM 370 机的通道指令为 64 位。

I/O 指令是 CPU 指令系统的一部分，是 CPU 用来控制 I/O 操作的指令，由 CPU 译码后执行。通道指令是通道自身的指令，用来执行 I/O 操作。在具有通道结构的计算机中，I/O 指令不进行 I/O 数据的传送，而是主要完成启/停 I/O 设备、查询通道和 I/O 设备的状态及控制通道所做的其他操作。对于具有通道指令的计算机，一旦 CPU 执行了启动 I/O 设备的指令，就由通道代替 CPU 对 I/O 设备的管理。

7.4　CPU 与外设的数据交换方式

因数据处理速度不匹配等因素，CPU 与外设进行数据交换时不能直接进行通信，需要利用底层 I/O 软件以及在 CPU、存储器和 I/O 硬件之间建立的总线及 I/O 接口来控制设备的输入与输出。I/O 设备与主机交换信息时，按照传送控制方式的不同可分为 5 种，即程序查询方式、程序中断方式、直接存储器存取（DMA）方式、I/O 通道方式和 I/O 处理机方式，本节主要介绍前三种控制方式。

程序查询方式是最简单的 I/O 信息传送机制，通过执行 I/O 指令将数据移入或移出系统。中断机制是外围设备用于向 CPU 请求数据传输时的机制，因为它只在外围设备就绪时发生，所以中断驱动的 I/O 比程序控制的 I/O 更有效。直接存储器存取（DMA）方式是最复杂的一种策略，这种方式需要一个控制子系统接管总线控制及在外设与存储器之间初始化数据的传输，CPU 可以根据实际配置在 DMA 操作期间暂停或者可以将其自身的操作与 DMA 周期交织在一起。

7.4.1　程序查询方式

程序查询方式是通过查询程序控制主机和外设之间数据交换的一种方式，该方式在查询程序中安排相应的 I/O 指令，通过这些指令直接向 I/O 接口传送控制命令，并从状态寄存器中取得外设和 I/O 接口的状态后，根据状态来控制外设和主机之间的数据交换。

当需要启动某个 I/O 设备时，必须将该程序插入现行程序中，CPU 启动 I/O 设备后便开始对 I/O 设备的状态进行查询。CPU 从某个 I/O 设备读数据块至主存的程序查询方式流程如图 7-8 所示。程序查询方式具体流程如下。

（1）设置 I/O 设备与主机交换数据的计数值。

（2）设置将要传送的数据在主存缓冲区的首地址。

（3）CPU 启动 I/O 设备。

（4）将 I/O 接口中的设备状态标志提取至 CPU 并测试 I/O 设备是否准备就绪。若 I/O 设备未准备就绪，则需要等待 I/O 设备准备就绪为止；若 I/O 设备准备就绪，则可进行传送。对输入而言，准备就绪意味着 I/O 接口的数据缓冲寄存器已装满欲传送的数据，称为输入缓冲满，CPU 即可取走数据；对输出而言，准备就绪意味着 I/O 接口中的数据已被设备取走，故称为输出缓冲空，这样 CPU 可再次将数据送到 I/O 接口，I/O 设备可再次从 I/O 接口接收数据。

（5）CPU 执行 I/O 指令，或从 I/O 接口的数据缓冲寄存器中读出一个数据，或把一个数据写入 I/O 接口中的数据缓冲寄存器，同时将 I/O 接口中的状态标志复位。

（6）修改主存地址。

（7）修改计数值，若原设置计数值为原码，则依次减 1；若原设置计数值为补码，则依次加 1。

（8）判断计数值。若计数值不为 0，则表示一批数据尚未传送完，需要重新启动外设继续传送；若计数值为 0，则表示一批数据已传送完毕。

（9）结束 I/O 传送，继续执行现行程序。该环节主要通过读取状态寄存器的标志位来检查外设是否准备就绪。若没有准备就绪，则程序不断循环，直至准备就绪后才继续进行下一步工作。但在实际过程中，有时由于外设故障导致不能准备就绪，使查询程序进入死循环。为解决这个问题，通常可采用超时判断来处理这种异常，即若循环程序超过了规定时间，则自动退出该查询环节。确定系统是否准备就绪，可通过将状态寄存器中的某位设置为标志位来确定；若系统中有多个端口的状态需要查询，则可定义多个标志位，并将它们集中在同一个状态寄存器内，查询时 CPU 需按各个 I/O 设备在系统中的优先级别进行逐级查询，并且可采用轮询的办法进行查询。此时，CPU 将依次按照既定的顺序查询各标志位，若某个标志位准备就绪，则对其进行服务，服务完成后继续进行查询。

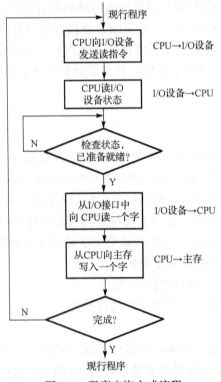

图 7-8 程序查询方式流程

由图 7-8 可见，只要一启动 I/O 设备，CPU 便会不断查询 I/O 设备的准备情况，从而终止原程序的执行。CPU 在反复查询过程中，无法继续原来的工作。另外，I/O 设备准备就绪后，CPU 要按字从 I/O 设备取出数据，然后送至主存，此时 CPU 也不能执行原程序，可见这种方式使 CPU 和 I/O 设备处于串行工作状态，这时 CPU 的工作效率不高。

程序查询方式的特点是控制程序编写容易、简单、易控制，I/O 接口中的控制电路简单、工作可靠、适用面宽。但由于 CPU 需要从 I/O 接口中读取状态信息，因此需要不断测试状态信息，并在外设未准备就绪时一直处于忙等待。使大量 CPU 的工作时间将被查询环节消耗掉，导致传送效率较低。程序查询方式适用于 CPU 负担不重、所配外设对象不多、实时性要求不太高的情况。

7.4.2　程序中断方式

在程序查询方式中，CPU 与外设之间是一种交替进行的串行工作方式。这对 CPU 资源的使用造成很大浪费，使整个系统性能降低。尤其对某些数据输入或输出速度很慢的外部设备（如键盘、打印机等）更是如此。为弥补这种缺陷，提高 CPU 的使用效率，在 I/O 传输过程中，常采用中断传输机制来处理 I/O 事务的发生。采用程序中断方式从 I/O 设备读数据块到主存的程序流程如图 7-9 所示。

程序中断方式的基本思想是，当需要进行 I/O 操作时，首先启动外设进行第一个数据的 I/O 操作，然后 CPU 仍继续执行原程序，而请求 I/O 的用户进程被阻塞。在 CPU 执行其他进程的过程中，外设在对应 I/O 接口的控制下进行数据的 I/O 操作。若 I/O 设备的一批数据尚未传送结束，则 CPU 再次启动 I/O 设备，命令 I/O 设备再做准备，周而复始，直至一批数据传送完毕。当外设完成 I/O 操作后，向 CPU 发送一个中断请求信号，CPU 检测到中断请求信号后，就暂停正在执行的进程，并调出相应的中断服务程序执行。CPU 在中断服务程序中，启动随后数据的 I/O 操作，然后中断返回，返回到被打断的进程继续执行。中断是在外设提供的信号有效时才开始查询的，故 CPU 不必查询外设状态，与外设可同时工作，大大提高其使用效率。

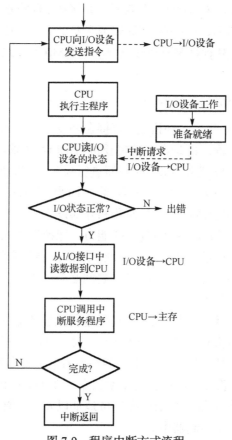

图 7-9　程序中断方式流程

程序中断方式中，CPU 与 I/O 设备的关系是 I/O 主动、CPU 被动，即 I/O 操作由 I/O 设备启动。程序中断方式在 I/O 设备进行准备时，CPU 不必时刻查询 I/O 设备的准备情况，即 CPU 执行程序与 I/O 设备做准备是同时进行的，这种方式与程序查询方式相比，CPU 的资源得到了充分的利用。程序中断方式的显著特点是：能节省 CPU 大量的时间，实现 CPU 与外设并行工作，提高计算机的使用效率，并使 I/O 设备的服务请求得到及时处理。程序中断方式适用于计算机工作量较大，且实时性要求又高的系统。当然，采用程序中断方式，CPU 和 I/O 接口不仅在硬件方面需增加相应的电路，而且在软件方面还必须编写中断服务程序，且需要已知其程序入口地址。另外，程序调用时间由外部信号决定。

7.4.3　DMA 方式

对于前面两节介绍的两种数据交换方式仍然是利用间接传送方式与外设交换信息，对于高速的外设以及成块交换数据时伴随地址指针改变的情况，这两种方式可能无法满足数据存储的要求，也使得传输速度进一步降低。程序中断方式虽然消除了程序查询方式的"踏步"现象，但是 CPU 在响应中断请求后，必须停止现行程序而转入中断服务程序，并且为了完成 I/O 设备与主存交换信息，依然需要占用 CPU 内部的一些寄存器，这同样是对 CPU 资源的消耗。为了进一步提高 CPU 的工作效率，直接在 I/O 设备与主存之间设计一条数据通路，交换信息时不通过 CPU，不影响 CPU 完成自身的工作，这种外设与主机间数据传送方式称为**直接存储器存取（Direct Memory Access，DMA）**方式，使计算机资源利用率得到进一步提高。

1．DMA 方式的接口组成与工作原理

DMA 方式就是在系统中建立一种机制，直接在外设与主存间建立通道，CPU 不再直接参加外设与主存间的数据传输，而是在系统需要进行 DMA 传输时，将 CPU 对地址总线、数据总线及控制总线的管理权交由 DMA 控制器进行控制。当完成一次 DMA 数据传输后，再将这个控制权还给 CPU。采用 DMA 方式需要一个硬件 DMAC（称为 DMA 控制器）芯片来完成相关工作，DMA 控制器是能在存储器和外部设备之间实现直接而高速地传送数据的一种专用 CPU，具有独立访问主存和端口的能力，能接管总线及可以向存储器和外设发送读/写控制信号。当 CPU 放弃数据总线、地址总线及控制总线的控制权时，由 DMAC 实现外设和主存间的数据交换，同时包括与 CPU 之间必要的连接。这些工作都是由硬件自动完成的，并不需要程序进行控制。

DMA 接口是与具体 I/O 设备相适配的，提供进行数据传输的接口逻辑，负责申请、控制总线以控制 DMA 传输的功能逻辑。与 I/O 接口一样，DMA 接口也有若干个寄存器，包括主存地址寄存器、字计数器、数据缓冲寄存器和设备地址寄存器等，以及其他控制逻辑。DMA 接口能控制设备通过总线与主存直接交换数据。在 DMA 传送前，应先初始化 DMA 控制器，将需要传送的数据个数、数据所在设备地址以及主存首地址、主存与外设间数据传送的方向等参数送到 DMA 控制器中。

最简单的 DMA 接口由以下几部分组成。

（1）主存地址寄存器。用于存放主存中需要交换数据的地址。在 DMA 传送数据前，必须通过程序将数据在主存中的首地址送到主存地址寄存器中。在 DMA 传送过程中，每交换一次数据，即将地址寄存器中的内容加 1，指向下一个数据地址，直到一批数据传送完毕为止。

（2）字计数器。用于记录传送数据的总字数，通常以交换字数的补码值预置。在 DMA 传送过程中，每传送一个字，字计数器就加 1，直到计数器为 0，即最高位向上产生进位时，表示该批数据传送完毕。若交换字数以原码值预置，则每传送一个字，字计数器就减 1，直到计数器为 0 时，表示该批数据传送结束。结束后 DMA 接口向 CPU 发送中断请求信号。

（3）数据缓冲寄存器。用于暂存每次传送的数据。通常 DMA 接口与主存之间采用字传送方式，而 DMA 与设备之间可能是字节传送或位传送，因此需要 DMA 接口中包括具有装配或拆卸字信息的硬件逻辑，如数据移位缓冲寄存器、字节计数器等。

（4）DMA 控制逻辑。DMA 控制逻辑管理 DMA 的传送过程，由控制电路、时序电路及命令状态控制寄存器等组成。当设备准备好一个数据字（或一个字传送结束）时，就向 DMA 接口提出申请，DMA 控制逻辑便向 CPU 请求 DMA 服务，发出总线使用权的请求信号。待收到 CPU 发出的响应信号后，DMA 控制逻辑便开始负责管理 DMA 传送的全过程，包括对主存地址寄存器和字计数器的修改、识别总线地址、指定传送类型（输入或输出）以及通知设备已经被授予一个 DMA 周期等。

（5）中断机构。当字计数器全 0 溢出时，表示一批数据交换完毕，由 DMA 接口发送溢出信号通过中断机构向 CPU 提出中断请求，请求 CPU 作为 DMA 操作的后处理。这里的中断与第 6 章介绍的 I/O 中断技术相同，但中断的目的不同，前者是为了数据的输入或输出，而这里是为了报告一批数据传送结束，即它们是 I/O 系统中不同的中断事件。

（6）设备地址寄存器。存放 I/O 设备的设备码或表示设备信息存储区的寻址信息，如磁盘数据所在的区号、盘面号和柱面号，其具体内容取决于设备的数据格式和地址的编址方式。

DMA 传送的工作原理如图 7-10 所示。当外设把数据准备好后，通过 DMA 接口向 DMA 控制器发出一个请求信号 DMARQ（DMA 申请）；DMA 控制器接收到此信号后，向 CPU 发出 BUSRQ 信号；CPU 完成现行的机器周期后相应发出 BUSAK 信号，交出对总线的控制权；DMA 控制器接收到此信号后便接管总线，并向 I/O 设备发出 DMA 请求的响应信号 DMAAK，完成外设与存储器的直接连接。然后按照事先设置的初始地址和需传送的字节数，在存储器和外设间直接进行交换数据，并循环检查传送是否结束，直至数据全部传送完毕。

由图 7-10 可见，由于主存与 DMA 接口之间有一条数据通路，因此主存与设备交换信息不通过 CPU，也不需要 CPU 暂停现行程序为设备服务，省去了保护现场和恢复现场的步骤，因此 DMA 方式的工作速度比程序中断方式的工作速度快。因为高速 I/O 设备每次申请与主机交换信息时都要等待 CPU 做出中断响应后再进行，这样很可能因此使数据丢失，所以这种传送方式特别适合于高速 I/O 或辅存与主存之间的信息交换。

DMA 方式下，CPU 只要在最初的 DMA 控制器初始化和最后处理"DMA 结束"中断时介入，而在整个一块数据传送过程中都不需要 CPU 参与，因此 CPU 用于 I/O 设备的开销非常小。

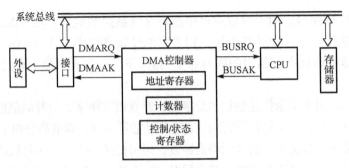

图 7-10　DMA 传送的工作原理

2. DMA 传送的工作流程

DMA 功能随着大规模集成电路技术的发展而扩展，除可以应用于存储器与外设间信息交换外，还可扩展到两个存储器之间，或者应用两种高速外设之间进行信息交换。

DMA 的数据传送过程分为预处理、数据传送和后处理 3 个阶段。

（1）预处理。在 DMA 接口开始工作前，CPU 必须预先设置如下输入与输出信息。

① 指明数据在 DMA 控制逻辑中的输入或输出的传送方向。

② 将设备号送入 DMA 设备地址寄存器中，并启动设备。

③ 向 DMA 主存地址寄存器送入交换数据的主存起始地址。

④ 对字计数器设置交换数据的个数。

上述程序初始化阶段的工作由 CPU 执行相关指令完成。完成后，CPU 继续执行原来的程序。

I/O 设备准备好发送的数据或上次接收的数据已经处理完毕时，便通过 DMA 接口向 CPU 提出占用总线的申请，若有多个 DMA 同时申请，则由硬件排队判优逻辑确定优先级，等待 I/O 设备得到主存总线的控制权后，数据的传送便由该 DMA 接口进行管理。

（2）数据传送。DMA 方式是以数据块为单位传送的，以数据输入为例，具体操作如下。

① 当设备准备好待传送的数据是一个字时，发出选通信号，将该字读到 DMA 数据缓冲寄存器（BR）中，表示 DMA 数据缓冲寄存器"满"，若 I/O 设备是以字符传送的，则一次读入 1 字节，并组成一个字。

② 与此同时，设备向 DMA 接口发送请求（DMARQ）。

③ DMA 接口向 CPU 申请总线控制权（BUSRQ）。

④ CPU 发回 BUSAK 信号，表示允许将总线控制权交给 DMA 接口。

⑤ 将 DMA 主存地址寄存器中的主存地址送入地址总线，并命令存储器写入。

⑥ 通知设备已被授予一个 DMA 周期（DACK），并为交换下一个字做准备。

⑦ 将 DMA 数据缓冲寄存器的内容送入数据总线。

⑧ 主存将数据总线上的信息写入地址总线指定的存储单元。

⑨ 修改主存地址和字计数值。DMA 控制器每完成一个数据的传送，就将字计数器减 1，并修改主存地址。当字计数器为 0 时，表示完成所有 I/O 操作。

⑩ 通过计数器是否溢出判断数据块是否传送结束，若传送未结束，则继续传送；若传

送已结束，则向 CPU 申请程序中断，表示数据块传送结束。

若以数据输出为例，则应完成以下操作顺序。

① DMA 数据缓冲寄存器已将输出数据送至 I/O 设备后，表示 DMA 数据缓冲寄存器已"空"。

② 设备向 DMA 接口发送请求（DMARQ）。

③ DMA 接口向 CPU 申请总线控制权（BUSRQ）。

④ CPU 发回 BUSAK 信号，表示允许将总线控制权交给 DMA 接口使用。

⑤ 将 DMA 主存地址寄存器中的主存地址送地址总线，并命令存储器读。

⑥ 通知设备已被授予一个 DMA 周期（DACK），并为交换下一个字做准备。

⑦ 主存将相应存储单元的内容通过数据总线读入 DMA 数据缓冲寄存器中。

⑧ 将 DMA 数据缓冲寄存器的内容送到输出设备，若输出设备为字符设备，则需将其拆成字符输出。

⑨ 修改主存地址和字计数值。

⑩ 判断数据块是否已传送完毕，若数据块未传送完毕，则继续传送；若数据块已传送完毕，则向 CPU 申请程序中断。

（3）后处理。当 DMA 的中断请求得到响应后，CPU 停止原程序的执行，转去执行中断服务程序，故 DMA 结束工作。该过程包括校验送入主存的数据是否正确；决定是否继续用 DMA 传送其他数据块。若继续传送，则要对 DMA 接口进行初始化；若不需要传送，则停止使用外设。测试在传送过程中是否发生错误，若出错，则转错误诊断及处理错误程序。在整个 DMA 工作期间，不同传送周期有不同的时序要求，且随 DMA 芯片的不同而有所差异。DMA 传送完成后，自动撤销发向 CPU 的总线请求信号，使总线响应信号和 DMA 响应信号相继失效。此时，CPU 恢复对总线的控制权，继续执行正常操作。

DMA 接口与系统的连接方式有两种，一种是具有公共请求线的 DMA 请求方式，若干个 DMA 接口通过一条公用的 DMA 请求线向 CPU 申请总线控制权。CPU 发出响应信号，用链式查询方式通过 DMA 接口，首先选中的设备获得总线控制权，即可占用总线与主存传送信息。另一种是独立的 DMA 请求方式，每个 DMA 接口各有一对独立的 DMA 请求线和 DMA 响应线，它由 CPU 的优先级判别机构确定首先响应哪个请求，并在响应线上发出响应信号，被获得响应信号的 DMA 接口便可控制总线与主存传送数据。

对比中断传输方式，DMA 方式有如下特点。

① 从数据传送看，程序中断方式靠程序传送，DMA 方式靠硬件传送，DMA 方式的传输速率高，硬件成本也高。

② 从 CPU 响应时间看，程序中断方式是在一条指令执行结束时响应，而 DMA 方式可在指令周期内的任意一个存取周期结束时响应。

③ 程序中断方式有处理异常事件的能力，DMA 方式没有这种能力，主要用于大批数据的传送，如硬盘存取、图像处理、高速数据采集系统等，可提高数据吞吐量。

④ 程序中断方式需要中断现行程序，故需保护现场；DMA 方式不中断现行程序，无须保护现场。

⑤ DMA 的优先级比程序中断的优先级高。

3. DMA 操作方式

DMA 控制器有三种常见的操作方式，即单字节方式、字组方式和连续方式。

（1）单字节方式。在单字节操作方式下，DMA 每操作一次只传送 1 字节。即获得总线控制权后，每传送完 1 字节的数据，便将总线控制权还给 CPU，按这种工作方式，无论多大的数据块，都只能以字节为单位传送，完成 1 字节的传送后，由 DMA 控制器重新向 CPU 申请总线控制。

（2）字组方式。字组方式也称为请求方式或查询方式。这种方式以具有 DMA 请求为前提，能够连续传送一批数据。在此期间，DMA 控制器一直使用总线控制权。但当数据传送结束、DMA 请求无效、检索到匹配字节及外加一个过程结束信号时，DMA 控制器便释放总线控制权。

（3）连续方式。连续方式是指在数据块传送的整个过程中，不管 DMA 请求是否撤销，DMA 控制器始终控制着总线。除非传送结束或检索到匹配字节，才把总线控制权交回给 CPU。在传送过程中，当 DMA 请求失效时，DMA 控制器将等待 DMA 请求变为有效，且释放总线。

上述三种操作方式各有特点：从 DMA 操作角度来看，连续方式的传输速度最快，字组方式次之，单字节方式最慢。但若从 CPU 的使用效率来看，则正好相反，即单字节方式最好，连续方式最差，字组方式居中。因为在单字节方式下，每传送完 1 字节，CPU 就会暂时收回总线控制权，并利用 DMA 操作的间隙进行中断响应、查询等工作。而在连续方式下，CPU 一旦交出总线控制权，就必须等到 DMA 操作结束，这将影响 CPU 的其他工作。因此，在不同应用中，应根据具体需要确定 DMA 控制器不同的操作方式。

4. DMA 传输操作过程举例

在 IA-32 系统中，假设某用户程序 P 中有以下一段 C 代码。

```
1    int len, n, buf[BUFSIZ];
2    FILE *fp;
3    …
4    fp = fopen ( "bfile.txt", "r");
5    n = fread ( buf, sizeof ( int ), BUFSIZ, fp);
6    …
```

假设文件 bfile.txt 已经存在磁盘上且存有足够多的数据，并且之前未被读取过。

图 7-11 是调用 fopen()函数到内核 I/O 软件执行过程，当执行到用户程序 P 中第 4 行语句时，将转入 C 标准库函数 fopen()执行，这是因为将要打开的文件 bfile.txt 已经存在。根据 fopen()函数源代码可知，fopen()将调用函数 open()，而 open 系统调用对应的指令序列中有一条陷阱指令 INT $0x80（或 sysenter），当执行到该陷阱指令时，将从用户态陷入内核态执行，在内核态首先执行的是 system_call 程序，该程序中再根据系统调用号转到对应的 open 系统调用服务例程 sys-open 执行，文件打开的具体工作由 sys_open()完成。因为用户进程使用 fread()函数读取的是一个普通的磁盘文件，所以应采用 DMA 控制 I/O 方式进行磁盘读操作。通过系统调用陷入内核后，底层的内核 I/O 软件的大致处理过程如下。

（1）由内核空间中与设备无关的 I/O 软件完成以下相关操作：执行 fopen()函数后得到一个指向结构 FILE 的指针 fp，所指结构中包含了打开文件的文件描述符 fd。根据文件 bfile.txt 的文件描述符 fd 找到对应的文件描述信息；根据相应的文件描述信息确定相应的磁盘设备驱动程序；根据文件当前指针确定所读数据在抽象的块设备中的逻辑块号；检查用户所需数据是否在高速缓存 RAM 中，以判断是否需要读磁盘。因为文件 bfile.txt 从未被读取过，所以用户所需数据肯定不会在高速缓存 RAM 中，同时也不会在用户缓冲区中，故需要调用相应的磁盘驱动程序执行读磁盘操作。

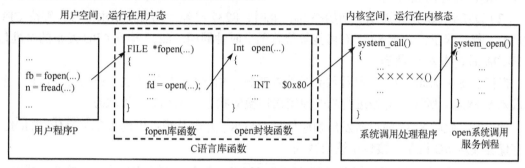

图 7-11　调用 fopen()函数到内核 I/O 软件执行过程

（2）在磁盘驱动程序中，首先检查磁盘驱动器的电机是否运转正常，将逻辑块号转换为磁盘物理地址（柱面号、磁头号、扇区号），对将要接收磁盘数据的主存空间进行初始化，对 DMA 控制器中的各个 I/O 端口进行初始化，然后发送"启动 DMA 传送"命令以启动具体的 I/O 操作，最后调用 CPU 调度程序以挂起当前用户进程 P，并使 CPU 转而执行其他用户进程。

（3）当 DMA 控制器完成 I/O 操作后，向 CPU 发送一个"DMA 完成"中断请求信号，CPU 调出相应的中断服务程序执行。CPU 在中断服务程序中，解除用户进程 P 的阻塞状态而使其进入就绪队列，然后中断返回，再回到被打断的进程继续执行。

下面将以 8237 DMA 控制器芯片的具体信号为例进一步说明 DMA 传输的全过程。

8237 的工作状态可以分为空闲周期和操作周期。操作周期又可细分为若干状态 S_i，有的状态只维持一个时钟周期，有的状态则可能维持若干时钟周期。以时序状态图形描述系统的 DMA 工作过程，如图 7-12 所示。

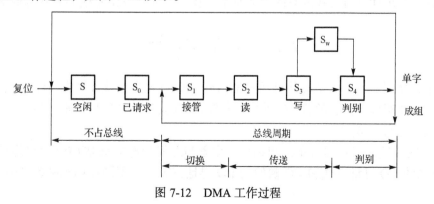

图 7-12　DMA 工作过程

（1）S 静态空闲周期。CPU 可以利用 8237 处于空闲周期进行 DMA 初始化，如预置 DMA 操作方式传输方向、主存缓冲区首址、传输字节数等。同时，CPU 还应向接口送出 I/O 设备的寻址信息。在 S 中，CPU 也可从 8237 中读回状态字等信息，以供 CPU 判断。

8237 的每个时钟周期都采样 $\overline{CS}$，查看 CPU 是否选中 8237 芯片，以便对 8237 进行读/写。每个时钟周期也要采样 DREQ，查看设备是否提出 DMA 请求。

当 8237 完成初始化设置以后，若已接收到设备的 DMA 请求，则向 CPU 发出总线请求信号 HRQ，并进入 S_0 状态。

（2）DMA 传输操作周期。初始态 S_0：此时，8237 已经发出总线请求信号，等待 CPU 的批准，若总线正忙，则 8237 有可能等待若干个时钟周期。8237 接到 CPU 发来的批准信号 HLDA 后，进入 S_1 状态。

操作态 S_1：此时，CPU 已经放弃总线控制权，由 8237 接管总线，送出总线地址，然后进入 S_2 状态。所以，S_1 是进行总线控制权切换的状态，又称为应答状态。

读出 S_2：此时 8237 向设备发出响应信号 DACK，并向总线送出读命令 $\overline{MEMR}$ 或 $\overline{IOR}$。从存储器或从 I/O 设备（接口）读出数据。

写入 S_3：此时 8237 发出写命令 $\overline{IOW}$ 或 $\overline{MEMW}$，将数据写入 I/O 设备（接口）或存储器。同时，对 8237 中的当前地址计数器与当前字节数计数器的内容进行修改。

延长等待 S_w：若在 S_2/S_3 内无法完成数据传输（READY 为低电平），则进入 S_w 延长总线周期继续进行数据传输。完成一次 DMA 传输后，READY 变为高电平，8237 进入 S_4。

判别 S_4：判别 8237 采取的传输方式，以采取相应的操作。若是单字节传输方式，则 8237 结束操作，放弃对总线的控制，然后返回到 S 空闲周期。当设备再次提出 DMA 请求时，8237 再次申请总线控制权。若是数据块连续传输方式，则 8237 在完成一次传输后，返回到 S_1 状态，继续占用下一个总线周期，$S_1 \sim S_4$ 继续传输，直到一个数据块批量传输完毕为止。

从时序控制方式看，如图 7-13 所示的过程是以时钟周期为单位的，所以属于同步控制方式。时钟周期数可在一定程度上随需要而改变，如在传输过程中可插入或不插入 S_w，因此部分引入了异步控制的策略。在 S_0 和 S_1 状态中，8237 并未占有总线；在 $S_2 \sim S_4$ 状态中，8237 占有总线。所以在微机中，一个典型的总线周期包含 4 个时钟周期。根据 CPU 的时钟频率，可以计算出计算机总线的总线周期基本时长，从而计算出总线的数据传输率。

7.5 本章小结

本章主要介绍与 I/O 系统软/硬件相关的内容。I/O 系统是实现计算机与外界之间的信息交换的一个整体组成部分。随着 I/O 系统的发展，I/O 设备的种类也越来越多，在计算机系统中所占比例也日益增大。

I/O 硬件系统包括 I/O 接口的组成结构、设备与总线的连接及 I/O 接口的两种寻址方式（存储器映像的 I/O 寻址方式和 I/O 映像的 I/O 寻址方式），不同计算机系统采用不同的寻址方式。

　　I/O 软件是控制硬件电路按要求工作的驱动，任何 I/O 接口的应用都需要软件的驱动与配合，I/O 软件系统包括内核空间的 I/O 软件和用户空间的 I/O 软件，分别用于操作系统运行时所使用的程序调度、虚拟存储或者连接硬件资源等的逻辑控制，以及在用户空间中使用部分系统资源，在较低的特权级别上运行代码。

　　CPU 与 I/O 接口交换数据的控制方式是本章的重点内容，为解决 CPU 与外设进行数据交换时速度不匹配的问题，需要利用底层 I/O 软件以及在 CPU、存储器和 I/O 硬件之间建立的总线及 I/O 接口来控制设备的输入与输出。对不同的外设而言，与主机交换信息时，可分为 5 种不同的传送控制方式：程序查询方式、程序中断方式、直接存储器存取（DMA）方式、I/O 通道方式和 I/O 处理机方式。

　　简单的程序查询 I/O 机制是通过执行适当的输入或输出指令将数据移入或移出系统的。中断机制是外围设备用于向 CPU 请求数据传输时的机制。中断驱动的 I/O 比程序控制的 I/O 更有效。DMA 传送方式是最复杂的一种策略，这种方式采用一个控制子系统接管总线控制及在外设和存储器之间初始化数据传输，CPU 可以根据实际配置在 DMA 操作期间暂停或者可以将其自身的操作与 DMA 周期交织在一起。

习　题　7

1. 计算机 I/O 系统的功能是什么？由哪几部分组成？

2. I/O 系统硬件包括哪些？各部分作用是什么？

3. 什么是 I/O 系统程序？什么是设备驱动程序？

4. 用户空间 I/O 函数的实现过程是什么？

5. 主机与 I/O 系统有几种连接方式？每种方式的优缺点各是什么？

6. 什么是 I/O 接口？I/O 接口有哪些类型？功能是什么？

7. 端口有哪几种编址方式？每种方式的特点是什么？

8. 说明程序中断方式的工作过程？

9. 说明 DMA 传送的工作过程？

10. DMA 接口由哪些逻辑电路组成？各有什么作用？

附录 A　OllyDbg 反汇编工具

1. OllyDbg 反汇编工具简介

在逆向分析领域，分析者需要利用相关的调试工具来分析软件的行为并验证结果。其中，OllyDbg 是一种功能强大、兼容性很好的反汇编软件。调试者可以随时中断目标的指令流程，以便观察相关的计算结果和当前的设备情况，也可以随时继续执行程序的后续指令。

OllyDbg 的启动页面如图 A-1 所示，该界面主要包括 5 个功能窗口。若加载可执行文件 1.exe，则窗口内容显示如图 A-2 所示的内容。

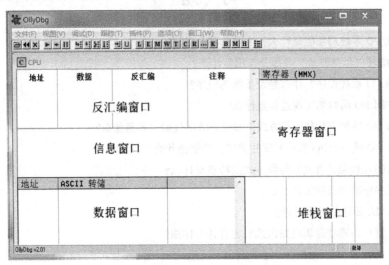

图 A-1　OllyDbg 的启动页面

（1）反汇编窗口：显示被调试程序的反汇编代码，依次包括汇编代码的地址窗口、数据窗口、反汇编窗口和注释窗口。

① 地址窗口中地址用十六进制数表示。

② 数据窗口中的数据为汇编指令的机器码，用十六进制数表示。

③ 反汇编窗口中的内容是 C 语言反汇编生成的汇编指令。

④ 注释窗口是对指令转移地址、程序入口等信息的说明。

（2）寄存器窗口：显示当前所选线程的 CPU 寄存器中的内容。

（3）信息窗口：显示当前执行到的反汇编代码的信息。

（4）数据窗口：显示主存或文件的内容。依次包括显示数据所在的主存地址窗口、数据对应的十六进制数编码窗口和数据对应的 ASCII 码信息窗口。

（5）堆栈窗口：显示当前程序的堆栈。依次包括显示栈地址窗口、栈存放的数据窗口和说明信息窗口。

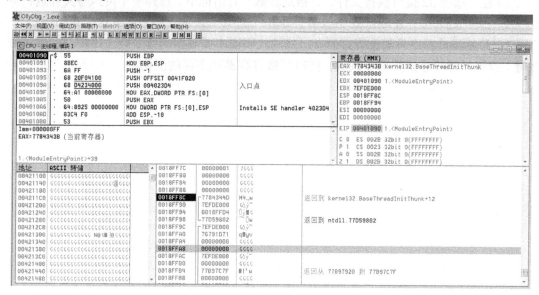

图 A-2　可执行文件启动页面

2. OllyDbg 快捷键

OllyDbg 快捷键包括设置断点、调试、单步调试等，OllyDbg 具体快捷键和功能说明如表 A-1 所示。

表 A-1　OllyDbg 具体快捷键和功能说明

编号	快捷键	功能说明
01	F2	在光标位置处设置断点，在 OllyDbg 反汇编视图中，使用 F2 键指定断点地址。再按一次 F2 键则会删除断点
02	F3	加载一个可执行程序，进行调试分析
03	F4	程序执行到光标位置处暂停
04	F5	缩小、还原当前窗口
05	F7	单步步入，进入函数实现内，跟进到 CALL 地址处 功能与单步步过（F8）类似，区别是遇到 CALL 等子程序时会进入其中，进入后首先会停留在子程序的第一条指令上
06	F8	单步步过，越过函数实现，CALL 指令不会跟进函数实现，即每按一次这个键执行一条反汇编窗口中的一条指令，遇到 CALL 等子程序不进入其代码
07	F9	直接运行程序，若遇到断点，则程序暂停至断点
08	Ctrl+F2	重新运行到程序起始处，用于重新调试程序
09	Ctrl+F9	执行到函数返回（RET）处，用于跳出函数实现
10	Alt+F9	执行到用户代码处，用于快捷跳出系统函数
11	Ctrl+G	输入十六进制数地址，在反汇编或数据窗口中快速定位到该地址处

3．基本调试方法

（1）打开"文件"菜单，选择"打开"菜单项（快捷键是 F3），出现"选择 32 位可执行文件、并指定参数"对话框。

（2）在"选择 32 位可执行文件、并指定参数"对话框中，选择一个可执行文件进行调试。如选择"文件名"为 test.exe 的文件，单击"打开"按钮，即可载入这个程序。

（3）开始调试程序只需设置好断点，找到代码段中要观察的指令行，再按 F8 键（或 F7 键）就可以对指令进行单步调试，同时观察寄存器和主存的变化。